普通高等教育"十一五"国家级规划教材

21世纪化学丛书

配位化学

第二版

孙为银　编著

化学工业出版社

·北京·

内容简介

系统介绍了配位化学的形成与发展，配合物中的化学键理论，配合物合成、结构和反应性能，与生命过程相关的配位化学，配位化合物与新材料、分子组装与器件以及纳米配位化学等多方面的内容。第二版对第一版内容进行了修改和完善，增加了部分最新研究进展和成果，还增加了纳米配位化学一章（第6章），介绍了配位化合物纳米材料和以配合物为前体的纳米材料等方面的研究工作。同时介绍了国际上具有代表性课题组的研究工作，以及我国广大科学工作者在相关领域所做的工作和研究成果。由浅入深，既有一定的理论知识，又有较强的实用价值。

本书可供从事化学、化工、环境、生物、生命、材料、医药卫生等相关学科的大专院校师生，科研院所的研究和技术人员，科技和政府的管理人员及各阶层的化学爱好者阅读。

图书在版编目（CIP）数据

配位化学/孙为银编著 . —2 版 . —北京：化学工业出版社，2010.12（2025.5 重印）
普通高等教育"十一五"国家级规划教材
ISBN 978-7-122-09685-2

Ⅰ. 配…　Ⅱ. 孙…　Ⅲ. 络合物化学-高等学校-教材
Ⅳ. O641.4

中国版本图书馆 CIP 数据核字（2010）第 201686 号

责任编辑：刘俊之　　　　　　　　　装帧设计：韩飞
责任校对：徐贞珍

出版发行：化学工业出版社（北京市东城区青年湖南街 13 号　邮政编码 100011）
印　　装：北京虎彩文化传播有限公司
720mm×1000mm　1/16　印张 13½　字数 269 千字　2025 年 5 月北京第 2 版第 8 次印刷

购书咨询：010-64518888　　　　　　　　售后服务：010-64518899
网　　址：http://www.cip.com.cn
凡购买本书，如有缺损质量问题，本社销售中心负责调换。

定　　价：**39.00 元**

前　言

　　本书自 2004 年面世以来得到了很多同行及读者们的关心、支持和肯定，已经被一些高校列为研究生课程的教材或主要参考书，或被选为硕士、博士研究生入学考试科目的参考书，对此作者深感欣慰。同时，本书有幸被列为教育部普通高等教育"十一五"国家级规划教材。值此之际，作者对本书进行了修订，时隔 6 年多之后以第二版的形式与广大读者见面。

　　此次修订，一方面对本书第一版内容进行了修改和完善，增加了部分最新研究进展和成果，另一方面增加了纳米配位化学一章（第 6 章），介绍了配位化合物纳米材料和以配合物为前体的纳米材料等方面的研究工作。

　　在本书第一版使用以及本次修订过程中，作者得到了很多同行、读者以及本课题组研究生们的有益建议、支持和帮助，化学工业出版社的编辑为本书的出版、修订提出了宝贵的意见和建议。在此向他们表示最诚挚的谢意。

　　作者虽尽力修订本书，但由于学术水平所限，书中疏漏之处难免，敬请广大读者批评指正。

孙为银

2010 年 9 月于南京

第一版前言

应主编陈洪渊院士和化学工业出版社的邀请编写了这本《配位化学》一书。根据《21世纪化学丛书》的编写原则，本书在写作过程中既考虑了配位化学基础知识的介绍（第1章和第2章），又注意反映配位化学研究的最新进展（第3章和第4章）和发展趋势（第5章）。另外，在介绍国际上具有代表性课题组研究工作的同时，也注意介绍我国广大科学工作者们在相关领域所做的工作以及已经取得的成果。但是，由于现在的配位化学涉及面非常广、内容非常丰富，尚有许多内容如溶液配位化学、理论配位化学以及国内外很多课题组的出色工作没有包括在本书之中，作者对此深表歉意。

在本书的写作过程中，作者得到了很多老师、同事和朋友的鼓励和帮助。南京大学化学化工学院的陈慧兰教授审阅了书稿，并提出了宝贵意见。另外，我的研究生们尤其是博士研究生樊健、黄瑾、朱惠芳、张正华、孔令艳、吴刚、王小锋等在文献搜集、部分蛋白结构图的制作、初稿的校阅等方面做了许多工作。在此作者表示衷心的感谢。

最后，由于时间有限，更主要的是作者学术水平所限，书中不妥之处敬请各位专家、同行和广大读者批评指正。

孙为银
2004年2月初于南京

目　录

第1章 配位化学简介

随着社会的发展和科学技术的进步，一方面交叉学科、新兴学科不断涌现，另一方面传统的经典学科在不断发展并完善自身的同时，也与其他的相关学科交叉并产生新的生长点。作为无机化学最重要的分支学科之一的配位化学（coordination chemistry）也不例外，现在的配位化学无论是在深度还是在广度上与以前无机化学中介绍的配位化学相比较都发生了很大的变化，它不仅与化学中的有机化学、分析化学、物理化学、高分子化学等学科相互关联、相互渗透，而且与材料科学、生命科学以及医药等学科的关系也越来越密切。本章将简单地介绍配位化学的形成、发展过程以及配位场理论等基础知识，配位化学与其他学科的交叉及其新发展、新动向等内容我们将在后面的几章中介绍。

1.1 配位化学的形成与发展

历史上记载的第一个配合物是出现在 18 世纪的普鲁士蓝（Prussian blue，又称 Berlin blue），它是一种无机颜料，其化学组成为 $Fe_4[Fe(CN)_6]_3 \cdot nH_2O$。但是，目前较为普遍的看法是将 1893 年 A. Werner（维尔纳，1866.12.12～1919.11.15）发表第一篇有关配位学说（配位化学理论）的论文作为配位化学的开始，这样算来配位化学至今已经走过了 110 多年的历程。从表 1.1 可以看出尽管配位化学理论出现在 Arrhenius 的电解质理论、电离学说之后，但是配位化学理论的提出不仅比电子的发现要早，而且比现在人们熟悉的化学键理论（19 世纪）也要早好多年。

表 1.1 19 世纪后半叶自然科学中的若干重大发现

年　代	发　现　人	理　　论
1860 年	A. Avogadro 和 S. Cannizzaro	分子学说
1865 年	F. A. Kekülé	苯结构的发表
1869 年	D. I. Mendeleev 和 J. L. Meyer	元素周期律
1873 年	J. A. Le Bell 和 J. H. van't Hoff	不对称碳原子——立体学说
1887 年	S. A. Arrhenius	电解质理论、电离学说
1893 年	A. Werner	配位学说
1894 年	W. Ramsay	稀有气体元素的发现
1895 年	W. C. Röntgen	X 射线的发现
1896 年	H. Becquerel	放射能的发现
1897 年	J. J. Thomson	电子的发现
1898 年	P. Curie 和 M. Curie	放射性元素镭的发现

自 19 世纪中期开始，随着分子学说（1860 年）的确立，结束了此前人们对原子和分子区分不清的局面，进而以苯的结构发表及不对称碳原子——立体化学概念的提出等为标志，人们对有机化合物的结构已经有相当多的了解。相比之下，当时对无机化合物结构的了解仍然停留在基于正负电荷间相互作用的二元学说上，认为无机化合物中元素（原子）间的亲和力就是静电作用。但是，这种二元学说理论并不能解释一些所谓的复杂化合物（complex）的结构，最具代表性的是含有分子氨（NH_3）的一类无机化合物，例如 1798 年法国科学家 Tassaert 报道的化合物 $CoCl_3 \cdot 6NH_3$ 等，当时的化学理论无法解释为什么两个独立存在而且都稳定的分子化合物 $CoCl_3$ 和 NH_3 可以按一定的比例（化学计量比）相互结合生成更为稳定的"复杂化合物"。因此，在以后相当长的一段时间里人们并不清楚该类含有分子氨化合物的真正结构，尽管 W. Blomstrand 在 1869 年、S. M. Jørgensen 在 1885 年分别对"复杂化合物"的结构提出了不同的假设（如"链式理论"等），但是由于这些假设均不能圆满地解释异构现象等实验事实而以失败而告终。

到了 1893 年，年仅 27 岁的瑞士科学家 A. Werner 发表了一篇题为"关于无机化合物的结构问题"的论文，改变了此前人们一直从平面角度来考虑配合物结构的思路，首次从立体的角度系统地考察了配合物的结构，提出了配位学说。Werner 因此被称为配位化学的奠基人，并获得 1913 年度诺贝尔化学奖。

自 1893 年的论文发表之后，Werner 及其合作者们经过数年的努力，合成了一系列相关的配位化合物并进行了实验研究，进一步验证并完善了其观点。后来在 1905 年出版的《无机化学新概念》一书中较为系统地阐述了配位学说。Werner 提出的配位学说的主要论点有以下几个方面。

在配位化合物中引入了主价和副价概念，认为形成稳定的配合物既要满足主价的需要又要满足副价的需要。例如在前面提到的钴氨盐（luteosalt）化合物 $CoCl_3 \cdot 6NH_3$ 中改变氨分子的数目，分别合成了 $CoCl_3 \cdot 6NH_3$、$CoCl_3 \cdot 5NH_3$、$CoCl_3 \cdot 4NH_3$、$CoCl_3 \cdot 3NH_3$ 等化合物，通过电导率测定、与硝酸银反应生成氯化银沉淀等实验发现随着氨分子数目的变化，配合物分子中可解离（游离）的氯离子数目也随之发生变化，即 $CoCl_3 \cdot 6NH_3$ 中有 3 个、$CoCl_3 \cdot 5NH_3$ 中有两个、$CoCl_3 \cdot 4NH_3$ 中有 1 个可解离的氯离子，而 $CoCl_3 \cdot 3NH_3$ 中则没有可解离的氯离子。据此将这些化合物的分子式分别写成：$[Co(NH_3)_6]Cl_3$、$[Co(NH_3)_5Cl]Cl_2$、$[Co(NH_3)_4Cl_2]Cl$、$[Co(NH_3)_3Cl_3]$，并称之为配位式。通过在 $CoCl_3 \cdot 6NH_3$ 中引入其他的分子（如水分子等）或离子（例如亚硝酸根离子 NO_2^- 等）也可以改变氨分子的数目，并得到同样的结果。在这些配合物分子中氨分子及部分离子与中心金属离子通过配位作用结合在一起形成一个整体，即上面配位式中 []（中括号）内的部分，这个整体被称为配合物的"内界"，内界整体在溶液中能够稳定存在，其中的分子或离子不易解离。而处于中括号外面的离子则被称为"外界"，外界离子与中心金属离子之间没有直接的配位作用，而是以游离的离子形式存在，因此在溶液中外界离子容易发生解离。所以处于配合物外界的氯离子与硝酸银反应生成氯化银沉淀，而处于内界的氯离子则不能与硝酸银反应生成氯化银沉淀，这样通过与硝酸银的反应就可以判断氯离子是处于配合物的外界还是内界。

另外，发现在上述钴氨盐配合物中与每个中心原子（金属离子）配位的分子和离子数的和总是 6。Werner 在其配位学说中认为这个 6 即为中心原子的副价，而原来的 $CoCl_3$ 中每个钴与 3 个氯离子形成稳定的化合物，这个 3 即为钴的主价。因此可以认为 Werner 提出的主价就是形成复杂化合物（配合物）之前简单化合物中原子的价态，相当于现在所说的氧化态；而副价则是形成配合物时与中心原子有配位作用的分子和离子的数目，也就是现在配位化学中所说的配位数。

配位学说的另一个组成部分就是 Werner 成功地将有机化学中立体学说理论运用到无机化学领域的配合物中，认为配合物不是简单的平面结构，而是有确定的空间（立体）几何构型。例如副价为 6 的钴氨盐配合物的结构呈正八面体形状，其中金属离子位于八面体的中心，作为构成配合物内界的 6 个分子和离子则分别占据着八面体的 6 个顶点。这种正八面体结构非常成功地解释了此前一直悬而未决的配合物中异构体的结构问题，例如配合物 $[Co(NH_3)_4Cl_2]Cl$ 中的两个异构体是由于处于内界的两个氯离子的相对位置不同而引起的。如图 1.1 所示，其中一个异构体中的两个氯离子处于正八面体的两个相邻位置，而另外一个则处于相对位置，称前者为顺式（cis）、后者为反式（trans）结构。

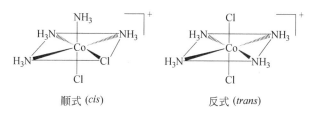

顺式 (cis)　　　　　　　　　反式 (trans)

图 1.1　配合物 $[Co(NH_3)_4Cl_2]Cl$ 中的顺式和反式结构（阳离子部分）

需要指出的是在 Werner 提出配位学说的时候，化学键理论尚未出现，人们对化学键的本质并不清楚，因此 Werner 在其配位学说中未能明确地说明配位作用（配位键）的本质。从电子（论）的角度来解释配位键的形成及其本质是在 Werner 去世后的 20 世纪 20 年代。另外，值得一提的是配位学说是在没有 X 射线衍射法、现代光谱方法等条件下依靠化学计量反应、异构体数目、溶液电导率测定等简单方法进行研究、总结基础上提出的，这也反映出 Werner 的天赋与才能。

但是，科学的发展往往并不是一帆风顺的。Werner 的配位学说在当时并没有立即被人们普遍接受，在此后一段时间内配位化学的发展仍然是相当缓慢的。究其原因一方面是由于 Werner 对副价的本质没能够给出合理的解释，缺乏能够让人们接受的背景，另一方面是由于配位化学的发展受到其他相关学科如有机化学、物理化学、结构化学等发展的牵制和限制。

19世纪末20世纪初,随着电子的发现、人们对原子内部结构奥秘的逐步了解以及后来量子理论、价键理论等的相继问世,为人们理解配合物的形成和配位键的本质提供了有利条件。首先,Pauling将分子结构中的价键理论应用到配位化合物中,后来经过修改和补充形成了配位化学中的价键理论;1929年 H. Bethe 提出晶体场理论(crystal field theory, CFT),该理论为纯粹的静电理论,20世纪50年代 CFT 经过进一步改进发展成为当今人们所熟悉的配位场理论(ligand field theory, LFT);另外,1935年 J. H. Van Vleck 把分子轨道(MO)理论应用到配位化合物。有关配位场理论及其相关内容我们将在1.3作进一步的介绍。

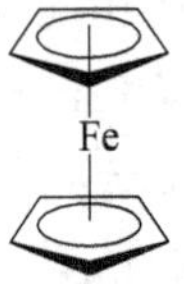

图 1.2　二茂铁的结构

这些化学键理论的出现和确立,不仅使人们对配合物的形成和配位键的本质有了更清楚的了解,而且为人们说明和预测配合物的结构、光谱和磁学性质等提供了强有力的工具。同时,由于适合于配位化学研究的物理化学方法和技术的发展,使得配位化学自20世纪50年代起有了突飞猛进的发展,与其他相关学科的交叉和渗透也日趋明显。下面简单地列举在过去几十年中配位化学发展的主要历程及部分重大事件。

20世纪50年代,P. L. Pauson 和 S. A. Miller 分别独立地合成了二茂铁(见图1.2),从而突破了传统配位化学的概念,并带动了金属有机化学的迅猛发展。另外,Ziegler(1953年)和 Natta(1955年)催化剂的发现极大地推动了烯烃聚合,特别是立体选择性聚合反应及其相关聚合物合成、性质方面的研究,高效率、高选择性过渡金属配合物催化剂研究得到进一步发展。

20世纪60年代,M. Eigen 研究快速反应取得突破,提出了溶液中金属配合物生成反应机理,M. Eigen 与 R. G. W. Norrish 和 G. Porter 一起因研究快速化学反应方面的业绩而分享1967年度诺贝尔化学奖。

与生命科学的交叉并逐步形成新的边缘学科——生物无机化学,是20世纪70年代配位化学发展的显著特点。在此之前,生物化学家对血红蛋白、肌红蛋白、辅酶 B_{12} 以及部分水解酶等进行了较为深入的研究,发现在生物体系中这些蛋白和酶中含有诸如铁、钴、锌之类的过渡金属离子,而且发现这些金属离子与蛋白、酶的活性之间有着密切的关系,但是在当时要解决金属离子在这些生物分子中究竟起什么样作用的问题对生物化学家们来说是非常困难的。而无机化学家——特别是配位化学家本来就是研究金属离子与有机分子(配体)之间的相互作用、成键性质以及所形成配合物的结构和谱学、磁学等性质的。因此生物体系的蛋白和酶中有过渡金属离子存在的发现很快引起了配位化学家们的兴趣,开始用研究简单金属配合物的方法及理论来研究生物体系中的相关问题。尽管在初期遇到了困难和曲折，这主要是由于蛋白和酶中生物大分子与金属离子之间的相互作用与有机配体（小分子）与金属离子之间的相互作用存在很大差别所造成的。但是随着人们不断探索、研究思路和研究方法的创新和改进使得生物无机化学在此后的几十年中得到了空前发展，表明用化学的方法和理论来研究和解决生物体系中的问题这一思路取得了成功。到现在不仅定量地测定了存在于生物体内的多种金属元素（离子）的含量，而且弄清了其中大部分金属离子在生物大分子中的作用以及结构和功能之间的关系，解决了许多生物化学家们未能解决的问题。详见本书第 3 章。

在主-客体化学、分子识别以及生物体系中给体与受体之间相互作用等研究基础上发展起来的超分子化学，自 20 世纪 80 年代 C. J. Pedersen、D. J. Cram 和 J. M. Lehn 获得诺贝尔化学奖后得到了蓬勃发展。尽管超分子（supramolecule）这个名词早在 20 世纪 30 年代就有出现，但是直到 1987 年 Lehn 在他的诺贝尔奖报告中详细阐述了超分子化学的概念、研究内容等，才使人们对这门新兴学科有了崭新的认识，参见本书第 5 章。

此外，福井谦一（K. Fukui）和 R. Hoffmann 由于在前沿分子轨道理论方面的研究而获得 1981 年度诺贝尔化学奖，H. Taube 和 R. A. Marcus 分别因为在金属配合物的电子转移反应机理和溶液中电子传递理论研究中的贡献而分别获得 1983 年和 1992 年度诺贝尔化学奖，这些表明配位化学自 20 世纪 80 年代起在理论和反应机理研究等方面取得了一系列重大进展。

人类已经进入 21 世纪，配位化学与其他学科一样正孕育着新的发展和新的飞跃。随着配位化学与生命科学、材料科学等学科的结合、交叉和渗透的日趋深入，在不久的将来必将产生新的突破。另外，近年来纳米科学与技术的出现及相关研究的不断深入，也给配位化学带来了新的发展机遇。分子器件是近年来兴起并正在迅速发展的研究领域，金属离子尤其是过渡金属和稀土金属离子由于具有丰富的氧化还原、光学、磁等方面的性质，因此金属配合物在分子器件方面具有广阔的发展前景，将成为今后一个时期配位化学研究中的一个重要分支。

1.2　配合物的分类、命名及异构现象

配位化合物（coordination compound），简称配合物（complex）的定义根据中国化学会无机化学命名原则（1980 年）可描述为：由可以给出孤对电子或多个不定域电子的一定数目的离子或分子（称为配体，ligand，常用 L 表示）和具有接受孤对电子或多个不定域电子空位的原子或离子（统称为中心原子），按一定的组成和空间构型所形成的化合物。据此，配合物中至少含有中心原子和配体两部分，除此之外有的配合物中还有抗衡阳离子（counter cation）或抗衡阴离子（counter anion) 存在用来平衡电荷，以前面提到的普鲁士蓝 $Fe_4[Fe(CN)_6]_3 \cdot nH_2O$ 和钴氨盐 $[Co(NH_3)_6]Cl_3$ 分子为例，各部分名称表示如下：

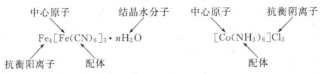

中心原子一般为金属离子，尤其是以过渡金属和稀土金属离子为中心原子的配合物的研究和报道最多，近年来含有主族金属离子的配合物也有不少报道。需要注意的是在有些非经典的配合物中中心原子为金属原子，而不是离子，例如羰基配合物 $Ni(CO)_4$ 和 $Fe(CO)_5$ 中的镍和铁均为中性原子。再者，如将 $K[PF_6]$ 看成配合物，那么氟离子为配体，五价的非金属磷即为中心原子，钾离子为外界抗衡阳离子。

配体可以是分子也可以是离子，可以是小分子或离子（例如：H_2O、NH_3、OH^- 等）也可以是大分子或离子（如多肽、蛋白链等生物大分子配体）。提供孤对电子的原子或者说与中心原子有直接作用的原子称为配位原子（coordination atom），常见的配位原子有 N、O、S、P、卤素等，C 是一种特殊的配位原子，因为，除了 $Fe_4[Fe(CN)_6]_3 \cdot nH_2O$、$Fe(CO)_5$ 等少数化合物以外，一般将含有金属—碳（M—C）键的化合物统称为金属有机化合物，不包括在一般所说的配合物范围内。另外，配体根据其含有配位原子数目的不同可分为：单齿配体（monodentate ligand），1 个配体中只含有 1 个配位原子；双齿配体（bidentate ligand），含有两个配位原子；三齿、四齿配体（tri- tetradentate ligand）分别含有 3 个、4 个配位原子，含有两个以上配位原子的配体又统称为多齿配体（multidentate ligand）。

此外，有些配合物中除了中心原子、配体、抗衡阳离子或抗衡阴离子之外，还有一些水、溶剂分子或客体分子等所谓的"结晶分子（crystal molecule）"，例如 $Fe_4[Fe(CN)_6]_3 \cdot nH_2O$ 中的 H_2O 分子，一般称之为结晶水分子。这些结晶分子往往是在配合物形成、结晶过程中填充在配合物分子的空隙中，与配合物分子本身并没有直接的关系，有的在配合物形成、结构维持中起一定作用。

1.2.1　配合物的分类

目前，报道的配合物种类繁多、结构多样，因此其分类方法也多种多样。下面介绍几种经常使用的分类方法以及配位化学中的一些常见术语。

根据配体种类可分为简单配合物、螯合物、特殊配合物等；根据配合物分子中含有的中心原子的数目又可以将配合物分为单核、双核、三核、四核配合物等，含有两个以上中心原子的配合物又统称为多核配合物。

简单配合物指的是由单齿的分子或离子配体与中心原子作用形成的配合物（见图 1.3），如 $[Co(NH_3)_6]Cl_3$、$Fe_4[Fe(CN)_6]_3 \cdot nH_2O$、$[Co(NH_3)_4Cl_2]NO_2$ 等，由此可以看出简单配合物中的配体可以是 1 种，也可以是两种或多种。

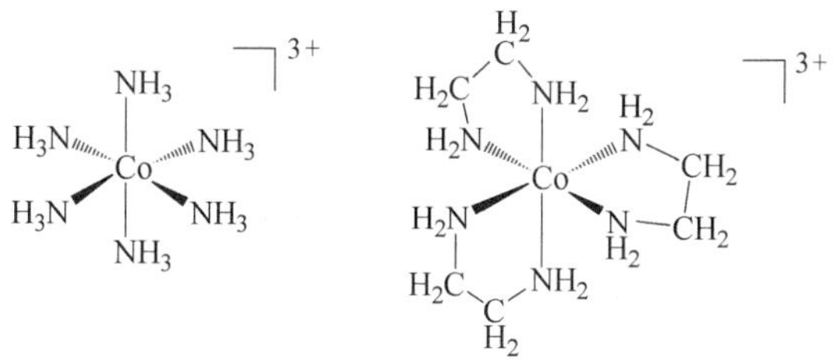

简单配合物　　　　　　　螯合物

图 1.3　简单配合物[Co(NH₃)₆]Cl₃ 及螯合物[Co(en)₃]Cl₃ · 3H₂O 的阳离子结构

螯合物：由双齿或多齿配体与同一个中心原子（金属离子）作用形成的环称为螯合环（chelate ring），其中双齿或多齿配体称为螯合剂或螯合配体（chelate ligand），所形成的具有螯合环的配合物称为螯合物（chelate 或 chelate complex）。这种伴随有螯合环形成的配体与金属离子之间的相互作用称作螯合作用（chelation）。例如，图 1.3 的螯合物 [Co(en)₃] Cl₃ · 3H₂O 中乙二胺（NH₂CH₂CH₂NH₂，简称为 en）两端的两个 N 原子与钴离子通过螯合作用形成了由 5 个原子组成的螯合环，乙二胺就是一个双齿螯合剂。螯合这个概念最早是在 1920 年左右由英国科学家 G. T. Morgan 和 H. D. K. Drew 提出的。由于一个双齿配体两端的两个配位原子配位到同一个金属离子上，其形状如同虾或蟹的钳爪钳住一个金属离子一样，因此当时就将这类双齿配体称为螯合基团（chelate group），而将含有螯合基团的化合物称为螯合化合物（chelate compound）。后来螯合这个概念被一般化，被扩展到多齿配体。螯合环为五元环或六元环的螯合物最为普遍也最为稳定。螯合物与组成相似但未螯合的类似配合物相比有较高的稳定性，而且同一个金属离子周围的螯合环越多，其螯合作用程度越高，则该配合物就越稳定，这种现象称为螯合效应（chelate effect）。由于螯合效应的存在，金属离子与螯合剂之间的螯合作用在现实生活和生物体系中被广泛应用。例如利用六齿螯合配体乙二胺四乙酸[(HOOC)₂NCH₂CH₂N(COOH)₂，简称为 EDTA] 与金属离子的螯合作用，EDTA 可用于水的软化、锅炉中水垢的去除等方面。另外由于 EDTA 与有毒金属离子的结合能力超过机体易受害部分的结合能力，因而在医学上广泛用于金属中毒症的治疗。

特殊配合物也称非经典或非 Werner 型配合物，是指配体除了可以提供孤对电子或 π 电子之外还可以接受中心原子的电子对形成反馈 π 键的一类配合物。前面提到的羰基配合物（carbonyl complex）等即为一类特殊配合物，这类配合物中金属原子多为中性原子如 Ni(CO)₄ 和 Fe(CO)₅ 中的 Ni 和 Fe，甚至为负离子，如 HCo(CO)₄ 中的 Co 为 -1 价离子。现已发现 V、Cr、Mn、Fe、Co、Ni、Mo、Ru、Rh、W、Re、Os、Ir 等均可形成羰基配合物。

另一类较为常见的特殊配合物是 π-配合物（π-complex），顾名思义这类配合物是以 π 电子与中心原子作用而形成的化合物，其特殊之处在于 π-配合物中没有特定的配位原子，常见的可以提供 π 电子的分子、离子或基团有烯烃、炔烃、芳香基团等，例如蔡氏盐(Zeise's salt)K[Pt(C₂H₄)Cl₃]·H₂O 中的乙烯分子、二茂铁（见图 1.2）分子中的环戊二烯负离子等。

单核配合物（mononuclear complex）为每个配合物分子中只含有一个中心原子的配合物，从图 1.3 中给出的例子可以看出单核配合物既可以是简单配合物也可以是螯合物。

双核配合物（binuclear complex）是每个配合物分子中含有两个中心金属离子的配合物。根据两个金属离子之间的连接方式可将双核配合物分为单齿桥联、双齿桥联和无桥联 3 种情况（见图 1.4）：单齿桥联的双核配合物可以看成是由两个单核配合物通过一定的单齿配体桥联而成，常见的单齿桥联配体有 OH^-（羟桥）、O^{2-}（氧桥）、卤素离子（Cl^-、Br^-）、S^{2-}（无机硫离子）、RS^-（硫醇盐）、NH_2^-、PPh_2^-（$Ph=C_6H_5$，苯基）等，直接连接两个中心金属离子的配位原子称为桥联配位原子，命名时在桥联配体之前加上希腊字母 μ 来表示，因此图 1.4(a) 中的 $[Co_2(OH)_2(NH_3)_8]^{4+}$ 是一个双 μ 羟桥双核钴配合物；双齿桥联配体较为常见的有 4,4'-二联吡啶、吡嗪、咪唑、二羧酸根离子 [图 1.4(b)] 等，值得注意的是羧酸根离子（$RCOO^-$）、叠氮根离子（N_3^-）等既可以作为单齿桥联配体也可以作为双齿桥联配体，这些配体在不同的配合物中可采取不同的桥联方式。还有一些双核配合物中两个金属离子之间没有桥联配体，两个中心金属离子结合在同一个多齿配体的不同部位上，而两个金属离子之间没有桥联配体相连，例如图 1.4(d) 所示大环多齿配体双核铜配合物，另外一种无桥联双核配合物中两个金属离子通过金属-金属键直接连接，例如图 1.4(e) 的 $Mn_2(CO)_{10}$ 中两个锰之间就是通过 Mn—Mn 金属键连接在一起。根据双核配合物中两个金属离子相同或不同又将其分为同双核（homo-binuclear）或异双核（hetero-binuclear）配合物，图 1.4 中(c)为铜、锌异双核配合物，其他均为同双核配合物。

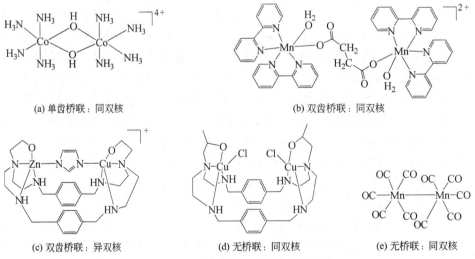

(a) 单齿桥联：同双核　　　　(b) 双齿桥联：同双核

(c) 双齿桥联：异双核　　　(d) 无桥联：同双核　　　(e) 无桥联：同双核

图 1.4　几种代表性双核配合物的结构

三核（trinuclear）和四核配合物（tetranuclear complex）与上面介绍的双核配合物一样，中心金属离子之间可以通过桥联配体连接，也可以不通过桥联配体而通过金属-金属键等其他方式形成三核、四核配合物。但是总的来说由于配合物中金属离子数目的增多，情况也相对要复杂些。例如配合物［$Fe_3O(RCOO)_6$（H_2O)$_3$］X［见图1.5(a)，R＝CH_3，X代表阴离子］中除了1个O^{2-}桥连接3个铁离子之外，另外每两个铁离子之间又通过两个乙酸根离子桥联在一起。而［（en)$_3$$Pd_3$(4,4'-bpy)$_3$］($NO_3$)$_6$［见图1.5(b)，4,4'-bpy＝4,4'-二联吡啶］中的3个钯通过3个4,4'-二联吡啶桥联形成了一个具有正三角形形状的配合物。在一定条件下4,4'-二联吡啶和（en)Pd(NO_3)$_2$反应还可以生成如图1.5(d)所示的具有正方形结构的四核配合物。图1.5(c)给出的是一个含有Pt-Pt键的三核配合物的例子，需要注意的是在这个三核铂配合物中只有两个Pt-Pt键存在，而不是所有的Pt之间都形成Pt-Pt键。

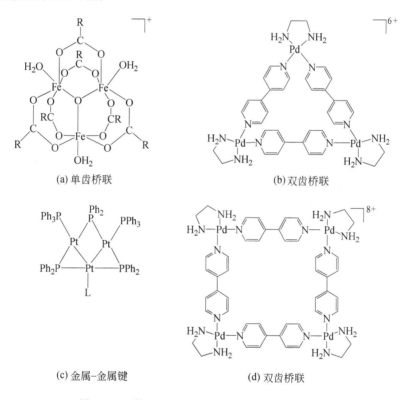

(a) 单齿桥联   (b) 双齿桥联

(c) 金属-金属键   (d) 双齿桥联

图1.5 三核（a)、(b)、(c) 和四核 (d) 配合物

与上述多核配合物有关，也是配位化学中常见的一个名词叫做原子簇化合物，简称簇合物（cluster）。原子簇最早指的是含有金属-金属键的多核金属配合物，亦称金属簇合物（metal cluster），图1.5(c)中给出的就是一个金属簇合物的例子。后来簇合物的概念逐渐被一般化，把具有多面体或欠完整多面体结构的多个原子

（离子）集合体都认为是簇合物。例如在生物体系中被称之为铁硫蛋白的活性中心中含有的 Fe_2S_2、Fe_3S_4 及 Fe_4S_4 簇合物（见图 1.6，参见第 3 章）中并没有明显的金属-金属键存在。

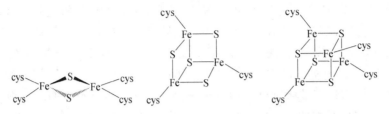

图 1.6　Fe_2S_2、Fe_3S_4 及 Fe_4S_4 簇合物（cys 代表半胱酸残基）

　　上面介绍的双核、三核、四核（以及更多核的）配合物都是含有有限个中心金属离子的多核配合物（multinuclear complex），与之相对应的还有含有无限核的多核配合物（polynuclear complex），或者称为配位聚合物（coordination polymer）。特别是近年来，设计合成新型有机配体并与各种金属盐反应，从而得到具有一维链状、二维网状或三维空间结构的配位聚合物，研究其结构及化学和物理性质，已经成为配位化学研究中一个新的热点。图 1.7 给出的是配位聚合物的例子，当 4,4′-（1-咪唑基亚甲基）联苯与高氯酸锰反应时得到的是一个具有一维无限链状结构的化合物，而当同样的配体与氯化镉反应则得到一个具有二维网状结构的化合物。

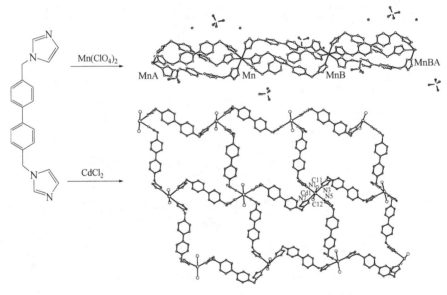

图 1.7　具有一维链状和二维网状结构的配位聚合物

1.2.2　配合物的命名

　　配合物的命名与其他的无机化合物命名一样存在习惯命名法和系统命名法两种。按规定是提倡而且也应该使用系统命名法来命名配合物，中国化学会在 1980

年公布的《无机化合物命名原则》及说明中对配合物的命名制定了详细的原则。但是在实际应用中,使用系统命名法来命名配合物有一定困难,一方面是由于系统命名法对配体、中心原子等的命名方式、命名顺序等都有规定,对于组成复杂的配合物按照系统命名法来命名将相当麻烦,而且对于那些对命名原则不是很熟悉的人来说也就相当困难;另一方面是由于新型配合物源源不断地被合成出来,这样就会出现命名原则中没有或模糊不清的情况。因此除了在某些特殊媒介,例如美国的化学文摘(Chemical Abstract)和一些数据库等,要求使用系统命名法来命名配合物之外,一般情况下没有特别的要求。对于常用的配合物还是常使用习惯命名法来命名。所以下面我们简单介绍习惯命名法和系统命名法,详细的命名原则请查阅中国化学会的《无机化合物命名原则》(1980 年)。

习惯命名法命名的配合物的名称是简称或者是俗称,常见的有普鲁士蓝:$Fe_4[Fe(CN)_6]_3 \cdot nH_2O$;蔡氏盐:$K[Pt(C_2H_4)Cl_3] \cdot H_2O$;黄血盐或亚铁氰化钾:$K_4[Fe(CN)_6]$;赤血盐或铁氰化钾:$K_3[Fe(CN)_6]$;羰基镍和羰基铁:$Ni(CO)_4$ 和 $Fe(CO)_5$;顺铂:$cis\text{-}[Pt(NH_3)_2Cl_2]$ 等。

系统命名法中对配合物的命名遵循一般无机化合物的命名原则,如配合物为离子型化合物时叫某化某或者某酸某。此外,对简单配合物的命名还制定了以下原则。

(1) 只含有 1 种配体的简单配合物 如 $[Co(NH_3)_6]Cl_3$:三氯化六氨合钴(Ⅲ);$[Cu(en)_2]SO_4$:硫酸二(乙二胺)合铜(Ⅱ)。即内界为阳离子、外界为阴离子的配合物命名时,外界阴离子在前,内界阳离子在后,其中内界阳离子的命名顺序为配体数目、配体名、加上"合"字、中心原子及其氧化数。$K_2[PtCl_6]$:六氯合铂(Ⅳ)酸钾;$H_2[PtCl_6]$:六氯合铂(Ⅳ)酸;$K_3[Fe(CN)_6]$:六氰合铁(Ⅲ)酸钾。即内界为阴离子、外界为阳离子的配合物命名时,内界阴离子在前,外界阳离子在后,中间以"酸"字连接。

(2) 含有多种配体的配合物 命名时配体的命名顺序为:无机配体在前、有机配体在后;先列出阴离子配体、后列出中性分子和阳离子配体;同类(都是分子或者都是离子)配体时按配位原子元素符号的英文字母顺序排列;同类配体中配位原子也相同时,则含较少原子数的配体在前,含有较多原子数的配体在后;如果配位原子相同,配体中所含原子的数目也相同时,则按在结构式与配位原子相连的原子的元素符号的英文字母顺序排列;配体的化学式相同但是配位原子不同,如—SCN 和—NCS,则按配位原子元素符号的英文字母顺序排列,如果配位原子尚不清楚,则以配位个体的化学式中所列顺序为准。下面是具体的例子:

$[Cr(H_2O)_4Cl_2]Cl \cdot 2H_2O$ 二水合氯化二氯四水合铬(Ⅲ)

$[Co(ONO)(NH_3)_5]SO_4$ 硫酸一亚硝酸根五氨合钴(Ⅲ)

$[Pt(NH_3)_4(NO_2)Cl]SO_4$ 硫酸一氯一硝基四氨合铂(Ⅳ)

$[Pt(NO_2)(NH_3)(NH_2OH)(py)]Cl$ 氯化一硝基一氨一羟胺一吡啶合铂(Ⅱ)

一些常用离子和中性分子在配合物命名中称为:O^{2-},氧;S^{2-},硫;S_2^{2-},

双硫；OH^-，羟；SH^-，巯；CN^-，氰；N_3^-，叠氮；ONO^-，亚硝酸根；NO_2^-，硝基；NH_2^-，氨基；SCN^-，硫氰酸根；NCS^-，异硫氰酸根；NO，亚硝酰；CO，羰基；O_2，双氧；N_2，双氮。

（3）较为复杂的配合物命名　内界和外界均为配合物离子的化合物，例如：

$[Cr(NH_3)_6][Co(CN)_6]$　　　　六氰合钴（Ⅲ）酸六氨合铬（Ⅲ）

$[Pt(NH_3)_6][PtCl_4]$　　　　　　四氯合铂（Ⅱ）酸六氨合铂（Ⅱ）

1.2.3　配合物中的异构现象

配位化合物中与中心原子结合的配位原子的数目称为该中心原子的配位数（coordination number），这些配位原子在中心原子周围的分布是具有某种特定空间几何形状的，称之为中心原子的配位几何构型或简称配位构型（coordination geometry）。配位构型与配位数之间的关系列于表 1.2 中。由此可见，当配合物中有两种或两种以上不同的配体存在时，这些配体在中心原子周围就可能有两种或两种以上不同的排列方式。这种组成（化学式）相同但是结构和性质不同的化合物互称异构体（isomers）。这种由于配位原子（配体）在中心原子周围的排列方式不同而产生的异构体称为几何异构体。配合物中除了几何异构之外还有旋光异构等。下面以四配位平面正方形配位构型和六配位八面体配位构型配合物为例来说明。

（1）几何异构　由上面的定义可以看出具有直线形的二配位、平面三角形的三配位以及四面体构型的四配位配合物中没有几何异构体存在。对于有平面正方形配位构型的四配位，且组成为 $M(A_2B_2)$（A、B 等字母代表不同的配体）的配合物存在顺式和反式两种异构体（见图 1.8）。实验结果表明这两种异构体的物理和化学性质都有很大差异，例如顺式异构体（即顺铂）是目前临床上广泛使用的一种抗癌药物，而反式异构体则不具有抗癌作用。

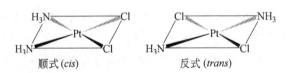

顺式 (cis)　　　　　　　　反式 (trans)

图 1.8　顺式-和反式-$[Pt(NH_3)_2Cl_2]$两种异构体的结构

对于具有八面体配位构型的六配位配合物同样有异构体存在，而且异构体的数目与配体的种类（是单齿还是双齿等）、不同配体的种类数等有关。首先，我们来看看单齿配体的情况，如图 1.1 中给出的 $M(A_4B_2)$ 型配合物的例子，$[Co(NH_3)_4Cl_2]$Cl 有顺式和反式两种异构体存在。而对于 $M(A_3B_3)$ 型六配位化合物来说，虽然也有两种异构体存在，但是一般称之为面式（facial 缩写 *fac*）和经式（meridional 缩写 *mer*）（见图 1.9），而不是顺式和反式。另外，随着配合物中不同配体种类的增多其异构体数目也随之增多，例如 $M(A_2B_2C_2)$ 型配合物有 5 种、$M(A_2B_2CD)$ 型有 6 种、$M(ABCDEF)$ 型共有 15 种几何异构体存在。

表 1.2　配位数与空间几何构型

配位数	几何构型名称	几何构型形状[①]	代表性配合物
2	直线形		$[Ag(NH_3)_2]_2SO_4$、$K[Au(CN)_2]$
3	平面三角形		$[Cu(SPMe_3)_3]ClO_4$
	T 形		单核配合物中比较少见
4	平面正方形		$[Cu(NH_3)_4]SO_4 \cdot H_2O$、$K_2[Ni(CN)_4] \cdot 4H_2O$
	四面体形		$[Zn(NH_3)_4]Cl_2$、$K_2[Co(NCS)_4] \cdot 4H_2O$
5	三角双锥形		$Fe(CO)_5$、$[CuI(bpy)_2]I(bpy=2,2'-$二联吡啶$)$
	四方锥形		$[VO(H_2O)_4]SO_4$、$K_2[SbF_5]$
6	八面体形		$[Rh(NH_3)_6]Cl_3$、$[Fe(bpy)_3]Cl_2(bpy=2,2'-$二联吡啶$)$
	三棱柱形		$[Re(S_2C_2Ph_2)_3]$
7[②]	五角双锥形		$K_3[UF_7]$、$Rb[Fe(EDTA)(H_2O)] \cdot H_2O$
8[③]	十二面体形		$[M(CN)_8]^{4-}(M=Mo、W)$
9[④]	4,4,4-三面冠三棱柱形		$[ReH_9]^{2-}$、$[Nd(H_2O)_9]^{3+}$

①"。"代表中心原子、"·"代表配位原子;②此外还有 4-面冠三棱柱形(例如$[Yb(acac)_3(H_2O)]$,acac=乙酰丙酮阴离子)和面冠八面体形;③还有四方反棱柱形(如 $Na_3[TaF_8]$)、$[U(acac)_4]$)、六角双锥形(如$[UO_2(CH_3COO)_3]^-$)和立方体形(如 $Na_3[PaF_8]$);④还有 4-面冠四方反棱柱形(如$[Th(trop)_4(DMF)]$,trop=tropolonate,芳庚酚酮阴离子)。

13

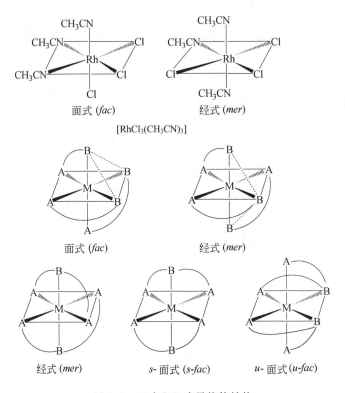

图 1.9　面式和经式异构体结构

对于含有不对称或者是配位原子不同的双齿配体的六配位配合物，可简单表示为 $M(AB)_3$，与 $M(A_3B_3)$ 型配合物一样有面式和经式两种异构体存在（见图 1.9）。以二乙烯三胺（$NH_2CH_2CH_2NHCH_2CH_2NH_2$，图 1.9 中简单表示为 ABA 型配体）为例来说明含三齿配体的配合物 $M(ABA)_2$ 中的几何异构情况，如图 1.9 所示，由于面式异构体中有对称（symmetrical，简写 s-）和不对称（unsymmetrical，简写 u-）2 种存在，因此配合物 $M(ABA)_2$ 中共有 3 种几何异构体存在。

（2）旋光异构或对映异构　配合物中的旋光异构现象和有机化学中的一样，即 2 种互成镜像，如同人的左右手一样不能相互重合，而且对偏振光的旋转方向相反的化合物互为旋光异构体或称对映体。因此有旋光异构体的配合物一定是手性分子，拆分后每个对映体都有光学活性，可用旋光度来表示。旋光异构的代表性例子是具有八面体配位构型的六配位配合物，例如 $[Co(en)_3]Br_3$ 中有两个旋光异构体存在（见图 1.10），尽管乙二胺（en）是对称的配体，而且是 3 个同样的配体配位于同一个中心原子上。

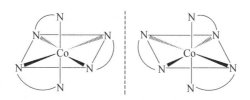

图 1.10　[Co(en)₃]Br₃ 的两个旋光异构体

有的配合物中既有几何异构体又有旋光异构体存在，例如 [CoCl(NH₃)(en)₂]²⁺ 中有顺式和反式 2 种几何异构体存在，而其中顺式异构体中又有两个具有光学活性的对映体存在，因此配合物 [CoCl(NH₃)(en)₂]²⁺ 共有 3 个异构体存在（见图 1.11）。现已证实 [M(AA)₃]、[M(AA)₂B₂]、[M(AA)₂BC]、[M(AA)(BB)C₂] 型配合物的顺式异构体中都有光学活性的旋光异构体存在。前面提到的 M(ABCDEF) 型配合物共有 15 种几何异构体存在，其中每一个几何异构体都应有一个光学对映体存在，因此，理论上讲 M(ABCDEF) 型配合物应有 30 个异构体存在，不过到目前为止还未能分离得到全部的 30 种异构体。

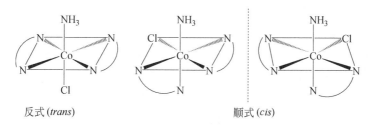

反式 (*trans*)　　　　　　　　　　　　順式 (*cis*)

图 1.11　[CoCl(NH₃)(en)₂]²⁺ 的几何异构体和旋光异构体

1.3　配合物中的化学键理论

与其他化合物相比，配合物的显著特点是含有由中心原子与配体结合而产生的配位键（coordination bond）。研究配合物中配位键的本质，并阐明配合物的配位数、配位构型以及热力学稳定性、磁性等物理化学性质是配位化学（尤其是在配位化学发展的早期阶段）中的一个重要组成部分，现已形成以价键理论、晶体场（配位场）理论、分子轨道理论为代表的配合物化学键理论体系。这些理论各有所长、且相互补充。现在利用这些理论不仅可以解释配合物的形成、结构和一些物理化学性质，而且还可以用来预测某些未知配合物的结构和性能。下面我们对这些理论作简单的介绍。

1.3.1　价键理论

配合物中的价键理论（valence bond theory，VBT）是 Pauling 等人在分子结构价键理论基础上提出并逐步发展起来的。由于该理论简单明了，而且保留了此前分子结构中"键"的概念，因此很容易也很快就被人们普遍接受，发展也很迅速，成为 20 世纪 30 年代至 50 年代配位化学中占主导地位的一种理论。

价键理论的主要论点是利用杂化轨道的概念阐明了配位键的形成，并较满意地解释了配位数、配位构型以及配合物的磁矩等性质。价键理论认为中心原子能够形成配位键的数目是由中心原子可利用的空轨道（亦称价电子轨道）数决定的，不同的中心原子其参与形成配位键的空轨道数是不一样的，因此其配位数就不一样；另外由这些空轨道参与形成的杂化轨道本身是有方向性的，因此当配体提供的孤对电子所占据的轨道从特定的方向与这些杂化空轨道发生重叠形成配位键时，配位键就有一定的取向，配合物也因此有一定的形状，即空间构型。

由上可见，价键理论的核心是中心原子提供的可利用的空轨道必须先进行杂化形成能量相同的杂化轨道之后才能与配体作用形成配位键。后来经 Taube 等人的发展和改进，根据杂化轨道中轨道来源的不同进一步将配合物分为内轨型和外轨型 2 种。具体地说，由内层 d 轨道，即 $(n-1)$ d、ns、np 组成的杂化轨道而形成的配合物为内轨型；而由外层 d 轨道 ns、np、nd 组成杂化轨道的配合物为外轨型。中心原子的 d 轨道中有不成对的电子，当形成内轨型配合物时，这些不成对的 d 电子在进行轨道杂化时会发生重排使原有的不成对 d 电子成对，从而让出更多的空轨道参与杂化，因此内轨型配合物为低自旋配合物（low spin complex），而在形成外轨型配合物时由于利用的是外层 nd 电子轨道，原来中心原子中的 $(n-1)$ d 电子不发生重排，因此外轨型配合物为高自旋配合物（high spin complex）。到底是形成内轨型配合物还是外轨型配合物既与中心原子的电子结构有关，也与配体中配位原子的电负性有关。另外，由于 nd 轨道比 ns、np 轨道的能量要高得多，这样 ns、np、nd 杂化效果就比 $(n-1)$d、ns、np 的要差，所以外轨型配合物的稳定性一般不如内轨型配合物。

下面通过两个具体的例子来说明内轨型和外轨型两种配合物的形成情况。对于六配位八面体形化合物通常采用 sp^3d^2 或 d^2sp^3 2 种杂化轨道，可以看出前者为外轨型，后者为内轨型配合物。例如在 $[Mn(H_2O)_6]^{2+}$ 中由于配位原子氧的电负性较大，不容易给出孤对电子，因此这类配体与中心原子作用时对中心原子的电子结构影响不大，从图 1.12(a) 中可以看出在 $[Mn(H_2O)_6]^{2+}$ 中锰的电子结构没有发生变化，来自水分子 6 个氧的 6 对孤对电子占据了锰的 6 个 sp^3d^2 杂化轨道，从而形成高自旋的外轨型配合物。与此相反，由于 CN 配体中配位原子较容易给出孤对电子，因此在 $[Mn(CN)_6]^{4-}$ 的形成过程中配体对中心原子的电子结构影响较大，使 Mn^{2+} 的 3d 轨道上的 5 个不成对电子发生重排，从而空出两个 3d 轨道参与形成 d^2sp^3 杂化轨道 [见图 1.12(a)]，因此 $[Mn(CN)_6]^{4-}$ 为低自旋的内轨型配合物。

从上面的两个例子中可以清楚地看出，内轨型和外轨型 2 种配合物的中心原子中未成对电子的数目是不同的。而未成对电子的数目 n 与配合物的磁矩 μ[单位为波尔磁子，用 μ_B 或 B. M（Bohr magneton 的缩写）表示] 可近似地用下面的关系式来表示：

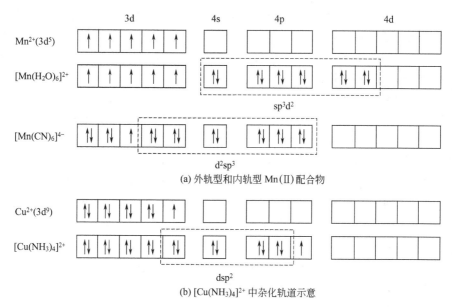

(a) 外轨型和内轨型 Mn(Ⅱ)配合物

(b) [Cu(NH₃)₄]²⁺ 中杂化轨道示意

图 1.12　外轨型和内轨型 Mn(Ⅱ) 配合物及 $[Cu(NH_3)_4]^{2+}$ 中杂化轨道示意

$$\mu=[n(n+2)]^{1/2} \tag{1.1}$$

利用该式就可以计近似地算出含有 n 个未成对电子的配合物的磁矩，其结果列于表 1.3。

表 1.3　配合物磁矩的理论计算值

n	$\mu_{calc}/B.M$	n	$\mu_{calc}/B.M$
0	0	3	3.87
1	1.73	4	4.90
2	2.83	5	5.92

上面提到的配合物 $[Mn(H_2O)_6]^{2+}$ 和 $[Mn(CN)_6]^{4-}$ 中分别含有 5 个和 1 个未成对电子，因此其磁矩的理论计算值分别为 5.92 B.M 和 1.73 B.M，而实测值分别为 6.00 B.M 和 1.78 B.M，与理论值基本一致。所以说配合物的价键理论较好地解释了配合物的磁性质。反过来说，对一个结构未知的配合物通过测定其磁矩，在一定程度上可判断是内轨型还是外轨型配合物。

尽管价键理论较圆满地解释了配合物的配位数、配位构型、磁性质等，但是随着配位化学及其相关学科的发展人们发现该理论有明显的局限性。首先价键理论只是定性的，没有采用定量的方法来阐明配合物的性质；未能解释配合物的光谱、颜色等；出现了杂化轨道不能很好解释的配合物，典型的例子是含有 3d⁹ 的二价铜配合物，如 $[Cu(NH_3)_4]^{2+}$ 中的铜离子应采用 dsp² 杂化轨道，这样的话原来 3d 轨道上的一个电子必须跃迁到 4p 空轨道上［见图 1.12(b)］，这种成键方式从能量上来讲应该是不利的，而且所形成的配合物的稳定性也不好，但是实际上［Cu

$(NH_3)_4]^{2+}$ 很稳定。因此说价键理论不能很好地说明 $[Cu(NH_3)_4]^{2+}$ 的形成、稳定性等问题。正是由于价键理论有这些局限，自 20 世纪 50 年代开始晶体场理论和分子轨道理论逐渐成为主流，比较圆满地解决了价键理论中未能很好解决的问题。

1.3.2 晶体场理论及配位场理论

最早提出晶体场理论（crystal field theory，CFT）的是在 1929 年，实际上与上面介绍的价键理论处于同一时期。但是遗憾的是晶体场理论没有像价键理论那样很快被接受并得到迅速发展。晶体场理论被真正广泛用于解释配合物中化学键等问题是从 20 世纪 50 年代开始的，并被发展成为配位场理论（ligand field theory，LFT）。晶体场理论认为配合物中的中心原子与配位原子间的作用如同阳离子与阴离子间的作用一样，因此是一种纯粹的静电理论。这显然过于简单而且不符合实验事实，从而使得晶体场理论无法解释由共价作用而形成的配合物及其性质。这就需要对晶体场理论进行改进。配位场理论就是在原有晶体场理论基础上，又考虑到中心原子与配位原子间配位键的共价性，使之更接近配位键的本质，因此得到广泛应用。需要注意的是，有些参考书中将处理配合物结构中的分子轨道理论称为配位场理论。

（1）d 轨道能级的分裂——配体对中心原子的影响　我们知道自由的过渡金属离子中有 5 个能量相同，但取向不同的简并 d 轨道：$d_{x^2-y^2}$、d_{z^2}、d_{xy}、d_{yz} 和 d_{xz}。如果金属离子处于一个球形负电场中，由于静电排斥作用而导致轨道能量有所升高，但是球形负电场对 5 个 d 轨道的影响程度一样，因此 d 轨道不会发生分裂。然而，当金属离子与配体作用生成配合物时，由于受到来自配体的非球形负电场的影响，原来简并的金属离子 d 轨道会发生分裂，形成能级不同的 d 轨道。具体的分裂大小及分裂方式不仅与配体负电场的强弱有关，而且与金属离子的配位构型（配位数）有关。

例如常见的六配位 $[ML_6]$ 型化合物具有八面体配位构型，可以看做是 6 个 L 配体从 $\pm x$、$\pm y$ 和 $\pm z$ 6 个方向与中心原子 M 作用 [见图 1.13（a）]，这样中心原子 M 就处在六个配体 L 构成的八面体场中，受其影响 M 的 d 轨道因此而发生分裂。具体的分裂情况是由于 $d_{x^2-y^2}$ 和 d_{z^2} 轨道正好沿着 $\pm x$、$\pm y$ 和 $\pm z$ 6 个方向，因此受到配体 L 的静电排斥最大，能量升高，而 d_{xy}、d_{yz} 和 d_{xz} 轨道则处于配体 L

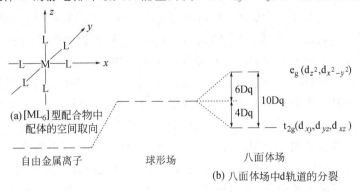

(a)[ML₆]型配合物中
配体的空间取向

自由金属离子　　　球形场　　　八面体场

(b) 八面体场中d轨道的分裂

图 1.13　$[ML_6]$ 型配合物中配体的空间取向及八面体场中 d 轨道的分裂

之间，受到其静电排斥作用相对较小，因此能量降低。这样原来简并的 5 个 d 轨道在八面体场作用下分裂成 2 组，一组为二重简并的 $d_{x^2-y^2}$ 和 d_{z^2}，用 e_g 表示；另一组为三重简并的 d_{xy}、d_{yz} 和 d_{xz}，用 t_{2g} 表示，如图 1.13（b）所示。

另一种常见的配合物是四配位的具有四面体构型的 ［ML$_4$］型化合物，其中中心原子 M 处于四面体的中心位置，4 个配体 L 分别位于一个立方体的 4 个相互错开的顶点位置 ［见图 1.14（a）］，而这些位置与 d_{xy}、d_{yz} 和 d_{xz} 轨道较为接近，因此这 3 个轨道受到配体 L 的静电排斥最大，能量升高。相反由于 $d_{x^2-y^2}$ 和 d_{z^2} 轨道偏离配体 L 所处位置，因此能量会降低 ［见图 1.14（b）］。也就是说 d 轨道在四面体场作用下发生与八面体场相反的分裂。能量高的一组 d_{xy}、d_{yz} 和 d_{xz} 用 t_2、能量低的一组 $d_{x^2-y^2}$ 和 d_{z^2} 用 e 表示。

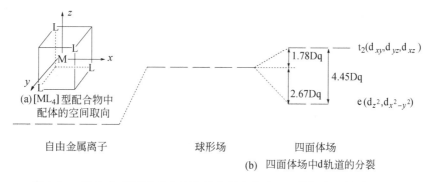

图 1.14　［ML$_4$］型配合物中配体的空间取向及四面体场中 d 轨道的分裂

（2）晶体场分裂能　从上面的两个例子中可以看出中心原子的 d 轨道在配体的负电场作用下会发生分裂，产生能量高低不同的轨道。一般将最高能级和最低能级之间的能量差称为晶体场分裂能，常用 Δ 表示。例如 Δ_o（o 代表八面体场 O_h）表示 e_g 和 t_{2g} 轨道的能量差，并人为的定义为 10Dq、Δ_t（t 代表四面体场 T_d）代表 e 和 t_2 轨道之间的能量差，而且 Δ_t 较 Δ_o 要小，$\Delta_t = (4/9) \Delta_o = 4.45$Dq。另外，根据量子力学原理，在外界电场作用下产生的 d 轨道分裂前后，其总能量应该保持不变，由此可得：

$$2E_{eg} + 3E_{t2g} = 0 \tag{1.2}$$

$$E_{eg} - E_{t2g} = 10\text{Dq} = \Delta_o \tag{1.3}$$

$$2E_e + 3E_{t2} = 0 \tag{1.4}$$

$$E_{t2} - E_e = 4.45\text{Dq} = \Delta_t \tag{1.5}$$

从而可以计算出八面体场中 e_g 和 t_{2g} 轨道的相对能量，$E_{eg} = 6$Dq、$E_{t2g} = -4$Dq［见图 1.13（b）］，四面体场中 e 和 t_2 轨道的相对能量 $E_e = -2.67$Dq、$E_{t2} = 1.78$Dq［见图 1.14（b）］。

影响晶体场分裂能 Δ 的主要因素有中心金属离子的电荷、d 轨道主量子数 n、配位几何构型以及配体的类型等。其中金属离子的正电荷越高、d 轨道主量子数 n

越大（即金属离子在元素周期表中所处的周期越往后），其分裂能 Δ 也越大，例如 $[Fe(H_2O)_6]^{3+}$ 的分裂能较 $[Fe(H_2O)_6]^{2+}$ 的要大。配位几何构型与 Δ 的关系为：$\Delta_d > \Delta_o > \Delta_t$，其中 d、o、t 分别代表平面正方形 D_{4h}、八面体场 O_h、四面体场 T_d。对于同一金属离子的八面体场中配体对 Δ 的影响研究得到以下的顺序，即 Δ_o 的大小顺序，并称之为光谱化学序（spectrochemical series），主要适用于第一过渡系金属离子的配合物：

$I^- < Br^- < Cl^- \sim \underline{S}CN^- < F^- < (NH_2)_2C\underline{O} < \underline{O}H^- < \underline{O}NO^-$（亚硝酸根）$< C_2O_4^{2-} < H_2\underline{O} < \underline{N}CS^- < EDTA < py \sim \underline{N}H_3 < en < \underline{N}H_2OH < \underline{N}O_2^- < C\underline{N}^- \sim \underline{C}O$（有下划线的为配位原子）这实际上是配体场强度增加的顺序，通常将前面的 I^-、Br^-、Cl^- 等称为弱场配体，而后面的 $\underline{N}O_2^-$、$C\underline{N}^-$ 等称为强场配体。

（3）晶体场稳定化能 如上所述，在配体场作用下中心原子的 d 轨道产生了分裂。与 d 电子进入没有分裂的 d 轨道相比，d 电子进入分裂后的 d 轨道所降低的能量被称为晶体场稳定化能（crystal field stabilization energy，CFSE）。下面我们以八面体场为例来讨论配合物中的 CFSE，当一个 d 电子进入 t_{2g} 轨道时，能量降低 $-4Dq$，相反一个 d 电子进入 e_g 轨道时，能量则升高 $6Dq$[见图 1.13(b)]。对于 d^1、d^2、d^3 的配合物，电子填充只有一种情况，即 d 电子进入到能量较低的 t_{2g} 轨道，其 CFSE 分别为 $-4Dq$、$-8Dq$、$-12Dq$[见表 1.4 和图 1.15(a)]。

表 1.4 正八面体场和正四面体场配合物中的 CFSE（Dq）

d^n	正八面体场		正四面体场	
	高自旋	低自旋	高自旋	低自旋
d^1	-4	-4	-2.67	-2.67
d^2	-8	-8	-5.34	-5.34
d^3	-12	-12	-3.56	$-8.01+P$
d^4	-6	$-16+P$	-1.78	$-10.68+2P$
d^5	0	$-20+2P$	0	$-8.90+2P$
d^6	-4	$-24+2P$	-2.67	$-7.12+P$
d^7	-8	$-18+P$	-5.34	-5.34
d^8	-12	-12	-3.56	-3.56
d^9	-6	-6	-1.78	-1.78
d^{10}	0	0	0	0

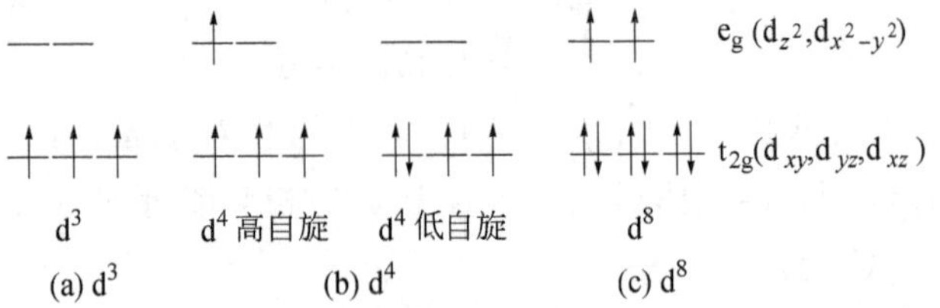

图 1.15 八面体场中 d 电子的填充情况

对于 d^4 的配合物，第 4 个电子的填充有 2 种不同的情况。如图 1.15（b）所示，一种是按照 Hund 规则进入能量较高的 t_{2g} 轨道，此时的 CFSE＝（－4Dq）× 3＋（6Dq）×1＝－6Dq（见表 1.4），另一种情况是第 4 个电子进入能量较低的 e_g 轨道，CFSE＝（－4Dq）×4＋（6Dq）×0＝－16Dq（见表 1.4），但是这种排列方式不符合 Hund 规则，两个电子进入同一轨道要克服两个电子间的静电排斥作用，需要消耗一定的能量，这种能量被称为电子成对能，用 P 表示。前一种情况为高自旋，后一种情况为低自旋。从表 1.4 可以看出 d^4、d^5、d^6 和 d^7 的配合物中都有高自旋和低自旋 2 种情况。配合物中的 d 电子究竟是按高自旋还是按低自旋方式排布，取决于分裂能 Δ 与成对能 P 的相对大小。若配体场弱，Δ_o 相对较小，即 $P > \Delta_o$，这种情况下 d 电子进入到能量较高的 t_{2g} 轨道，即配合物为高自旋，反之即 $P < \Delta_o$，则为低自旋。对于 d^8、d^9、d^{10} 的配合物，d 电子的填充只有一种方式［见图 1.15（c）］，因此这些配合物中没有高自旋和低自旋之分。

（4）晶体场理论的应用 晶体场理论不仅可以解释配合物的磁性，还可以解释配合物的颜色（电子光谱）、晶格能和解离能、水合能等热力学性质，此外还可以较满意地解释金属离子半径大小与原子序数之间的关系以及 Jahn-Teller 效应等。下面我们来具体看一下晶体场理论在解释配合物磁性、颜色以及 Jahn-Teller 效应方面的应用。

对于简单的金属配合物，若不考虑金属离子间的相互作用，其磁性质是由中心金属离子 d 轨道上的未成对电子数决定的，而未成对电子数又取决于 d 电子的排布方式。虽然前面介绍的价键理论也可以解释配合物磁性，但是不能确切说明金属离子在什么情况下采用高自旋的外轨型，什么情况下采用低自旋的内轨型。只是定性地根据中心原子的电子结构和配位原子的电负性来推测。但是，在晶体场理论中，d 电子的排布方式采用高自旋还是低自旋由分裂能 Δ 和成对能 P 的相对大小来决定。也就是说，只要知道分裂能 Δ 和成对能 P 的相对大小就可以知道 d 电子是按高自旋还是按低自旋方式排布的。因此晶体场理论不仅可以解释配合物的磁性，还可以以定量（测定分裂能 Δ 和成对能 P）的方式来预测配合物的磁性质。

除了磁性以外，晶体场理论还可以解释配合物的电子光谱和颜色。一般说来，过渡金属配合物多数有颜色，这是因为配合物中 d 轨道的分裂能 Δ 的大小刚好落在可见光范围内。因此在中心原子的 d 轨道未完全充满的配合物中，原来处于能量较低的轨道（如八面体场中的 t_{2g} 轨道）中的 d 电子从可见光中吸收与分裂能 Δ 能量相当的光后而跃迁到能量较高的轨道（如八面体场中的 e_g 轨道）中，这种跃迁就是人们所熟悉的 d-d 跃迁。这样可见光的一部分被吸收之后，配合物透射或反射出的光就是有颜色的。被吸收的颜色和观测到的颜色之间是一种互补的关系（见表 1.5）。

表 1.5　配合物的颜色及其波长

波长/nm	770	610	595	560	490	440	390
被吸收的颜色		红	橙	黄	绿	蓝	紫
观测到的颜色		绿	蓝	紫	红	橙	黄

这样不仅解释了配合物的电子吸收光谱和颜色，而且也说明了为什么像 Cu(Ⅰ)、Ag(Ⅰ)、Zn(Ⅱ)、Cd(Ⅱ)、Hg(Ⅱ) 等具有 d^{10} 构型金属离子的配合物常常是无色的。因为在 d 轨道完全充满时，不能发生 d-d 跃迁。

Jahn-Teller 效应（Jahn-Teller effect）：在此前的介绍中我们把配位几何构型看成是正八面体、正四面体等，实际上这些都是理想的状态。实验结果显示真正的配合物中很少观测到正八面体、正四面体等配位构型，这些多面体一般都会发生程度不同的畸变。

1937 年 Jahn 和 Teller 提出：在直线形以外的分子中，对于基态电子的简并度必须是 1，或者说在直线形以外的分子中，电子状态简并的配合物是没有的。更详细的说法是，在 d 电子云分布不对称的非线性分子中，如果在基态时有几个简并的状态，体系则是不稳定的，分子的几何构型必然会发生畸变以降低简并度，从而稳定其中的某种状态。这就是 Jahn-Teller 效应，该效应可以用晶体场理论来作出合理的解释。需要注意的是 Jahn-Teller 效应中所说的简并度不是轨道本身的简并度，而是这些轨道被占时所产生的组态简并度，从下面的例子中可能更容易理解这一点。

以六配位的二价铜离子（Cu^{2+}：d^9）为例来说明。按照八面体场中 d 轨道的分裂方式 [见图 1.13(b)]，9 个 d 电子中有 6 个填充在 t_{2g} 轨道中，另外 3 个进入 e_g 轨道，尽管 d^9 电子排布没有高自旋和低自旋之分，但是实际上二重简并的 e_g 轨道中的 3 个 d 电子有 2 种能量相同的排布方式，即 A：$(d_{z^2})^2(d_{x^2-y^2})^1$ 和 B：$(d_{z^2})^1$ $(d_{x^2-y^2})^2$。如果按 A 方式排列，很显然在 z 轴上的两个配体将受到比 x 轴和 y 轴上配体更大的电子排斥，其结果是 z 轴上的两个配体的配位键被拉长（键长变长），而 x 轴和 y 轴上的 4 个配位键被压缩（键长变短），形成拉长的八面体，由于这种畸变使 $d_{x^2-y^2}$ 轨道的能级上升，d_{z^2} 轨道的能级下降，即畸变使原来简并的 e_g 轨道进一步分裂，从而消除了简并性；相反，若采用 B 的排列方式，则形成压缩的八面体，这种畸变使 d_{z^2} 轨道的能级上升，$d_{x^2-y^2}$ 轨道的能级下降，同样消除了 e_g 轨道的简并性。这些都是畸变的八面体（见图 1.16）。

由上面的介绍可以看出，与价键理论相比，配位场理论（LFT）已经前进了一步。LFT 中利用 d 轨道分裂和晶体场稳定化能（CFSE）等基本观点，不仅可以解释配合物的磁性质，而且还可以较好地说明配合物的颜色、热力学性质等价键理论无能为力的问题。但是，CFT 在解释配体的光谱序列中的次序以及羰基化合物、π-配合物等特殊配合物的形成、稳定性等问题上就显得很困难，需要用分子轨道理论（MOT）来说明这些问题。

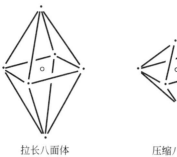

拉长八面体　　　　　　压缩八面体

图 1.16　畸变的八面体

1.3.3　分子轨道理论

与晶体场理论中只考虑静电作用不同，分子轨道理论（molecular orbital theory，MOT）考虑了中心原子与配位原子间原子轨道的重叠，即配位键的共价性。配合物中的分子轨道理论实际上与讨论简单分子时使用的原子轨道线性组合-分子轨道（LCAO-MO：linear combination of atomic orbital-molecular orbital）法是一样的。构建配合物的分子轨道原则上与构建简单双原子分子的分子轨道方法相同，都是将中心原子和配位原子的原子轨道按照一定的原则进行有效地线性组合。具体需要满足的原则有：对称性匹配原则，即只有对称性相同的原子轨道才能够发生相互作用，并组成有效的分子轨道；能量相近（相似）原则，能量相差悬殊的原子轨道不能够有效地组成分子轨道；最大重叠原则，原子轨道的重叠越大，组合形成的分子轨道越稳定、越有效。最早将分子轨道理论运用于配合物的是 Van Vleck。

分子轨道理论不仅可以解释包括羰基配合物、π-配合物等特殊配合物在内的配位键的形成，而且可以计算出所形成配合物分子轨道能量的高低，从而可以定量地解释配合物的某些物理和化学性质。因此，分子轨道理论比前面介绍的价键理论和晶体场（配位场）理论更能够说明问题。但是，美中不足的是要真正计算出配合物中分子轨道能量的高低往往需要冗长的计算，是件非常繁琐，甚至很困难的事。通常采用简化或某些近似处理的方法来得到分子轨道能量的相对高低。这里只定性地对常见的八面体配位构型配合物的分子轨道进行简单的介绍。

（1）只有 σ 成键作用的 ML_6 型八面体配合物　最为常见的第一过渡系金属离子有 $3d_{xy}$、$3d_{yz}$、$3d_{xz}$、$3d_{x^2-y^2}$、$3d_{z^2}$、$4s$、$4p_x$、$4p_y$ 和 $4p_z$ 共 9 个价轨道。其中后 6 个轨道角度分布的极大值处在 $\pm x$、$\pm y$ 和 $\pm z$ 6 个方向上，与 ML_6 型八面体配合物中六个配体所处方向一致，因此这 6 个轨道可以参与形成 σ 分子轨道，亦称具有 σ 对称性。另外 3 个（$3d_{xy}$、$3d_{yz}$、$3d_{xz}$）轨道因其角度分布最大值夹在坐标轴之间、不直接指向配体所处位置而只能用于形成 π 分子轨道，即只具有 π 对称性。因此当这些金属离子与仅有 σ 轨道参与配位键形成的配体作用形成 ML_6 型八面体配合物时，配合物分子轨道中只有 σ 键存在。需要注意的是，在与金属离子轨道作用之前，来自 6 个配体的 6 个 σ 轨道必须先进行线性组合形成配体群轨道（ligand group orbitals），如何组合以及组合后轨道的对称性如何需要通过群论的方法来确定，这里不再叙述。

结论是在八面体对称性下 6 个配体的 6 个 σ 轨道可以组合成 1 个 a_{1g}，两个 e_g 和 3 个 t_{1u} 对称性的轨道。然后，根据对称性匹配原则将金属离子和配体中具有相同对称性的轨道进行线性组合即可得到配合物的分子轨道，能级如图 1.17 所示。

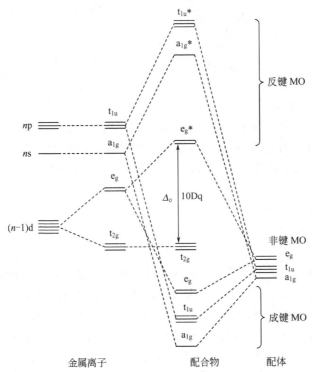

图 1.17　仅有 σ 键的 ML_6 型八面体配合物的分子轨道能级

a_{1g}、e_g、t_{1u}、t_{2g} 等符号来自群论，a、e 和 t 分别代表非简并、二重简并和三重简并，
2 代表镜面反对称，g（gerade）代表中心对称，u（ungerade）代表非中心对称

由此可见，来自金属离子的 6 个 σ 轨道与来自配体的 6 个 σ 轨道作用形成 6 个成键（bonding orbitals）的 a_{1g}、t_{1u}、e_g 分子轨道，其能量比原来的原子轨道的能量要低，和 6 个反键（antibonding orbitals）的 $e_g{}^*$、$t_{1u}{}^*$、$a_{1g}{}^*$ 分子轨道，其能量比原来的原子轨道的要高。由于配体中没有 π 轨道，因此金属离子中具有 π 对称性的 $3d_{xy}$、$3d_{yz}$、$3d_{xz}$ 轨道没有参与和配体原子轨道的组合，而在形成的配合物分子轨道中成为非键（nonbonding orbitals）的 t_{2g} 轨道，能级保持不变（见图 1.17）。

有了图 1.17 所示的分子轨道能级的相对高低以后，参与形成配合物的价电子就可以依据能级由低到高的次序填充。我们以 $[Ti(H_2O)_6]^{3+}$ 配离子为例来说明，每个水分子提供一对孤对电子，因此 6 个配位水分子提供 12 个电子，加上 Ti^{3+} 的 1 个 d 电子，这样总共有 13 个价电子需要填充在配合物的分子轨道中，其中 12 个电子进入能量较低的 6 个成键轨道中，而且由于这些成键轨道主要具有配体轨道的特性（因为组合前配体 6 个 σ 轨道的能级较低），因此可以认为填入成键轨道的 12

个电子主要来自配体，另外余下的 1 个电子则进入非键的 t_{2g} 轨道。当 d 电子较多时，例如 d^6 的 Co^{3+}，6 个 d 电子可以填入非键的 t_{2g} 轨道和反键的 $e_g{}^*$ 轨道，而且有两种可能的填法，即 $(t_{2g})^6(e_g{}^*)^0$ 和 $(t_{2g})^4(e_g{}^*)^2$，前者为低自旋，后者为高自旋。具体采用哪种填法，与电子成对能 P 以及 t_{2g} 和 $e_g{}^*$ 轨道间的能量差有关。t_{2g} 和 $e_g{}^*$ 两个分子轨道间的能量差实际上就是前面介绍的晶体场理论中的分裂能 Δ_o，$\Delta_o > P$ 时按低自旋方式 $(t_{2g})^6(e_g{}^*)^0$ 填充，相反，$\Delta_o < P$ 时按高自旋方式 $(t_{2g})^4$ $(e_g{}^*)^2$ 填充。也就是说从分子轨道理论出发得到了与晶体场理论相同的结论。

（2）**有 π 键的 ML_6 型八面体配合物** 上面介绍的是配体分子或离子中只有 σ 轨道参与配合物分子轨道的形成。当配体中有 π 轨道参与时，还要考虑配体 π 轨道与金属离子 π 轨道之间的作用。根据配体 π 轨道来源的不同，主要有图 1.18 所示的 3 种情况，即配体 L 分别提供垂直于 M-L 轴方向的 p 轨道、d 轨道或者 π* 反键轨道与金属离子 M^{n+} 的 π 轨道作用。

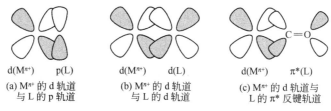

d(M^{n+}) p(L)	d(M^{n+}) d(L)	d(M^{n+}) π*(L)
(a) M^{n+} 的 d 轨道与 L 的 p 轨道	(b) M^{n+} 的 d 轨道与 L 的 d 轨道	(c) M^{n+} 的 d 轨道与 L 的 π* 反键轨道

图 1.18 金属离子 M^{n+} 的 π 轨道与配体 L 的 π 轨道间的重叠

另外，由于配体的 d 轨道和 π* 反键轨道往往是空轨道，因此在形成配合物的分子轨道中这些来自配体的 d 轨道或 π* 反键轨道就作为电子接受体，称之为 π-接受体配体，而配体的 p 轨道往往是充满电子的，因此在配合物分子轨道中充当电子给予体，该类配体被称为 π-给予体配体。根据是作为电子接受体还是作为电子给予体的不同，配体 π 轨道与金属离子 π 轨道作用形成配合物分子轨道时对分裂能 Δ_o 值的影响是不一样的，具体情况如图 1.19 所示。

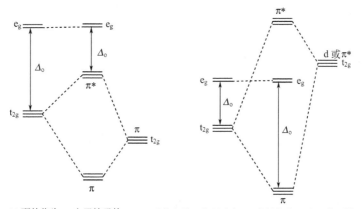

(a) 配体作为 π-电子给予体   (b) 配体空的 d 轨道或者 π* 轨道作为 π-电子接受体

图 1.19 有 π 键的 ML_6 型八面体配合物的分子轨道能级图

含卤素离子配体的配合物，例如 $[CoF_6]^{3-}$，即属于图 1.19(a) 的情况。氟离子 p 轨道可与钴离子的 t_{2g} 轨道作用形成 π 成键和 π^* 反键分子轨道，而且 π 成键轨道主要来自能量较低的配体轨道，π^* 反键轨道则主要为能量相对较高的金属离子 t_{2g} 轨道。这样 π 成键的结果使金属离子 t_{2g} 轨道的能量升高，与 e_g 轨道间的能量差，即分裂能 Δ_o 减小。因此该类配合物为高自旋型，也说明了卤素离子配体在光谱化学序中属于弱场配体的原因。

对于含 R_3P（膦）、CN^- 等配体的配合物，其 π 成键情况则属于图 1.19(b)。P 原子除了利用 3s 和 3p 轨道与金属离子 d 轨道作用形成 σ 分子轨道之外，其空的 3d 轨道还可以参与 π 分子轨道的形成。但是由于 P 原子 3d 轨道的能量比金属离子 3d 轨道的要高，因此形成 π 成键和 π^* 反键分子轨道时，配体 3d 轨道的能量升高成为 π^* 反键分子轨道，金属离子的 t_{2g} 轨道能量降低而成为 π 成键分子轨道，从而使得与 e_g 轨道间的能量差，即分裂能 Δ_o 增大。所以这一类配体均为强场配体，形成的配合物为低自旋型配合物。另外，由于金属离子 t_{2g} 轨道上的电子进入 π 成键分子轨道，从而使得金属离子中的 d 电子通过 π 成键轨道移向配体，这样金属离子成为 π 电子给予体，配体成为 π 电子接受体，通常将这种金属离子和配体间 π 电子的相互作用称为 π 反馈作用，形成的键称为反馈 π 键。这种同时含有 σ 配键和反馈 π 键键合类型也被称为 σ-π 配键。这种键合方式在羰基化合物中尤为显著。

羰基化合物中金属离子与 CO 之间的成键情况与上面介绍的强场配体的情况有相似之处，例如分子轨道能级分布情况相似，均导致分裂能 Δ_o 增大 [见图 1.19(b)]。但是，两者之间有显著不同。首先，CO 采用的不是简单的空的 3d 轨道，而是 CO 分子的 π^* 反键轨道与金属离子的 d 轨道作用形成 π 分子轨道 [见图 1.18(c)]。另外，由于羰基化合物中的中心原子为金属原子（零价）或金属负离子，因此相对于金属正离子而言，羰基化合物中的金属原子或金属负离子中电子特别"富裕"，而这些"富裕"的电子通过 π 分子轨道进入配体 CO 分子的 π^* 反键轨道，形成相当强的反馈 π 键。这也就解释了羰基化合物的稳定性问题。

1.4　我国的配位化学

如前所述，自 1893 年 Werner 发表第一篇有关配位化学理论的论文算起，配位化学至今已经走过了 110 多年的历程。但是，我国的配位化学研究主要是在新中国成立以后开始并逐步发展起来的。1963 年经国家批准，戴安邦教授在南京大学创建了络合物化学研究室，开始了配位化学的研究、教学和人才培养方面的工作。在此基础上，于 1978 年成立了南京大学配位化学研究所，这是我国第一个配位化学研究基地。随着研究工作的不断深入和研究队伍的不断扩大，在我国又相继成立了北京大学稀土研究中心、南京大学配位化学国家重点实验室、中国科学院长春应用化学研究所、中国科学院福建物质结构研究所等与配位化学研究密切相关的研究实体。并于 1987 年在我国成功地召开了第 25 届国际配位化学会议（25th International Conference on Coordination Chemistry），这是每 2 年召开一次的配位化学方面的大型国际学术会议，此次会议的顺利召开标志着我国的配位化学研究已经得到了国际同行的认可，并从国内走向国际。

我国的配位化学从无到有、从小到大，这其中离不开老一辈科学家们的辛勤劳动和艰苦努力，他们不仅开拓了中国配位化学的研究之路，取得了举世瞩目的科研成果，而且还为我国培养了大批配位化学方面的优秀人才，从而为我国配位化学的持续发展以及配位化学研究跻身于国际学术之林做出了卓越的贡献。现在，我国的配位化学研究已经取得了突飞猛进的发展，在新型功能配合物化学、稀土配位化学、簇合物配位化学、生物配位化学、配位磁化学等方面取得了许多重要进展。尤其是 20 世纪 80 年代超分子化学的出现以及近年来纳米科学与技术的迅猛发展都给配位化学带来了新的活力和发展机遇。我国科学家们在这些领域已经取得了骄人的业绩和良好的发展势头。

但是，我们也应该看到我国的配位化学研究整体水平与国际先进水平相比还有一定的差距，这就需要广大配位化学工作者们更加努力、抓住机遇、瞄准方向，为我国配位化学发展贡献自己的力量。

参 考 文 献

1 孟庆金，戴安邦编.配位化学的创始与现代化.北京：高等教育出版社，1998
2 申泮文主编.无机化学.北京：化学工业出版社，2002
3 游效曾，孟庆金，韩万书主编.配位化学进展.北京：高等教育出版社，2000
4 张永安.无机化学.北京：北京师范大学出版社，1998
5 潘道皑，赵成大，郑载兴.物质结构.北京：高等教育出版社，1982
6 徐志固.现代配位化学.北京：化学工业出版社，1987
7 ［日］山崎一雄，中村大雄.錯体化学.東京：裳華房，1984
8 D. F. Shriver, P. W. Atkins, C. H. Langford. 无机化学.高忆慈，史启祯，曾克慰，李丙瑞等译.北京：高等教育出版社，1997
9 河南大学，南京师范大学，河南师范大学，河北师范大学编.配位化学.开封：河南大学出版社，1989
10 郭保章.20 世纪化学史.南昌：江西教育出版社，1998
11 郭保章.中国现代化学史略.南宁：广西教育出版社，1995
12 邵学俊，董平安，魏益海.无机化学.第二版.武汉：武汉大学出版社，2002

第 2 章　配合物合成、结构和反应性能

有人说化学是一门创造新物质的科学。这话不完全正确，制备新化合物不是化学研究的全部，但是它反映出合成，尤其是新的、未知化合物的合成是化学研究中的一个非常重要的组成部分。作为化学中重要分支学科之一的配位化学也是如此，配位化合物的合成在配位化学研究中占有相当重要的地位。本章首先介绍配合物的合成，然后介绍其结构、反应性能方面的研究。

2.1　配合物合成

随着配位化学涵盖的范围和研究内容的不断扩大，配合物的种类和数目也在不断增长，因此配合物的制备（合成）方法也很多。而且结构新颖、性能特殊的配合物还在源源不断地涌现，一些特殊的制备方法也不断地被开发和报道出来。因此，要总结出能够代表大多数配合物的合成方法实际上是件很困难的事。这里首先介绍几种常见的、经典的配合物的制备方法，然后介绍一些近年来实验室里常用的配合物的合成方法。值得一提的是，到目前为止还没有一个较完善的理论体系可以用来指导配合物的合成，新配合物的合成更多的是要凭经验和尝试来完成。

2.1.1　加合、取代、氧化还原等反应合成经典配合物

经典配合物亦称 Werner 型配合物。简单地讲，配合物的制备可分为直接法和间接法两种。所谓直接法就是由两种或两种以上的简单化合物（不是配合物）反应直接生成配合物的方法，而间接法则是从配合物出发通过取代、加成或消去、氧化还原等反应间接地合成配合物的方法。间接法有时也称诱导法。

（1）加合反应　简单加合反应制备配合物即属于直接法，这种反应实际上是路易斯酸、碱反应。这一类反应简单，多数是在常温常压的温和条件下完成。例如，由 $CuSO_4 \cdot 5H_2O$ 和 NH_3 出发合成 $[Cu(NH_3)_4]SO_4 \cdot H_2O$：

$$CuSO_4 \cdot 5H_2O + 4NH_3 \longrightarrow [Cu(NH_3)_4]SO_4 \cdot H_2O + 4H_2O \qquad (2.1)$$

该反应就是在浓的硫酸铜水溶液中加入氨水，然后再加入适量的乙醇以降低产物的溶解度，即可得到配合物 $[Cu(NH_3)_4]SO_4 \cdot H_2O$ 结晶。又如，将 NiX_2（X 为阴离子）溶解到浓的氨水中，即可得到 $[Ni(NH_3)_6]X_2$ 晶体。但是，对有些体系需要选择合适的溶剂才能得到所需要的产物，特别是有的反应需要避免使用水做溶剂。因为，水分子本身就是一类配体，若配体与金属离子间的配位作用不强，在

有大量水（溶剂）存在的条件下，水分子可能会取代配体而进入生成的配合物，从而得不到所需产物。例如，$[(CH_3CH_2)_4N]_2[FeCl_4]$ 需要用 $[(CH_3CH_2)_4N]$ Cl 和无水氯化亚铁（$FeCl_2$）在无水乙醇中反应得到就是这个原因。

（2）取代和交换反应　利用取代和配体交换反应来合成新的配位化合物也是配合物合成中常用的一种方法。如果将 $CuSO_4 \cdot 5H_2O$ 看成是含有 $[Cu(H_2O)_4]^{2+}$ 配阳离子的配合物，那么式（2.1）的反应实际上就是一个配体取代（交换）反应。发生这种配体取代（交换）反应的驱动力主要有浓度差和交换前后配体配位能力的差别等。浓度差就是加入过量的新配体或者直接使用新配体作为溶剂来进行取代（交换）反应，这样取代（交换）反应平衡就会移向右边，使反应得以顺利完成。例如式（2.1）的反应中氨水就是过量的。实际应用中更多的是利用配体配位能力的差别来进行取代和交换反应，常见的有配位能力强的配体取代配位能力弱的配体和螯合配体取代单齿配体，从而生成更为稳定的配合物。这一类反应不需要加入过量的配体，通常按反应的化学计量比加入即可。对于有些反应，根据加入新配体摩尔数的不同会生成组成不同的产物。下面是具体的例子：

$$[NiCl_4]^{2-}+4CN^- \longrightarrow [Ni(CN)_4]^{2-}+4Cl^- \tag{2.2}$$

$$[Ni(H_2O)_6]^{2+}+3bpy \longrightarrow [Ni(bpy)_3]^{2+}+6H_2O \tag{2.3}$$

$$[Co(NH_3)_5Cl]Cl_2+3en \longrightarrow [Co(en)_3]Cl_3+5NH_3 \tag{2.4}$$

$$K_2[PtCl_4]+en \longrightarrow [Pt(en)Cl_2]+2KCl \tag{2.5}$$

$$K_2[PtCl_4]+2en \longrightarrow [Pt(en)_2]Cl_2+2KCl \tag{2.6}$$

上述几个反应代表了几种不同的情况。式（2.2）中氰根离子与金属离子的配位能力比氯离子强，是典型的配位能力强的配体取代配位能力弱的反应；式（2.3）和式（2.4）则是螯合配体取代单齿配体，2，2′-联吡啶（bpy）和乙二胺（en）都是很好的螯合配体，而且从上面的反应式可以看出被取代的单齿配体可以是一种，也可以是两种[式（2.4）]或两种以上；式（2.5）和式（2.6）显示了通过控制加入配体的量（摩尔比）可以得到组成不同配合物的例子。

另外，对于含有易水解金属离子的体系，如 Fe^{3+}、Cr^{3+} 等，或者是含有配位能力较弱的配体，与金属离子配位时竞争不过水分子的体系，取代（交换）反应只有在非水溶剂中进行才能够顺利完成。例如：

$$[Cr(H_2O)_6]Cl_3+3en \xrightarrow{H_2O} [Cr(OH)_3]\downarrow +3H_2O+3(en \cdot HCl) \tag{2.7}$$

$$CrCl_3+3en \xrightarrow{Et_2O} [Cr(en)_3]Cl_3 \tag{2.8}$$

$$[Cr(DMF)_3Cl_3]+2en \xrightarrow{DMF} cis\text{-}[Cr(en)_2Cl_2]Cl+3DMF \tag{2.9}$$

式（2.7）在水溶液中进行时，因为 Cr^{3+} 离子的水解而生成了氢氧化铬沉淀，因而得不到预期的配体交换产物。式（2.8）和式（2.9）分别在非水溶剂的乙醚和DMF中进行，成功地获得了配合物 $[Cr(en)_3]$ Cl_3 和 $cis\text{-}[Cr(en)_2Cl_2]$ Cl。

常用的非水溶剂有：无水乙醇、无水甲醇、丙酮、氯仿、二氯甲烷、四氢呋喃

（THF）、N，N-二甲基甲酰胺（DMF）、脂肪醚类如 1，2-二甲氧基乙烷、乙醚等。要求这些非水溶剂本身与金属离子的配位能力比反应体系中参与反应的配体的配位能力要弱得多。这样才能避免溶剂分子与金属离子的配位。

（3）加成和消去反应 有些配合物可以通过加成（addition）或消去（elimination）反应来合成。这种加成反应通常伴随着中心金属离子配位数和配位构型的变化，而且多数情况下还同时伴有金属离子价态的变化。最为常见的是从四配位的具有平面四边形构型的配合物通过加成反应变为五配位的四方锥形或六配位的八面体形配合物。代表性的具有平面四边形配位构型的金属离子有 Ni（Ⅱ）、Cu（Ⅱ）、Rh（Ⅰ）、Ir（Ⅰ）、Pd（Ⅱ）、Pt（Ⅱ）等，例如有名的 Wilkinson 催化剂 $[RhCl(PPh_3)_3]$ 就是一个具有扭曲的平面四边形配位构型的 Rh（Ⅰ）配合物，该配合物与 H_2 或 Cl_2 反应即可得到具有八面体构型的 Rh（Ⅲ）配合物（见图 2.1）。因此，这是一类氧化加成反应（oxidative addition reaction）。而且这是一个可逆反应，减压条件下会发生还原消去反应（reductive elimination reaction），回到原来的四配位 Rh（Ⅰ）配合物。

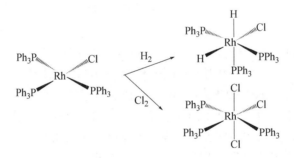

图 2.1　加成反应合成配合物

除了上面的还原消去反应之外，还有一种是通过加热（或光照）固体配合物，使之失去部分小分子或溶剂分子配体，从而形成新的配合物。

$$[Co(NH_3)_5(H_2O)](NO_3)_3 \xrightarrow{100℃} [Co(NH_3)_5(NO_3)](NO_3)_2 + H_2O \uparrow \quad (2.10)$$

$$[Cr(en)_3]Cl_3 \xrightarrow{200℃} cis\text{-}[Cr(en)_2Cl_2]Cl + en \uparrow \quad (2.11)$$

$$[Pt(NH_3)_4]Cl_2 \xrightarrow{250℃} trans\text{-}[Pt(NH_3)_2Cl_2] + 2NH_3 \uparrow \quad (2.12)$$

以上反应是在加热条件下使容易失去的水、氨或乙二胺等分子从配合物中脱离，失去部分的配位位置通常被原来处于配合物外界的阴离子所占据。所以这一类反应中并不伴随金属离子价态的变化，也就是说没有发生氧化还原反应。由于反应中需要断裂配位键，因此，发生消去反应所需温度的高低是由配合物的稳定性以及配位键的强弱决定的。该类反应的另一个特点是反应前后常伴有明显的颜色变化，例如，式（2.12）中的反应即由白色的 $[Pt(NH_3)_4]Cl_2$ 变为黄色的 $trans\text{-}[Pt(NH_3)_2Cl_2]$。又如实验室常用的硅胶干燥剂就是利用这个原理，因为硅胶干燥剂

中掺有 $[CoCl_4]^{2-}$ 而呈蓝色，当干燥剂吸水后即变为粉红色的水合钴离子，失效的粉红色硅胶通过加热脱去水后就又回到原来的蓝色，因而可以重复使用，掺入硅胶中的钴配合物实际上起着颜色指示剂的作用。具体发生的反应如下：

$$2[Co(H_2O)_6]Cl_2 \xrightarrow{120℃} Co[CoCl_4] + 12H_2O\uparrow \qquad (2.13)$$
$$\text{粉红色} \qquad\qquad\qquad \text{蓝色}$$

对于那些没有外界阴离子的中性配合物，加热失去配体后的空位可以通过配体桥联或者金属-金属直接相互作用形成多核配合物的方式得到补充。

$$[Co_2(CO)_8] \xrightarrow{-CO} [Co_4(CO)_{12}] \xrightarrow{-CO} [Co_6(CO)_{16}] \qquad (2.14)$$

（4）氧化还原反应 因为许多过渡金属离子具有氧化还原活性，因此可以通过配合物中金属离子的氧化还原反应来制备新的配合物。常见的有从二价钴、二价铬配合物出发合成相应的三价钴、三价铬配合物。对简单的金属盐来说，二价钴盐比三价的稳定，但是对配合物来说则是三价钴的配合物更稳定，这一点可以用价键理论和配位场理论得到很好的解释。因此，一般先由二价钴盐出发制得二价钴的配合物后，再氧化到三价钴配合物。

$$2[Co^{II}(H_2O)_6]Cl_2 + 10NH_3 + 2NH_4Cl + H_2O_2 \xrightarrow{\text{活性炭}}$$
$$2[Co^{III}(NH_3)_6]Cl_3 + 14H_2O \qquad (2.15)$$

上述反应中二价钴被氧化到三价钴的同时，还发生了配体取代反应。另外，活性炭在反应中起着催化剂的作用。实验证实没有活性炭存在时，该反应的产物是 $[Co^{III}(NH_3)_5Cl]\,Cl_2$。

在实际利用氧化还原反应制备配合物过程中，氧化剂或还原剂的选择非常重要。一方面要考虑其氧化还原能力，另一方面要考虑反应后产物的分离和纯化，要尽可能地避免在反应中引入由氧化剂或还原剂本身反应后产生的副产物。从这个角度来讲，氧气（空气）、H_2O_2 等都是很好的氧化剂，因为它们被还原后的产物是水，不会污染产物。相反，$KMnO_4$、$K_2Cr_2O_7$ 等就不是好的氧化剂，尽管它们的氧化能力很强，但是会给反应带入难以分离的副产物。同样 N_2H_4 或 NH_2OH 是较理想的还原剂，因为它们被氧化后产生 N_2，不会给反应引入其他副产物。其他常用的还原剂还有 H_3PO_2、$Na_2S_2O_3$ 以及溶于液氨中的 Na、K 或者是溶于四氢呋喃（THF）中的 Li、Mg 等。下面是两个还原反应的例子。

$$K_2[Ni^{II}(CN)_4] + 2K \xrightarrow{\text{液氨}} K_4[Ni^0(CN)_4] \qquad (2.16)$$

$$2[Pt^{II}(PPh_3)_2Cl_2] + 4PPh_3 + N_2H_4 \longrightarrow$$
$$2[Pt^0(PPh_3)_4] + 4HCl + N_2\uparrow \qquad (2.17)$$

有的配合物本身就是氧化剂或还原剂，可以用来氧化或还原另外一个配合物。实际上就是发生了配合物间的电子转移反应。铁氰化钾 $K_3[Fe^{III}(CN)_6]$ 就是一个常用的氧化剂。

$$K_2[Co^{II}(edta)]+K_3[Fe^{III}(CN)_6]\longrightarrow K[Co^{III}(edta)]+K_4[Fe^{II}(CN)_6]$$
$$(2.18)$$

另外，在古代人们就已经开始利用 Pt、Pd、Au 等贵金属直接与王水反应来制备相应的配合物。例如：

$$Au+4HCl+HNO_3\longrightarrow H[Au^{III}Cl_4]+2H_2O+NO\uparrow \qquad (2.19)$$

$$Pt+6HCl+2HNO_3\longrightarrow H_2[Pt^{IV}Cl_6]+4H_2O+2NO\uparrow \qquad (2.20)$$

以上反应目前在 Pt、Au 等贵金属的回收过程中仍然得到应用。

2.1.2 特殊配合物的制备

上面介绍的基本上都是简单配合物的合成，下面我们主要以羰基化合物为例来介绍特殊配合物的合成。羰基化合物按其含有的中心原子数目的多少可以分为单核和多核羰基化合物。

(1) 单核羰基化合物　因为羰基化合物中的中心原子多为零价的金属原子，因此这一类化合物可以用直接法，即金属和一氧化碳（CO）气体在一定的条件下直接反应而制得。含不同金属的羰基化合物所需要的反应条件也不相同，但是一般情况下都要使用活化了的金属，例如 Raney Ni 之类的新制备的活性金属粉末。

$$Ni+4CO\xrightarrow{\text{常温、常压}}Ni(CO)_4 \qquad (2.21)$$

$$Fe+5CO\xrightarrow{\text{加压、197℃}}Fe(CO)_5 \qquad (2.22)$$

从上面的反应式可以看出，$Ni(CO)_4$ 在常温常压下即可制得，是发现最早（1890 年）的羰基化合物。$Ni(CO)_4$ 为无色液体，沸点 43℃，$Fe(CO)_5$ 则是黄色液体，熔点 20℃，沸点 103℃。

有些羰基化合物用直接法制备时需要高温高压等苛刻条件，难于实现，因此一般采用间接法来合成。对有些单核羰基化合物可以从金属盐出发，利用 CO 本身作为还原剂或者另外加入其他还原剂来还原金属盐的方法制得。常用还原剂有氢气（H_2）、烷基铝、锌粉等。

$$OsO_4+9CO\longrightarrow Os(CO)_5+4CO_2 \qquad (2.23)$$

$$CrCl_3+6CO\xrightarrow[Et_2O]{Et_3Al}Cr(CO)_6 \qquad (2.24)$$

此外，还可以从一种羰基化合物出发，与另一种金属盐反应来制备另外一种羰基化合物。例如 $W(CO)_6$ 可以用 WCl_6 与 CO 或者与 $Fe(CO)_5$ 反应得到。

$$WCl_6+6CO\xrightarrow{Al}W(CO)_6 \qquad (2.25)$$

$$WCl_6+3Fe(CO)_5\xrightarrow{Et_2O}W(CO)_6+3FeCl_2+9CO\uparrow \qquad (2.26)$$

(2) 多核羰基化合物　含有两个或两个以上中心原子的羰基化合物称为多核羰基化合物。而且根据含有金属原子种类的多少，又可分为同多核或异多核羰基化合物。例如式（2.14）中出现的 $[Co_2(CO)_8]$、$[Co_4(CO)_{12}]$ 等均为同多核羰基化合物，而 $MnRe(CO)_{10}$ 则为异多核羰基化合物。多核羰基化合物的另一个特点是除了

CO 可以作为桥联配体连接金属原子外，还可以利用 M-M 键将金属原子连接在一起。因此从一定意义上讲，多核羰基化合物也是金属簇合物。

$$2CoCO_3 + 2H_2 + 8CO \xrightarrow{\text{加压},147℃} Co_2(CO)_8 + 2CO_2 \uparrow + 2H_2O \uparrow \quad (2.27)$$

$$2Fe(CO)_5 \xrightarrow{\text{光照}} Fe_2(CO)_9 + CO \uparrow \quad (2.28)$$

式 (2.27) 代表的是从金属盐出发，利用还原剂还原的方法来制备多核羰基化合物，式 (2.14) 中的反应则表明可以利用热分解的方法来得到新的多核羰基化合物。除此之外，还可以用光照的方法来合成多核羰基化合物 [式 (2.28)]。

(3) 二茂铁的合成 特殊配合物中除了羰基化合物之外，还有金属-烯烃、金属-炔烃以及金属茂类（夹心）化合物等，这里介绍一下二茂铁的合成，其他含烯烃、炔烃类配合物的合成，这里不再叙述。

二茂铁（ferrocene）是由两个环戊二烯负离子（cyclopentadienyl anion，$C_5H_5^-$，常简写成 cp^-）和一个二价铁离子（Fe^{2+}）组成的中性化合物，分子式为 $Fe(C_5H_5)_2$ 或 $Fe(cp)_2$。从二茂铁的结构（见图 1.2）可以看出二价铁离子被夹在两个环戊二烯负离子之间，因此这一类化合物被称之为金属茂类或金属夹心化合物。通常利用无水 $FeCl_2$ 或铁粉通过以下几种方法合成二茂铁。

$$FeCl_2 + 2cp + 2(CH_3CH_2)_2NH \longrightarrow Fe(cp)_2 + 2(CH_3CH_2)_2NH \cdot HCl$$

$$(2.29)$$

$$FeCl_2 + 2Na(cp) \longrightarrow Fe(cp)_2 + 2NaCl \quad (2.30)$$

$$FeCl_2 + 2(cp)MgBr \longrightarrow Fe(cp)_2 + MgCl_2 + MgBr_2 \quad (2.31)$$

$$Fe + 2cp \longrightarrow Fe(cp)_2 + H_2 \uparrow \quad (2.32)$$

$Fe(cp)_2$ 为黄橙色晶体，熔点 $173 \sim 174℃$，常压下 $100℃$ 以上就开始升华，这一性质可以用于二茂铁的纯化。二茂铁不溶于水，但是易溶于乙醇、乙醚、苯等有机溶剂。由于其特殊的结构，二茂铁具有一些特殊的物理和化学性质。二茂铁的主要衍生物有 $Fe(cp^*)_2$（$cp^* = C_5Me_5$）以及含有三价铁离子（Fe^{3+}）的二茂铁阳离子 $[Fe(cp)_2]^+$ 等。

2.1.3 模板法合成配合物

(1) 金属离子模板剂 上面介绍的反应都是金属离子或金属原子与"现成"配体之间的反应，也就是说，配体是预先制备好的，配合物合成反应过程中不涉及配体的形成。但是，很久以前人们就已经发现有些配体本身很难或者不能用常规的方法合成，只有在合适的金属离子存在下才能够合成得到。这种合成方法被称为模板合成（template synthesis），其中金属离子被称为模板剂（template），金属离子在反应中所起的作用叫做模板效应（template effect）。

目前，模板合成方面研究较多的是大环配体及其配合物的合成。如果用传统的方法合成大环配体往往很困难，特别是在最后环化一步，通常需要在非常稀的溶液中进行，而且效果不理想。但是如果在反应体系中加入合适的模板剂之后反应就能高效、顺利地完成。人们现已总结出作为模板剂金属离子的作用：通过与金属离子的作用将要形成环的分子或离子固定在金属离子周围，起到定向的作用；将反应部位聚集到合适的位置；由于与金属离子间的配位或静电作用，改变了配位原子的电子状态，从而使得环化反应更容易发生。模板合成法的特点是反应操作简单、效率高、选择性强。因此，得到广泛应用。

图 2.2 显示的是一个用 Cu^{2+} 作为模板剂一步合成大环铜配合物的例子。很明显在模板剂存在条件下，乙二胺和两个醛基发生缩合反应在生成席夫碱大环配体的同时，也生成了铜配合物。实验结果显示，当没有 Cu^{2+} 存在时，生成的则不是单一的产物。表明在该反应中 Cu^{2+} 不仅仅作为生成配合物的中心原子，还起到了形成大环配体模板剂的作用。

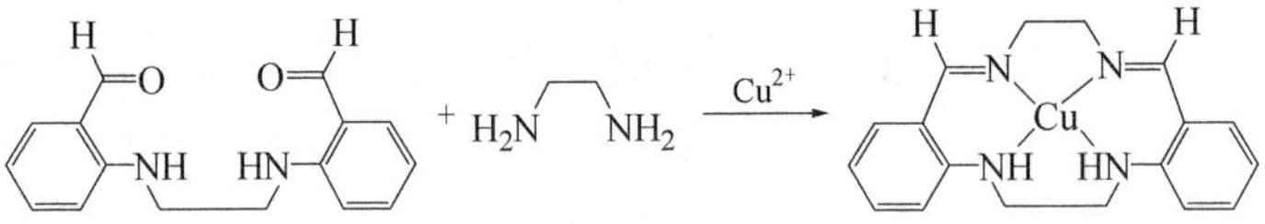

图 2.2　模板法合成单核铜配合物

除了图 2.2 所示的配体和配合物合成在同一步反应中进行之外〔亦称"一步法（one-step method）"或"一锅法（one-pot method）"〕，还可以根据需要利用分步反应来设计合成所需的配合物。图 2.3 显示的就是这样的一个例子。当第一个金属离子 M_a^{n+} 与化合物 **1** 反应后生成了配合物 **2**，由于 M_a 与 4 个 N 原子和两个酚羟基 O 原子的配位作用，使得化合物 **1** 中的两个醛基基团相互靠近，而且位置也被相对固定下来，这样就有利于下一步两个醛基基团与乙二胺的缩合反应。正是由于金属离子 M_a^{n+} 的模板作用，使得大环化合物 **3** 能够高效、简便地得到。这样大环化合物 **3** 可以直接与金属离子 M_b^+ 反应生成双核配合物 **4**，或者将 **3** 用 $NaBH_4$ 等还原剂还原得到还原型大环化合物 **5**，然后再与金属离子 M_b^+ 反应生成双核配合物 **6**。这种分步合成反应的最大特点和优势是可以用来合成同双核（即 M_a^{n+} 和 M_b^+ 为相同的金属离子）和异双核（M_a^{n+} 和 M_b^+ 为不同的金属离子）配合物。而且利用该类反应可以合成出含过渡金属离子-过渡金属离子、过渡金属离子-稀土金属离子以及稀土金属离子-稀土金属离子等不同类型的双核配合物，相关研究近年来有较多报道。

除了过渡金属离子、稀土金属离子模板剂之外，在冠醚及其衍生物的合成中常使用碱金属或碱土金属离子作为模板剂。例如，图 2.4 中以钾离子为模板剂简便地合成了一个 18-冠-6 的衍生物。

（2）有机分子或离子模板剂　以上所述均是以金属离子为模板剂。除此之外，在配合物合成尤其是近年来在超分子化合物的自组装（分子组装详见第 5 章）反应中，通过加入某些有机分子或离子来达到合成所需配合物的目的。这些分子或离子一般情况下不直接参与与金属离子的配位，只是起到诱导配合物形成、调控配合物

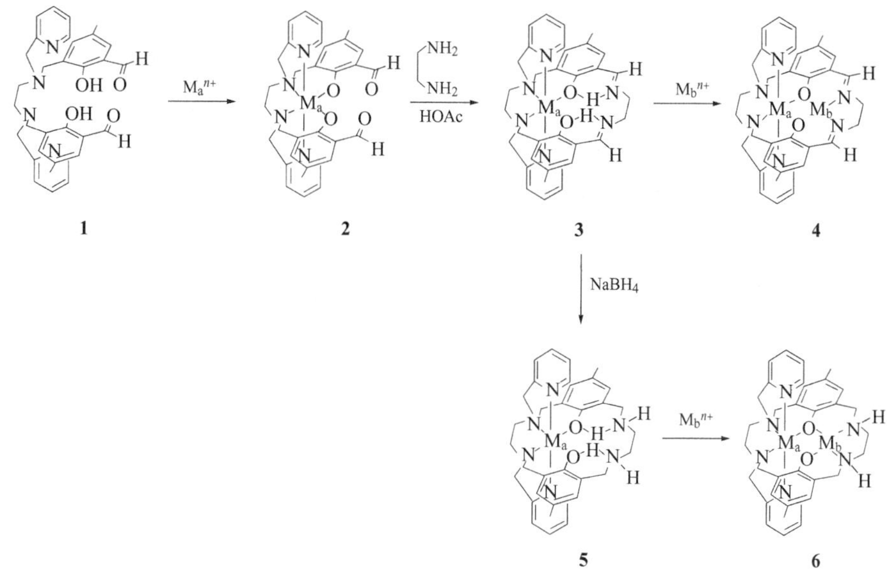

图 2.3　模板法合成异双核金属配合物

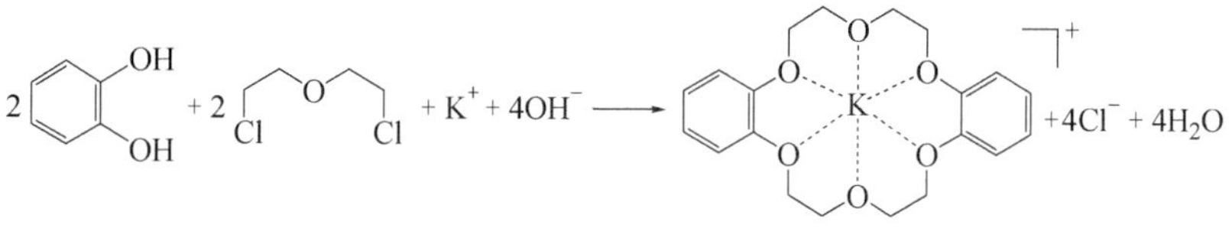

图 2.4　模板法合成二苯并-18-冠-6

结构等作用。所以这些有机分子或离子也是起着模板剂的作用。根据不同的情况有时也将这些分子或离子称为客体（guest）分子或离子，而将形成的配合物看作主体（host）。根据这些分子或离子所起作用的不同，大概可以分为以下几种情况：平衡电荷；调控配合物结构，诱导具有特定结构化合物的形成；在多孔配合物合成中用于调控配合物孔洞的大小，如类沸石型化合物的合成等。

图 2.5 中显示了一个客体离子诱导形成具有特定结构化合物的例子。五联吡啶配体 L1 在二羧酸根离子（G^{2-}）存在下与（en）Pd（NO_3）$_2$ 在水中反应，定量地生成了管状配合物 $[(en)_{10}Pd_{10}(L1)_4](NO_3)_{18} \cdot G$。核磁共振研究结果证实在没有客体离子 G^{2-} 存在时，L1 与（en）Pd（NO_3）$_2$ 反应生成的不是单一产物，核磁共振谱图非常复杂，无法解释［见图 2.6(a)］；但是，加入客体离子 G^{2-}，并在室温下反应 1h 后，核磁共振谱图发生了明显变化［见图 2.6(b)］，表明开始形成特定的化合物；而且在 60℃ 条件下进一步反应 1h 后，核磁共振谱图［见图 2.6(c)］显示已经生成完全单一的产物，结合其他方法确定生成物即为具有管状结构的化合物 $[(en)_{10}Pd_{10}(L1)_4](NO_3)_{18} \cdot G$（图 2.5）。以上实验结果表明离子 G^{2-} 起着模板剂的作用，它诱导了具有管状结构化合物的形成，同时也起到了平衡电荷的作用。另

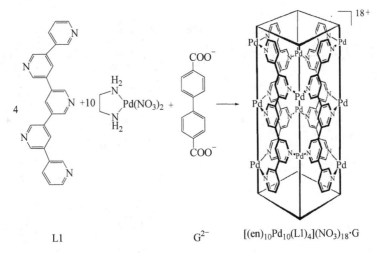

L1   G²⁻   [(en)₁₀Pd₁₀(L1)₄](NO₃)₁₈·G

图 2.5　在客体(模板剂)离子 G^{2-} 存在下合成管状
配合物 $[(en)_{10}Pd_{10}(L1)_4](NO_3)_{18}·G$

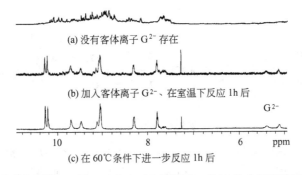

(a) 没有客体离子 G^{2-} 存在

(b) 加入客体离子 G^{2-}、在室温下反应 1h 后

(c) 在 60℃ 条件下进一步反应 1h 后

图 2.6　五联吡啶配体 L1(图 2.5)与(en)Pd(NO₃)₂ 在 D_2O 中反应的 ^1H NMR 谱图

外，从生成物的结构可以看出，离子 G^{2-} 又作为客体离子位于管中，是典型的主-客体相互作用。

　　有机分子（例如有机胺）或离子（例如季铵盐离子）模板剂在传统的沸石合成中起到了非常重要的作用。现在，人们已经将该方法广泛地应用于类沸石、具有开放骨架结构化合物的合成中。Kresge 等人利用表面活性剂 $[(CH_3)_3N(C_{16}H_{33})]^+$ 作为模板剂，合成了孔道内部直径为 1.5~10nm 的新型分子筛，这是一个开创性的工作，为后来相关研究提供了新的合成思路。例如，利用水热合成（见 2.1.4）方法得到的具有孔道结构的三维多孔配位聚合物 $[NH_3(CH_2)_3NH_3][Zn_6(PO_4)_4(C_2O_4)]$ 中就有模板剂 $^+H_3NCH_2CH_2CH_2NH_3^+$ 填充在孔道中（见图 2.7）。该配合物中 ZnO_4 和 ZnO_5 多面体通过 PO_4 四面体连接形成二维层状结构，这些二维层状结构进一步由草酸根离子（$C_2O_4^{2-}$）连接形成具有一维孔道的三维结构，有机铵离子 $^+H_3NCH_2CH_2CH_2NH_3^+$ 就填充在一维孔道中，未参与与金属离子的配位，起到了模板剂的作用。研究发现模板剂的结构、大小、几何形状以及电荷分布等都会影响多孔配合物的形成、结构以及孔道的结构、大小。所以，合成中选择合适的模板剂很重要。

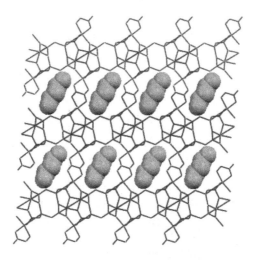

图 2.7　有机铵离子作为模板剂合成多孔配合物 $[NH_3(CH_2)_3NH_3]$
$[Zn_6(PO_4)_4(C_2O_4)]$，图中模板剂 $^+H_3NCH_2CH_2CH_2NH_3^+$
用球形图表示

2.1.4　水热、溶剂热法合成配合物

上面介绍的合成反应主要是在常规条件下（常温或一般加热、常压等）进行的溶液反应，而且得到的配合物在水或有机溶剂中都有一定的溶解度。但是，研究发现对有些化合物使用上面介绍的合成方法很难奏效。例如，一些用常规溶液反应难于合成的化合物以及非常难溶或不溶的化合物，当反应物接触到一起时立即生成不溶于水和有机溶剂的沉淀，从而难于纯化和表征生成物。但是，这些溶解度差、稳定性好的化合物又非常重要，特别是在新材料探索方面这些化合物中有的具有良好的性能和潜在的应用价值，因而引起了人们的极大兴趣。为此，人们开始寻找并利用新的合成方法来合成配合物，水热（hydrothermal）、溶剂热法（solvothermal method）就是其中之一。这一方法现在已经在实验室中被广泛使用，因此下面作简单介绍。

所谓的水热反应（hydrothermal reaction）原来是指在水的存在下，利用高温（一般在 300℃以上）高压反应合成特殊的物质（化合物）以及培养高质量的晶体。有些在常温常压下不溶或难溶的化合物，在水热的高温高压条件下溶解度会增大、反应速度会加快，从而促进合成反应的进行和晶体的生长。人们利用水热反应已经得到了水晶、红宝石、磷酸盐、硅酸盐等晶体。

现在，人们开始将水热反应应用到一般配合物合成中，使水热反应的内涵和适用范围进一步扩大。首先，反应温度不再局限于高温，而是从水的沸点 100℃以上开始均有报道，并把这些反应温度相对较低的水热反应称为低温水热反应（low temperature hydrothermal reaction）。其次，反应溶剂也不再局限于水，也有全部或部分地使用有机溶剂，并相应地将这一类使用有机溶剂的反应称为溶剂热反应（solvothermal reaction）。因此，水热反应和溶剂热反应的操作过程和反应原理实际上是一样的，只是所使用的溶剂不同而已。反应器可以根据反应温度、压力和反应液的量来确定，常用的有反应釜和玻璃管两种。反应釜由不锈钢外套和聚四氟乙烯内衬组成（见图2.8），反应釜需要加工定做，可以根据反应液的量来确定反应釜的大小。当反应液较少时可以采用耐压的硬质玻璃管做反应器。反应结束、冷却后切断玻璃管取出反应产物，因此玻璃管一般是一次性的。而反应釜则可以重复使用。在国内，吉林大学长期以来在这方面开展了系统而深入的工作。中国科技大学则利用该方法合成得到了金刚石、无机氮化物等材料。

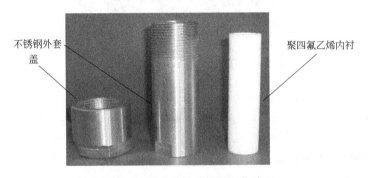

图2.8 一种实验室里常用的反应釜

下面我们来看一个具体的例子。将1,3,5-三咪唑基苯（L2）、Ni(CH₃COO)₂ · 4H₂O和NaN₃按2∶1∶2的比例及适量的水混合加入到图2.8所示的反应釜内，在160℃条件下反应24h后，得到具有绿色片状晶形的配合物[Ni(L2)₂(N₃)₂] · 4H₂O。X射线晶体结构解析表明该化合物中每个Ni与来自4个L2配体的四个咪唑氮原子，以及来自两个叠氮根离子的两个氮原子配位，构成八面体配位构型［见图2.9(a)］，每个L2配体连接两个Ni，另外1个咪唑氮原子不参与与Ni的配位，从而形成了具有二维层状结构的配合物［见图2.9(b)］。用同样的方法由L2分别与Cu(ClO₄)₂ · 6H₂O、Cu(CH₃COO)₂ · H₂O、Zn(NO₃)₂ · 6H₂O反应，可以得到具有类似二维层状结构的配合物，[Cu(L2)₂(H₂O)₂](ClO₄)₂、[Cu(L2)₂(H₂O)₂](CH₃COO)₂ · 2H₂O和[Zn(L2)₂(H₂O)₂](NO₃)₂等。

水热、溶剂热反应的特点是简单易行、快速高效（一般反应时间较短、每次可同时进行多个反应）、成本低、污染少。该方法的不足之处在于，一般情况下只能看到结果，难以了解反应过程，尽管现在有人设计出特殊的反应器，用来观测反应过程，研究反应机理，但是这方面的研究才刚刚开始，还需要一定的时间和积累，有待于进一步突破。

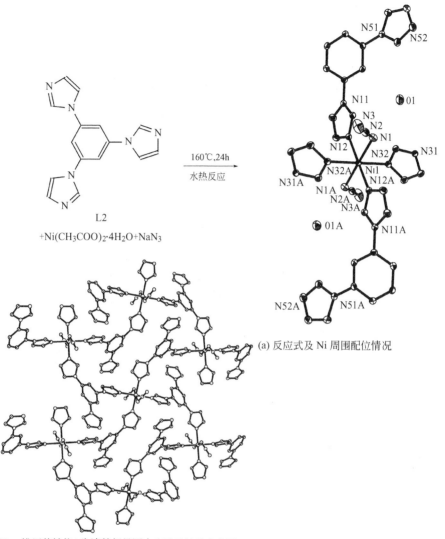

(a) 反应式及 Ni 周围配位情况

(b) 二维层状结构(为清楚起见图中省略了结晶水分子)

图 2.9 利用水热反应合成的配合物 [Ni(L2)$_2$(N$_3$)$_2$] · 4H$_2$O

2.1.5 分层、扩散法合成配合物

实验室里常用于配合物合成和单晶培养的方法还有分层法（layering method）和扩散法（diffusion method）。与水热反应中的高温高压相反，分层、扩散法只能在常温常压下进行。图 2.10 显示了分层法中两种较为常用的方法。一种是将反应液 A 和反应液 B 分别置于试管的底部和上部，两种溶液的溶剂可以相同，也可以不同。然后将试管在室温下静置，这样在静置过程中反应液 A 和 B 就由界面开始相互扩散并发生反应生成配合物 [见图 2.10(a)]。另外一种方法是在反应液 A 和 B 之间加入缓冲溶液 C [见图 2.10(b)]。缓冲液可以是单纯的溶剂，也可以是含有

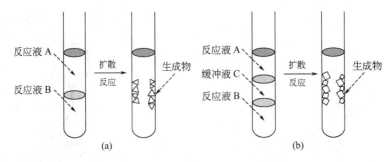

图 2.10　分层法合成配合物

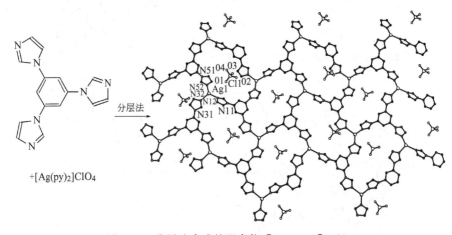

+[Ag(py)₂]ClO₄

图 2.11　分层法合成的配合物 ［Ag（L2）］ClO₄

客体分子、模板剂等其他物种的溶液。图 2.11 是用分层法合成配合物 ［Ag(L2)］ClO₄ 的例子。

由 ［Ag(py)₂］ClO₄（py：吡啶）的水溶液和配体 L2 的甲醇溶液进行扩散反应，数周后得到具有二维网格结构的配合物 ［Ag(L2)］ClO₄，其中高氯酸根阴离子位于空隙中（见图 2.11）。配合物 ［Mn(L2)₂(N₃)₂］·2H₂O 则是用图 2.10(b) 的方法合成得到，由 Mn（CH₃COO)₂·4H₂O 的水溶液、NaN₃ 的甲醇-水混合溶液、配体 L2 的甲醇溶液进行扩散反应后得到与 ［Ni(L2)₂(N₃)₂］·4H₂O（见图 2.9）结构类似的层状化合物 ［Mn(L2)₂(N₃)₂］·2H₂O。

类似的方法还有 H 管法。其原理与分层法相同，即反应物溶液不是通过搅拌混合反应，而是通过液面接触、扩散、反应的过程来合成配合物。实验室里常用的两种 H 管示于图 2.12 中，左边的是由两个竖管通过 1 个带有砂芯的横管连接在一起，因为形状像 "H" 而被称为 H 管。反应液 A 和 B 分别置于 H 管的左右两边的竖管中，需要注意的是液面必须高于横管，而且左右两边液面的高度必须一致，否则高的一边的溶液就会流向低的一边。加完反应液后封闭管口、静置，这样 H 管两边的溶液通过砂芯相互扩散、发生反应，得到生成物。扩散的速度可以通过砂芯的粗细来调节。

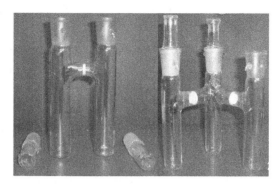

图 2.12 用于合成配合物的 H 管

当需要加入缓冲溶液 C 时，就使用图 2.12 中右边的由 3 个竖管组成的 H 管，反应液 A 和 B 分别放入左右两边的竖管中，缓冲液 C 则放入中间的竖管中。

如果生成的配合物可溶的话，可采用扩散的方法来分离得到配合物及其单晶样品。注意这里所说的可溶包括反应后溶液仍然是澄清透明的，以及配体和金属盐反应后得到沉淀，但是这些沉淀可溶于其他溶剂两种情况。扩散法就是将不良溶剂（或称惰性溶剂）缓慢扩散到澄清透明的反应液中，使配合物缓慢析出的过程。需要注意的是选择惰性溶剂时既要考虑配合物在其中的溶解度要小，另外还要考虑惰性溶剂与反应液溶剂或者是用于溶解沉淀的溶剂（即良性溶剂）之间要能够互溶，否则惰性溶剂扩散到反应液后会出现分层现象，而不会有配合物析出。常用的惰性溶剂有乙醚、丙酮（良性溶剂为有机溶剂）或者甲醇（良性溶剂为水，配合物不溶于甲醇等有机溶剂时使用）等。配合物[Pb(L2)(DMF)(NO$_3$)$_2$]就是利用扩散法分离并获得单晶的。L2 与 Pb(NO$_3$)$_2$ 在 DMF 中反应后仍然为澄清溶液，通过将乙醚扩散至反应液后得到无色的具有二维网状结构的化合物[Pb(L2)(DMF)(NO$_3$)$_2$]。Pb 周围的配位环境及二维网状结构图示于图 2.13 中。

需要指出的是以上介绍的根据配合物溶解度不同采用分层和扩散法并不是绝对的，与溶剂的选择关系很大，有的配合物在不同的溶剂中的溶解度差别相当大。因此，实际合成过程中还需要多摸索和尝试。

2.1.6 固相法合成配合物

固相反应（solid phase reaction 或 solid state reaction）原来是指在反应起始物中至少有一个组分是固相的固体-固体或者是固体-气体反应。按照反应温度高低可以分为高温固相反应（如熔融反应）和低温（热）固相反应两种，研究固体和材料方面的科学家更多的是关注高温固相反应。而我们这里要介绍的主要是利用低热固相反应来合成配合物。之所以说低热是因为一般反应加热温度都不超过 100℃，有的固相配位反应在室温，甚至是 0℃ 时就可以发生。例如，4-甲基苯胺（4-MB）与 CoCl$_2$·6H$_2$O 两种固体混合，即可观测到颜色变化，稍加研磨就可以完全反应，生成配合物[Co(4-MB)$_2$Cl$_2$]。又如，2-氨基嘧啶（AP）与 CuCl$_2$·2H$_2$O 两种固

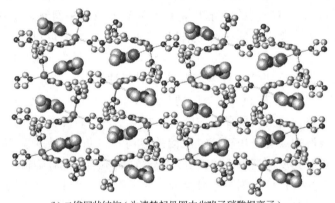

(a) 反应式及 Pb 周围配位环境

(b) 二维网状结构（为清楚起见图中省略了硝酸根离子）

图 2.13 利用扩散法制得的配合物[Pb(L2)(DMF)(NO$_3$)$_2$]

体混合，室温下很快发生以下反应并伴有明显的颜色变化。

$$CuCl_2 \cdot 2H_2O + 2AP \longrightarrow Cu(AP)_2Cl_2 + 2H_2O \qquad (2.33)$$

蓝色　　　　　　　　绿色

低热固相反应由于反应温度低，能耗少，同时因为不使用或少使用（有的反应后处理时需要使用）有机溶剂，可减少对环境的污染，因此符合绿色化学理念，具有开发、利用的潜力。南京大学在低热固相反应方面开展了深入而系统的研究工作。例如，将反应物硫代钼（或钨、钒）酸盐、铜（或银）的化合物、Bu$_4$NBr（或 Et$_4$NBr）、PPh$_3$ 等按一定的摩尔比进行混合、研磨均匀后转入反应管中，在氮气（或氩气）保护和一定温度下反应一定的时间后，即可得到产物，必要时需经萃取、重结晶等方法处理。到目前为止，利用低热固相反应合成得到了多个系列的 Mo(W、V)-Cu(Ag)-S 原子簇化合物。其中包括具有中性和离子型类立方烷 [见图 2.14(a)]、开口（鸟巢状）和半开口类立方烷 [见图 2.14(b)]、双鸟巢状 [见图 2.14(c)] 和二十核笼状 [见图 2.14(d)] 等不同骨架结构的原子簇化合物，研究了它们的结构、形成规律和机理以及非线性光学性质（见 4.1.2）等。

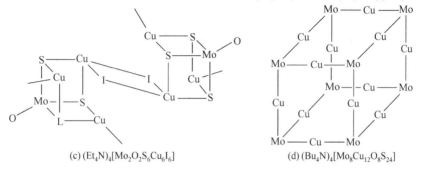

(a) [WS$_4$Cu$_3$(PPh$_3$)$_3$Cl]、(Bu$_4$N)$_3$[MoS$_4$Ag$_3$BrI$_3$]   (b) [WOS$_3$Cu$_3$(py)$_5$I]、[MoOS$_3$Cu$_3$(PPh$_3$)$_3$(CH$_3$COO)]

(c) (Et$_4$N)$_4$[Mo$_2$O$_2$S$_6$Cu$_6$I$_6$]   (d) (Bu$_4$N)$_4$[Mo$_8$Cu$_{12}$O$_8$S$_{24}$]

图 2.14　部分利用低热固相反应合成的原子簇化合物的骨架结构，M：Mo、W、V；
M′：Cu、Ag；X：O、S；L：卤素离子（Cl⁻、Br⁻、I⁻）、CH$_3$COO⁻等配体

　　除了原子簇化合物之外，近年来人们又开始了利用低热固相反应制备纳米材料的研究，并已经取得了一定的进展，这里不再叙述。

2.2　配合物结构

　　上面我们介绍了几种配合物的合成方法。但是，只知道合成还远远不够，对于合成出来的配合物，我们要设法去鉴定它、表征它，从而确定得到的化合物是已知的还是未知的，是否是我们所要合成的目标化合物等。然后才能去进一步研究其性能和可能的应用。在这一节里，我们将介绍配合物的结构表征。

2.2.1　配合物光谱与结构

　　我们知道对有机化合物可以用紫外（UV）、红外（IR）、核磁共振（NMR）和质谱（MS），即一般所说的 4 大光谱来进行鉴定。这些光谱同样适合于配合物，只不过配合物中因为含有中心金属离子（或原子）而使得配合物的上述光谱测定和解析与有机化合物有所不同，有的甚至差别很大。下面分别作简单的介绍。

　　(1) 紫外-可见吸收光谱　过渡金属配合物的紫外-可见吸收光谱主要是由于配体与金属离子间的结合而引起的电子跃迁，因此也称为电子光谱（electronic spectrum）。根据吸收带来源的不同可以将其大概分为配体场吸收带（ligand field absorption band）和电荷跃迁吸收带（charge transfer absorption band）两种。除此

之外，还有来自配体本身所固有的吸收带（例如 π-π* 跃迁）以及配合物阳离子与阴离子间相互作用而产生的吸收带等，后者又被称为缔合吸收带（association absorption band）。

配体场吸收带就是人们常说的 d-d 吸收带，是电子从一个 d 轨道跃迁到另一个 d 轨道时所产生的吸收，并可以从配合物的化学键理论得到解释（见 1.3）。d-d 吸收带中又分为自旋允许吸收带（spin-allowed absorption band）和自旋禁止吸收带（sin-forbidden absorption band）两种，而且前者强度较强，后者强度较弱。当配合物中配体被其他的配体取代后，其 d-d 吸收带会随之发生变化，一方面吸收带的位置会发生移动，移动规律与光谱化学序（见 1.3.2）有关，另一方面如果配体取代后配合物的对称性降低还会导致其 d-d 吸收带发生分裂。这些变化常用于跟踪配合物的反应和配合物的形成（合成）等。

电荷跃迁分为由配体到金属的跃迁（ligand to metal charge transfer 简称 LMCT）和由金属到配体的跃迁（metal to ligand charge transfer 简称 MLCT）两种。一般说来，电荷跃迁吸收带出现在较 d-d 吸收带短的波长，而且强度较 d-d 吸收带强。

经典配合物（例如钴的各种配合物）的紫外-可见光谱已经有非常详细的研究，对其吸收带的特征、变化规律等都有了比较清楚的了解，而且一般与配位化学有关的参考书中都有详细的叙述，所以这里不再重复。下面介绍一种利用紫外-可见光谱研究溶液中配合物形成及其组成（摩尔比）的方法：连续变化法（continuous variation method）或者称为 Job 法（Job's method）。

这一方法主要适用于由两种不同组分 M 和 L 反应生成配合物的情况。若将 M 和 L 的溶液浓度分别定为 c_M 和 c_L，然后在 $c_M + c_L$ 一定，即总浓度一定的情况下连续改变两者的比例，例如：

M： 0　　0.05　　0.10　　0.15…0.85　　0.90　　0.95　　1.00

L： 1.00　0.95　　0.90　　0.85…0.15　　0.10　　0.05　　0

测定不同比例下各种溶液的紫外-可见光谱，以最大吸收峰的吸光度为纵坐标，以摩尔比 $x = c_L/(c_M + c_L)$ 为横坐标作图。如果体系中有固定组成的配合物形成的话，那么图中会出现一个极大值 x_m，如图 2.15 所示，通过 x_m 值就可以算出配合物 ML_n 中的 n 值，即 $n = x_m/(1 - x_m)$，从而可以确定配合物的组成。例如，图 2.15（a）中的 $x_m = 0.5$，所以 $n = 1$，表示组成为 ML 的配合物；而图 2.15（b）中的 $x_m = 0.80$，所以 $n = 4$，表示组成为 ML_4 的配合物。这种方法并不局限于紫外-可见光谱，只要测定的物理量与物种的浓度成正比就可以，例如，电导率、旋光度、折射率等都可以用上述方法来确定配合物在溶液中的组成。

（2）红外光谱　配合物中金属离子配位几何构型的不同，其对称性也不同。由于振动光谱对这种对称性的差别很敏感，因此通过测定配合物的振动光谱常常可以定性地推测配合物的配位几何构型。实验室里常用的红外光谱（infrared 简称 IR）

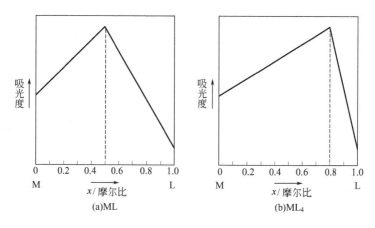

图 2.15　Job 法研究配合物的形成和组成摩尔比

和 Raman 光谱都属于振动光谱。理论上讲，含有 N 个原子的非直线型分子有 $3N-6$ 个、直线型分子有 $3N-5$ 个基本振动。其中有的振动只能在红外光谱中观测到（即所谓的红外活性振动），有的则只能在 Raman 光谱中观测到（称为 Raman 活性振动），也有些振动在红外和 Raman 光谱中均可以观测到，即红外和 Raman 活性的振动。需要指出的是有些振动在没有和金属离子配位的自由配体状态下是非红外活性的，但是在配合物中，由于与金属离子的配位作用使其对称性发生变化，从而转变为红外活性的振动，也就是说，在配合物的红外光谱中可以观测到原来配体本身的红外光谱中没有的新峰。反过来说，由于这类新峰的出现可以间接地证明配合物的形成。例如，碳酸根离子（CO_3^{2-}）中的 CO 全对称伸缩振动在自由离子［具有 D_{2h} 对称性，见图 2.16(a)］时为非红外活性，但是当 CO_3^{2-} 与金属离子螯合配位［见图 2.16(b)］后，其对称性变为 C_{2v}，其 CO 全对称伸缩振动则变为红外活性的振动，通常以尖峰形式出现在 $1050cm^{-1}$ 左右。如 $K_3[Co(CO_3)_3] \cdot 3H_2O$ 中的 CO 全对称伸缩振动出现在 $1037cm^{-1}$。

图 2.16　碳酸根离子的对称性及其 CO 振动模式

实际上，如果能够直接观测到 M-N 和 M-O（M 表示金属，N、O 表示配位原子）等与配位键密切相关的红外振动吸收带的话，将是配合物形成的最有力证据，但是遗憾的是这些 M-N 和 M-O 等关键的红外振动吸收带一般出现在远红外（far infrared）区，超出了普通红外光谱的检测范围。例如，在反式二甘氨酸-金属配合

物 $trans$-[M(gly)$_2$]（见图2.17）中，M-N 和 M-O 的振动吸收带分别出现在550~439cm^{-1}和420~290cm^{-1}（见表2.1）。因此，在实际应用中，较为常用的方法是将配合物与配体的红外光谱进行比较。一方面，从配体与金属离子配位前后谱图的变化来定性地判断是否形成配合物以及可能的配位方式。例如，对于含有羧酸根离子配体的配合物，羧基的不对称伸缩振动 ν_{as}(CO$_2$) 一般出现在1500~1700cm^{-1}，而对称伸缩振动 ν_s(CO$_2$) 则出现在1300~1500cm^{-1}，根据两者差值[$\Delta\nu = \nu_{as}$(CO$_2$)$-\nu_s$(CO$_2$)]的大小，可以判断羧酸根与金属离子的配位方式。没有与金属离子配位的羧酸根离子的 $\Delta\nu$ 为160cm^{-1}左右，例如 CH$_3$COO$^-$ 的 $\Delta\nu=$164cm^{-1}。如果配合物中羧酸根的 $\Delta\nu$ 较游离时的 $\Delta\nu$ 要大得多，一般认为羧酸根是以单氧[即单齿，见图2.18(a)]形式配位。而当 $\Delta\nu$ 较游离时的 $\Delta\nu$ 要小得多的时候，则认为是以双齿螯合[见图2.18(c)]形式与金属离子配位。若配合物中的 $\Delta\nu$ 与游离时的 $\Delta\nu$ 差不多，则是双单齿[见图2.18(b)]形式配位。另一方面，因为多数抗衡阴离子在红外光谱中有强的特征吸收带，如 ClO$_4^-$：约1100cm^{-1}；NO$_3^-$：1350~1400cm^{-1}；NO$_2^-$：约1250cm^{-1}；BF$_4^-$：约1050cm^{-1}；PF$_6^-$：约840及约558cm^{-1}等，因此对于含有抗衡阴离子的配合物，可以从抗衡阴离子红外吸收带的位置、分裂情况等来推测配合物的形成。需要注意的是当这些抗衡阴离子与金属离子间有配位作用存在时，其振动吸收会发生较大的变化。

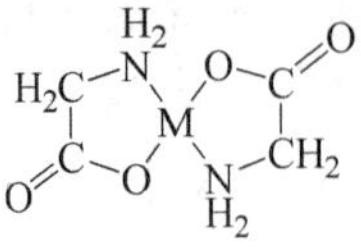

图 2.17　$trans$-[M(gly)$_2$] 的结构　　　图 2.18　羧酸根与金属离子的配位方式

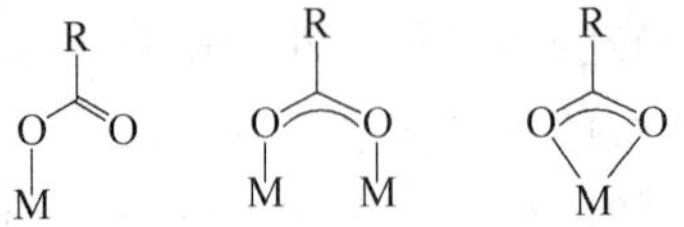

（a）单齿　　（b）双单齿　　（c）双齿螯合

表 2.1　$trans$-[M(gly)$_2$]主要的特征红外吸收带　　　　单位：cm^{-1}

配合物	ν(NH$_2$)	ν(C=O)	δ(NH$_2$)	ν(C-O)	ρ_w(NH$_2$)	ρ_r(NH$_2$)	ν(M-N)	ν(M-O)
$trans$-[Pd(gly)$_2$]	3230 3120	1642	1616	1374	1025	771	550	420
$trans$-[Pt(gly)$_2$]	3230 3090	1643	1610	1374	1023	792	549	415
$trans$-[Ni(gly)$_2$]	3340 3280	1589	1610	1411	1038	630	439	290
$trans$-[Cu(gly)$_2$]	3320 3260	1593	1608	1392	1058	644	439	360

(3) 核磁共振　核磁共振（NMR：nuclear magnetic resonance）是目前最常用的谱学方法之一。NMR 不仅对表征有机化合物有用，对配合物的结构表征和性质研究也是一种非常有用的方法。目前，NMR 已经成为人们所熟知的一种谱学方法。因此，这里只简单介绍 NMR 在配合物研究中的应用。

金属配合物与有机化合物在 NMR 上的差别是由配合物中所含金属离子的性质决定的。金属离子对配合物 NMR 的影响大致可以分为两类：一种是对配合物 NMR 影响不大的离子——抗磁性金属离子或称反磁性金属离子（diamagnetic met-al ion）；另一种是对配合物 NMR 影响很大的离子——顺磁性金属离子（paramag-netic metal ion）。

所谓抗磁性金属离子是指金属离子中所有电子都成对，即没有未成对的电子存在。常见的抗磁性金属离子有 Pd(Ⅱ)、Pt(Ⅱ)、Cu(Ⅰ)、Ag(Ⅰ)、Zn(Ⅱ)、Cd(Ⅱ)、Hg(Ⅱ)、Pb(Ⅱ) 以及碱金属、碱土金属离子等。还有一些金属离子在不同的配合物中有不同的自旋状态，高自旋时有未成对的电子，而低自旋时则没有不成对的电子。例如，当 Fe(Ⅱ)、Co(Ⅲ)、Ni(Ⅱ) 为低自旋时，其电子全部成对，因此也是抗磁性金属离子。含有抗磁性金属离子配合物的 NMR 与配体（有机化合物）的 NMR 相近，化学位移的位置和峰宽会发生一定的变化，但是一般都不大。因此，常用来跟踪、研究配合物的形成，如图 2.6 所示的例子。最普通、最常用的方法是比较配合物与配体在相同或相近条件（测试温度和溶剂等）下的 NMR 谱图，根据两者之间的差别来推测配合物的形成和可能的组成。一般说来，靠近配位原子附近基团的化学位移变化较大，距离配位原子越远，化学位移变化就越小，因此可以用来判断配位原子是否参与配位。另外，如果配合物中含有多种配体，可以根据 NMR 谱图中峰的强度比来确定其摩尔比，从而确定配合物的组成。这里介绍一个利用 NMR 研究溶液中配合物形成并确定配合物组成的例子。

当含有三个咪唑基团的配体 titmb 与三氟甲基磺酸银 （AgCF$_3$SO$_3$） 在甲醇和水中反应时，两个 titmb 配体采用面对面的方式并通过 3 个具有直线型配位构型的 Ag 连接在一起，形成一个 M$_3$L$_2$ 型笼状化合物 （见图 2.19）。利用 NMR 方法研究了溶液中该反应的过程和产物的形成。测定 titmb 与 AgCF$_3$SO$_3$ 在不同摩尔比时的 ^{1}H NMR 谱。结果示于图 2.20 中，从左边 ［见图 2.20(a)］ 的 ^{1}H NMR 谱图中可以清楚地看出当 titmb 与 AgCF$_3$SO$_3$ 反应后，来源于咪唑基上 H 的峰发生移动，尤其是咪唑基上 4-H 化学位移变化最为显著 ［见图 2.20(a) 中打 * 的峰］。这是由

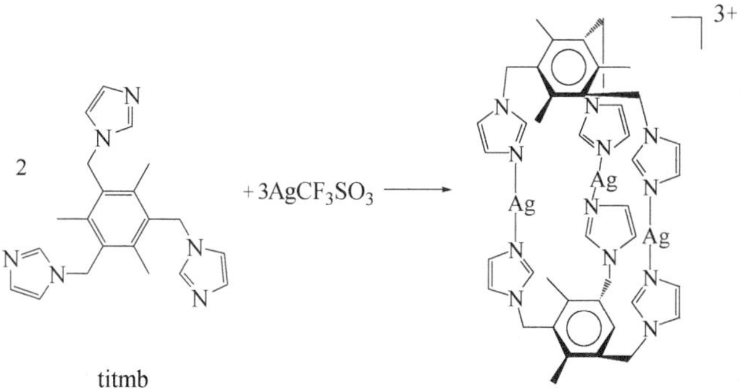

图 2.19　配体 titmb 与三氟甲基磺酸银在甲醇和水中反应生成 M$_3$L$_2$ 型笼状化合物

咪唑环上的 N 与 Ag 发生配位作用的结果。如果用咪唑基上 4-H 的化学位移作纵坐标，金属离子与配体的摩尔比（M/L）作横坐标作图，即可得到图 2.20（b）的结果。该实验结果显示咪唑基上 4-H 的化学位移随着金属离子的加入持续向低场移动，直到金属与配体比例达到 3:2。过量金属盐的加入对 ^1H NMR 谱图没有进一步的影响。这一结果表明在该反应体系中定量地生成了组成为 M_3L_2 的化合物。X 衍射晶体结构表明生成的确实是 M_3L_2 型的笼状化合物。

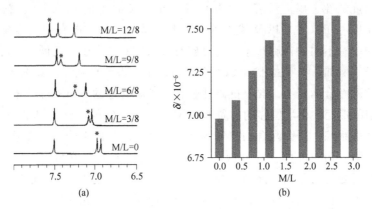

图 2.20 titmb 与 $AgCF_3SO_3$ 不同摩尔比时的 ^1H NMR 谱

（a）titmb 与 $AgCF_3SO_3$ 在不同摩尔比时反应的芳香区部分 ^1H NMR 谱图（溶剂 CD_3OD/D_2O，25℃）；（b）咪唑基上 4-H 化学位移与金属/配体摩尔比（M/L）之间的关系

此外，NMR 还常用来研究配合物与其他分子的相互作用等。例如，利用 NMR 研究了辅酶 B_{12} 模型化合物烷基钴肟配合物与环糊精分子（cyclodextrin，简称 CD）的相互作用（见图 2.21），并测定了两者之间的结合常数。

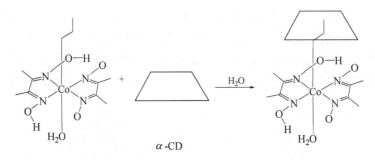

图 2.21 烷基钴肟配合物与环糊精分子的相互作用

与抗磁性金属离子相反，顺磁性金属离子中有未成对的电子存在，而这些未成对的电子对配合物的 NMR 会产生很大的影响。其中一部分顺磁性金属离子，如 Cu（II）、Mn(II) 等，会导致其配合物的 NMR 不可测。也就是说含这一类顺磁性金属离子的配合物不能够利用 NMR 进行研究。对这类无法用 NMR 研究的配合物可以用 ESR（electron spin resonance，即电子自旋共振）来进行研究。能测定 NMR 还是能测

ESR 主要是由顺磁性金属离子的弛豫时间长短决定的，这里不再详述。

另外一部分顺磁性金属离子，如高自旋的 Fe(Ⅱ)、Co(Ⅱ)、Ni(Ⅱ) 及部分的 Fe(Ⅲ) 等，其配合物的 NMR 谱图可以测，但是化学位移变化很大，有的甚至会位移到约 300×10^{-6}（同样以 TMS 为标）左右，而且峰宽急剧增大。尽管如此，现在利用高场强的超导 NMR 谱仪，在一定的条件下还是可以测定该类配合物的 NMR。通过观测化学位移变化很大、峰宽很宽的 NMR 谱峰，一方面可以证明配体与金属离子间的相互作用，即配合物的形成，另一方面，通过变温 NMR 测试等还可以研究配合物的溶液结构。下面我们来看 2 个具体的例子。

在二价钴和二价镍配合物 $[M(cbim)_4(NO_3)_2]$ [cbim＝4-氰基苄基咪唑，见图 2.22(a)] 中每个金属离子与来自 4 个配体的 4 个咪唑 N 原子以及来自两个硝酸根阴离子的两个 O 原子配位，形成具有八面体配位构型的单核高自旋配合物。由于顺磁性金属离子 Co(Ⅱ) 和 Ni(Ⅱ) 的存在，它们的 ^1H NMR 谱图中分别在 $(35 \sim 50) \times 10^{-6}$ 和 $(45 \sim 60) \times 10^{-6}$ 各出现了 3 个很宽的峰 [见图 2.22(b)]，这 3 个位移

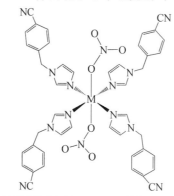

(a) 配合物 [M(cbim)₄(NO₃)₂]，其中 M=Co(Ⅱ) 和 Ni(Ⅱ)

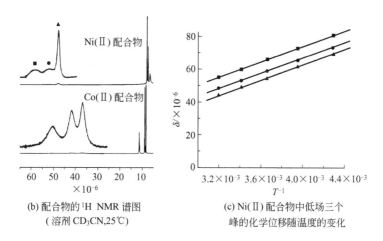

(b) 配合物的 ¹H NMR 谱图
（溶剂 CD₃CN,25℃）

(c) Ni(Ⅱ) 配合物中低场三个
峰的化学位移随温度的变化

图 2.22　[M(cbim)₄(NO₃)₂] 的结构、NMR 谱图及化学位移随温度的变化

很大的峰可以归属为咪唑基团上的 3 个 H，因为它们距离顺磁性金属离子最近，受到的影响也最大。而亚甲基和苯环上的 H 则出现在 10×10^{-6} 附近，峰宽也要窄得多，这是因为这些 H 距离顺磁性金属离子较远，因而受到的影响较小。从图 2.22 (c) 中可以看出，位移很大的来自咪唑基团的 3 个峰随着 NMR 测试温度的降低进一步向低场移动，而且化学位移与温度的倒数（即 $1/T$，注意这里的 T 要以 K 为单位）之间呈直线关系，表明在溶液中顺磁性金属离子之间没有明显的相互作用。

又如，在单核高自旋的二价铁配合物 $[Fe(SCH_2CH_3)_4]^{2-}$ 的 ^1H NMR 谱图中，配体 SCH_2CH_3 的 CH_2 和 CH_3 峰分别出现在 196×10^{-6} 和 10×10^{-6}（溶剂 CD_3CN，24℃，CH_3 峰图中没有显示）[见图 2.23(a)]。说明受顺磁性 Fe(Ⅱ) 离子的影响，靠近配位 S 原子的亚甲基 H 的化学位移变化很大，而距离稍远的甲基 H 的化学位移变化则相对较小。而在双核和四核簇合物 $[Fe_2(SCH_2CH_3)_6]^{2-}$ 和 $[Fe_4(SCH_2CH_3)_{10}]^{2-}$（$Fe_2S_2$ 和 Fe_4S_4 簇的结构参见图 1.6）中，由于在这些簇中铁离子之间存在一定的相互作用，减小了顺磁性的影响，因而其 ^1H NMR 谱图中配体 SCH_2CH_3 的亚甲基 H 的化学位移变化 [见图 2.23(b) 和图 2.23(c)] 与单核配合物相比要小得多。

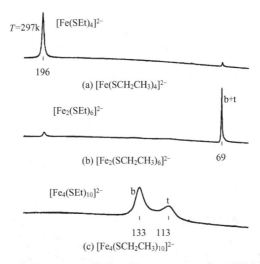

图 2.23　含铁配合物的 ^1H NMR 谱图（溶剂 CD_3CN，24℃，图中只显示了来源于 CH_2 的峰，b 和 t 分别代表桥联和端基配位的 CH_2）

最后简单提一下，除了常用的 ^1H 和 ^{13}C NMR 之外，在配合物研究中还会用到诸如 ^{11}B、^{19}F、^{31}P、^{113}Cd、^{195}Pt 之类的 NMR。而且一般将 ^1H 和 ^{13}C 之外的 NMR 统称为多核（multinuclear）NMR。其中使用较多的是 ^{31}P 和 ^{113}Cd NMR，前者一般是配体中含有 P 的配合物，通过测定 ^{31}P NMR 来研究配合物的形成、结构或反应；后者可用于研究 Cd(Ⅱ) 配合物在溶液中 Cd(Ⅱ) 的配位环境，一般用 $1.0 mol \cdot L^{-1}$ 的 $Cd(ClO_4)_2$ 水溶液做外标，定为 0×10^{-6}。测定配合物的 ^{113}Cd NMR，然后

根据峰的位置（化学位移）和经验规则，可以推测Cd(Ⅱ)在溶液中的配位环境。例如，对于与上面的Co(Ⅱ)、Ni(Ⅱ)配合物具有相同结构的Cd(Ⅱ)配合物［Cd(cbim)$_4$(NO$_3$)$_2$］，其^{113}Cd NMR峰出现在79×10^{-6}（溶剂CD$_3$CN，25℃）。从而推测在溶液中Cd(Ⅱ)的配位环境为N$_4$O$_2$，与固体状态下的晶体结构解析结果一致。文献报道的具有同样N$_4$O$_2$配位环境的配合物[Cd(bpy)$_2$(NO$_3$)$_2$]（bpy＝2,2'-联吡啶）在DMF中^{113}Cd NMR峰出现在66×10^{-6}，而具有N$_6$配位环境的配合物[Cd(1-MeIm)$_6$](NO$_3$)$_2$（1-MeIm＝1-甲基咪唑）在甲醇中^{113}Cd NMR峰则出现在177×10^{-6}。

以上结果表明不同配位环境的Cd(Ⅱ)，其^{113}Cd NMR峰的位置有较大的差别，因此通过^{113}Cd NMR的测定，反过来可以推测Cd(Ⅱ)的配位环境。这一点不仅适用于研究简单含Cd(Ⅱ)配合物，而且也适用于金属酶、金属蛋白（见第3章）等生物大分子。尽管通常的金属酶和金属蛋白中不含有Cd(Ⅱ)离子，但是为了研究金属酶和金属蛋白中金属离子的配位环境，人们用化学的方法将天然蛋白中的Zn(Ⅱ)、Cu(Ⅱ)、Ca(Ⅱ)等金属离子置换为Cd(Ⅱ)离子，然后利用^{113}Cd NMR研究Cd(Ⅱ)的配位环境，进而推测原来天然蛋白中金属离子的配位环境。这一方法在研究结构未知金属酶或金属蛋白或蛋白在某一特定条件下金属离子的配位环境非常有用。

（4）电喷雾质谱 我们知道质谱是研究和鉴定有机化合物的一种非常重要的方法，但是用于测定有机化合物质谱的条件和仪器一般不适合于测定配合物。这主要是由于配位键较共价键要弱得多，因此在剧烈的离子化条件下无法观测到配合物的分子离子峰。但是，电喷雾质谱（electrospray mass spectrometry 简称ES-MS 或者 electrospray ionization mass spectrometry 简称ESI-MS）因为采用了温和的离子化方式，因而非常适合于配合物及分子聚集体的研究。

ES-MS利用"软电离"技术，使被检测的分子或分子聚集体能够"完整"地进入质谱。因此，ES-MS特别适合于研究以非共价键方式结合的分子或分子聚集体（复合物）。其原理是在强电场（电压）下，样品溶液在雾化气作用下形成细小的带电荷的溶剂化液滴，这些带电荷液滴在飞向电极的过程中，受干燥气流等的作用，溶剂化液滴逐渐脱去溶剂而成为分子离子进入质谱，进而被检测出来。因为在离子化过程中，被检测的物种未受到其他原子、分子或离子的轰击，因此能够以一个"完整"的分子离子形式进入质谱。也正因为这样，中性化合物因为不带电荷而往往难于用ES-MS检测到。为此，通过在流动相中加入少量的乙酸等酸性物种使被检测的中性化合物质子化，如果是容易质子化的物种，因为质子化后带正电荷而能够用ES-MS检测到。

ES-MS具有样品消耗量小、分析速度快、灵敏度高、准确度高、可用于单一组分也可以用于多组分体系的分析等特点。因此，自20世纪70年代报道以来，ES-MS的发展非常迅速，目前已经在化学（配合物、依靠氢键以及π-π相互作用等非共价键方式结合的分子聚集体等)、生物学（蛋白与蛋白、蛋白与小分子、酶与底物分子或抑制剂等)、医药（如 DNA-药物分子的相互作用）等相关领域的研究中被广泛应用。在国内 ES-MS 也越来越普及，自 1996 年以来国内的 ES-MS 谱仪逐年增多，已经成为一种非常重要的研究手段。

首先，介绍一个利用 ES-MS 研究配位聚合物的例子。配体 1,6-二（4'-吡啶基)-2,5-二氮杂己烷（BPDH）与 $AgNO_3$ 在水中反应得到具有一维链条状结构的配位聚合物{$[Ag(BPDH)]NO_3$}$_n$（见图 2.24）。以甲醇为流动相测定该配位聚合物的 ES-MS，结果如图 2.25（a）所示，观测到的 8 个峰及其归属分别为 $[(BPDH) H]^+$：243.2；$[Ag(BPDH)]^+$：349.1；$[Ag_2(BPDH)(NO_3)]^+$：519.8；$[Ag(BPDH)_2]^+$：591.1；$[Ag_2(BPDH)_2(NO_3)]^+$：761.9；$[Ag_3(BPDH)_2(NO_3)_2]^+$：930.7；$[Ag_3(BPDH)_3(NO_3)_2]^+$：1174.7；$[Ag_4(BPDH)_3(NO_3)_3]^+$：1345.5。这些峰的出现表明在电喷雾条件下 BPDH 与 Ag 通过配位作用结合在一起，没有完全解离，而且观测到单核、双核、三核和四核物种，说明在该实验条件下仍然以聚合物的方式存在。对以上峰的归属可以用同位素分布来确认。目前有 Isopro 等软件可以用来计算同位素分布，通过比较 ES-MS 测得的和理论计算得到的同位素分布是否一致来验证峰的归属是否正确。例如，通过对图 2.25(a) 中 $m/z=761.9$ 峰的同位素分布的实验值和理论值的比较可以看出两者吻合得很好 [见图 2.25(b)]，表明前面的归属是正确的。另外，BPDH 配体与 $AgClO_4$ 在 CH_3CN 和 CH_3OH 的混合溶液中反应得到配合物{$[Ag(BPDH)]ClO_4 \cdot CH_3CN$}$_n$，晶体结构解析结果表明在该配合物中除了有配阳离子和配阴离子之外，还通过 C—H····O 和 N—H····N 氢键结合一分子的 CH_3CN。在其 ES-MS 谱中除了观测到 $[Ag(BPDH)]^+$、$[Ag(BPDH)_2]^+$、$[Ag_2(BPDH)_2(ClO_4)]^+$、$[Ag_3(BPDH)_2(ClO_4)_2]^+$ 等单核、双核、三核物种之外，还有来源于 $[Ag(BPDH)(CH_3CN)]^+$ 的峰出现在 $m/z=389.8$，从而进一步证实在该化合物中确有 CH_3CN 溶剂分子存在。这个例子也说明 ES-MS 可以用来研究配合物中以氢键等弱相互作用结合的溶剂分子、客体分子等。

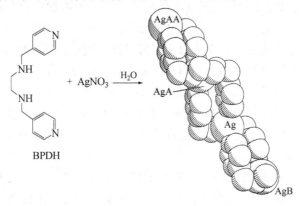

图 2.24　配体 BPDH 与 $AgNO_3$ 反应生成一维链条状配位聚合物{$[Ag(BPDH)]NO_3$}$_n$

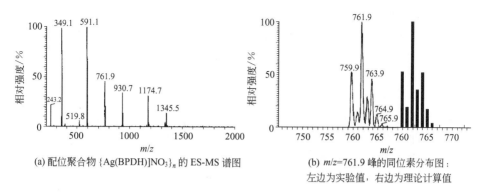

(a) 配位聚合物 {Ag(BPDH)]NO$_3$}$_n$ 的 ES-MS 谱图

(b) m/z=761.9 峰的同位素分布图：
左边为实验值，右边为理论计算值

图 2.25　ES-MS 谱图

下面再介绍一个用 ES-MS 研究 Cu(Ⅱ) 化合物切割马心肌红蛋白的例子。将切割反应液经 HPLC(高压液相色谱) 分离后的样品直接用于与 HPLC 柱相连的电喷雾质谱仪（即液质联用的 ES-MS 或称 LC ES-MS）进行 ES-MS 测试，结果如图 2.26(a) 所示（注意横坐标为质量数 mass，不是荷质比 m/z），从该图中可以看出 Cu(Ⅱ) 化合物切割马心肌红蛋白后得到了相对分子质量为 6581、6876、10093、10388 的多肽碎片，并利用串联质谱（MS/MS）进一步测定了这些多肽碎片的氨基酸序列，从而确定 Cu(Ⅱ) 化合物切割马心肌红蛋白的切割位点分别为 Gln91-Ser92 和 Ala94-Thr95［见图 2.26(b)］。该结果表明 ES-MS 在研究生物大分子中也非常有用。

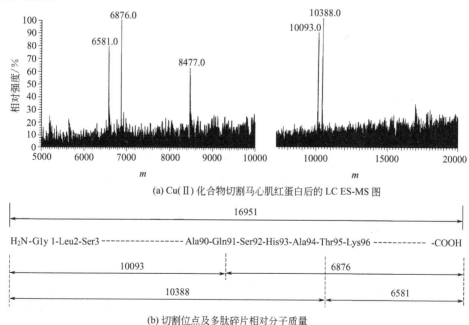

(a) Cu(Ⅱ) 化合物切割马心肌红蛋白后的 LC ES-MS 图

(b) 切割位点及多肽碎片相对分子质量

图 2.26　Cu（Ⅱ）化合物切割马心肌红蛋白的 ES-MS 研究

（5）**其他**　除了上面介绍的几种常用的方法之外，对一些特定的配合物可以用特定的方法进行研究。例如对于含有 Cu(Ⅱ)、Mn(Ⅱ) 等顺磁性金属离子的配合物可以通过 ESR 测试，来研究配合物中电子的分布、金属离子的配位构型、扭曲程度等。另外，Cu、Fe、Mn 等多数过渡金属离子有可变的价态，其配合物可能具有氧化还原性能，因此可以用电化学的方法进行表征和性能研究，如循环伏安法测定配合物的氧化还原电位等。

此外，对于旋光异构体（见 1.2.3）等具有光学活性的配合物可以用旋光色散（optical rotatory dichroism，简称 ORD）和圆二色谱（circular dichroism，简写 CD）来进行表征和研究。吸收光谱中的吸收带、ORD 和 CD 三者之间的关系如图 2.27 所示。CD 曲线中的峰值或谷底一般与通常的电子吸收光谱的最大吸收峰的位置相同或相近，CD 曲线中的峰值和谷底分别称

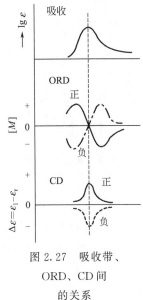

图 2.27　吸收带、ORD、CD 间的关系

为正的和负的 Cotton 效应（Cotton effect）。互为对映体的两个化合物，其旋光性的绝对值相等但是符号相反。另外，选取绝对构型已知的化合物作为标准，利用 Cotton 效应可以确定其他光学异构体的绝对构型。

2.2.2　结晶与 X 衍射晶体结构分析

研究配合物结构的最直接和最有效的方法还是 X 衍射晶体结构分析。随着 X 射线晶体结构衍射仪的不断进步和相应的测试、解析软件以及计算机等相关设备的普及和升级换代使得晶体结构解析适用的范围越来越广，精度也越来越高，同时也使一些在以前不能用于单晶结构解析的单晶样品（如单晶较小及衍射较弱的样品等）现在也能够用于结构测定。例如，低温系统的使用和逐渐普及，在低温（如 100 K 甚至更低）下收集衍射数据，一方面可以减少无序并增强衍射的强度，另一方面，可以测定常温下易分解、易风化（如容易失去溶剂、客体分子）等不稳定样品的晶体结构。再有就是近年来普及起来的 CCD（charge coupled device detector 即电荷偶合器件探测器，也称面探测器或面探）衍射仪，不仅收集数据的速度快，而且也适合于相对较小的单晶。因此，现在的晶体结构分析不再是从事晶体结构方面研究的晶体学专家们独有的工作，而是逐渐成为一种常用的结构测试手段和分析方法。

晶体结构分析的原理和系统的数据收集、结构分析等方面的内容可参考相关的专著，这里不作详细介绍。下面将简单介绍一下单晶的制备以及利用单晶和粉末 X 衍射研究配合物的例子。

（1）**单晶制备**　尽管理论上讲可以用粉末衍射法来研究配合物的结构，但是在实际应用中，除了一些特定的体系之外，直接的结构测定在绝大多数情况下都是使用单晶结构分析。而粉末衍射则是间接的方法，主要用于配合物宏观结构的鉴定以及配合物稳定性的研究等。因此，我们首先介绍单晶结构分析。

单晶结构分析方法虽好，也很可靠、实用，但是，使用该方法的前提是必须要有合适的单晶样品。所以，这里首先介绍一下单晶样品的制备，也就是人们常说的培养单晶。实际上，不同的化合物有不同的结晶方法，到目前为止还没有一个系统、有效的方法来指导单晶的培养，现实工作中主要还是靠尝试和经验来寻找适合某一配合物的结晶方法。根据配合物合成与单晶培养之间的关系可以分为一步法和分步法2种。

所谓的一步法就是配合物合成和单晶培养同时进行。这种方法尤其适合于不溶或溶解度小的配合物。例如，在前面2.1.4介绍的利用水热、溶剂热法合成配合物就是这样，一般反应结束后在获得生成物的同时，也得到单晶样品。又如2.1.5中提到的分层扩散法是依靠反应物溶液界面间相互扩散并进行反应，进而给出产物和晶体样品，所以两者也是同时进行的。这里需要提一下的是，图2.12中介绍的H管，一方面可以用于不溶或难溶配合物的合成和单晶培养（见2.1.5），另一方面，H管还可以用于不稳定配合物［如容易被氧化的Cu(Ⅰ)配合物］的合成和单晶培养。

分步法就是先合成并分离出配合物，然后再通过重结晶等方法来培养配合物的单晶。这种方法要求配合物要有一定的溶解度，否则很难重结晶。该方法的长处在于可以同时尝试各种不同条件下的结晶，有利于寻找合适的结晶条件。例如可以将配合物溶于不同的单一溶剂或者是不同比例的混合溶剂，然后可以采用将重结晶溶液静置让其冷却或缓慢挥发（浓缩）的办法，或者是采用将不良溶剂缓慢扩散至重结晶溶液的办法来培养单晶。但是，需要注意的是这种利用重结晶方式培养出来的晶体的组成，有可能与原来配合物的组成不同，因为在重结晶过程中配合物可能结合溶剂等其他分子。重结晶前后组成是否发生变化可以通过元素分析、NMR等方法来进行鉴定和验证。

（2）X衍射单晶结构分析　利用X衍射单晶结构分析方法确定化合物结构的顺序和操作过程一般是这样的。首先，要选择合适的单晶。因为真正用于X衍射数据收集和结构分析的只需要一颗单晶即可，因此第一步就是要从培养出来的单晶中挑选出一颗大小合适（太大的单晶要切割成小的）、形状完美、透明无裂纹的单晶，这一步一般是在显微镜下进行，普通的单目或双目显微镜就可以了，当然如果有偏光显微镜更好，因为偏光显微镜可以更好地看出晶体的好坏，如晶体是否均一，其内部是否有裂纹等。其次，将挑选出的单晶用粘接剂粘接到玻璃丝的顶端，即常说的黏晶体，然后固定到衍射仪上用于数据收集。如果是容易风化等不稳定样品，单晶挑选要在含有母液的表面皿或培养皿中进行，挑选出来的单晶可以用胶包裹住、也可以将单晶封入毛细管中或者是将挑出后的单晶立即拿到低温下收集衍射数据。然后就是数据收集和结构解析，对于不是很复杂的样品，这两步都已经常规化、程序化，而对于一些复杂的样品则需要有相关的晶体学方面的专业知识和经验才能解决。结构解出之后需要对结构进行理解、描述和作图。

下面来看几个具体的例子。用X衍射单晶结构分析研究了前面提到的四齿柔性配体BPDH与不同阴离子的Ag(Ⅰ)、Cu(Ⅰ)、Cu(Ⅱ)盐反应生成配合物的结构，探讨了阴离子、金属离子对配合物形成和结构的影响。由于BPDH的柔性很大，因此BP-

DH 与金属离子作用时可采用多种不同的构型。当 BPDH 与 AgNO$_3$ 反应生成具有一维无限链状结构的 $\{[Ag(BPDH)]NO_3\}_n$ 时，其中 BPDH 呈 "Z" 字形（见图 2.24）。而与 AgClO$_4$ 反应则得到一个二维网状而不是一维链状化合物，其中配体呈 "C" 字形 [见图 2.28(a)]。对同样是高氯酸盐的 $Cu^I ClO_4$ 来说，则由于金属离子的不同而形成结构不同的配合物。BPDH 和 $Cu^I ClO_4$ 形成的化合物具有二维格子状结构，配体几乎呈直线形 [见图 2.28(b)]。另外，BPDH 与 AgNO$_3$ 和 AgClO$_4$ 反应分别得到一维和二维结构的化合物，表明阴离子对银配合物结构有很大影响，然而，BPDH 与 Cu^I NO$_3$ 和 $Cu^I ClO_4$ 反应则得到结构相同的配合物，即阴离子对铜配合物结构没有明显影响。当 BPDH 与二价的乙酸铜作用时，虽然也生成二维格子状结构的化合物，但是由于一价铜离子为四面体，而二价铜离子为平面四边形配位构型，所以配体在二价铜配合物中所呈现的形状是 "V" 字形，与一价的高氯酸亚铜配合物中的形状完全不同 [见图 2.28(c)]。以上结果表明阴离子以及金属离子的种类、价态和配位构型等都对配合物的形成和结构有很大影响。BPDH 与 Ag(Ⅰ)、Cu(Ⅰ) 及 Cu(Ⅱ) 等金属盐的反应总结于图 2.29 中。

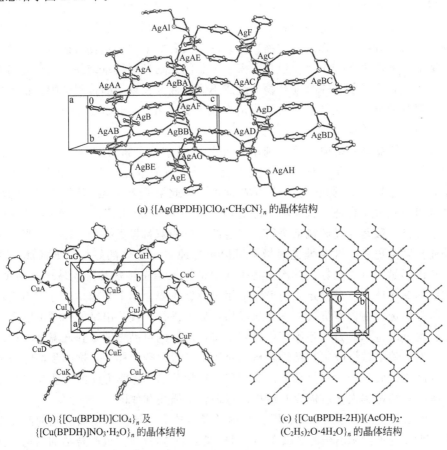

(a) $\{[Ag(BPDH)]ClO_4 \cdot CH_3CN\}_n$ 的晶体结构

(b) $\{[Cu(BPDH)]ClO_4\}_n$ 及
$\{[Cu(BPDH)]NO_3 \cdot H_2O\}_n$ 的晶体结构

(c) $\{[Cu(BPDH-2H)](AcOH)_2 \cdot$
$(C_2H_5)_2O \cdot 4H_2O\}_n$ 的晶体结构

图 2.28　BPDH-金属配合物的 X 衍射晶体结构

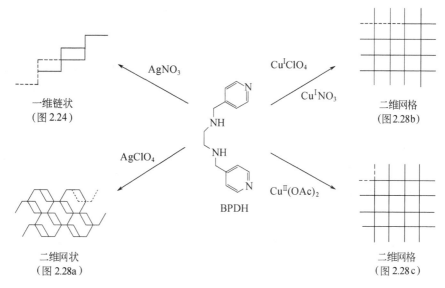

图 2.29 BPDH 与不同阴离子的 Ag(Ⅰ)、Cu(Ⅰ)、Cu(Ⅱ) 盐形成配合物的结构示意

(3) 粉末衍射 尽管一般情况下难以用粉末 X 衍射数据直接分析得到配合物的结构，但是，粉末 X 衍射常用于配合物的相纯度（phase purity）以及配合物骨架结构稳定性方面的研究。例如，通过测定合成化合物的粉末衍射，并与根据单晶结构分析结果计算出的理论衍射图进行比较，从而判断合成的化合物是否为单一的化合物（即相纯度如何），以及合成得到的化合物与单晶结构分析所得结果是否一致（即两者是否为同一种化合物），因为前者是合成的宏观量的配合物，而后者则是用于数据收集的一颗晶体；另外，对于含有溶剂分子、客体分子或者是模板剂的配合物，通过测定除去这些溶剂、客体分子或模板剂前后样品的粉末衍射图来研究配合物在除去这些分子后是否发生结构上的变化，从而判断配合物的稳定性等。一般首先根据差热和热重分析结果判断失去这些溶剂、客体分子或模板剂的温度，然后在加热抽真空的条件下除去这些分子，并再次测定样品的差热和热重图来确定这些分子是否完全被除去。若已经全部除去，测定除去的和未除去的样品的粉末衍射图并进行比较。如果两者之间相差很大，说明配合物的骨架不稳定，在除去溶剂、客体分子或模板剂后配合物的骨架发生了变化或坍塌。反之，如果两者之间没有很大的差别，说明配合物在没有这些溶剂、客体分子或模板剂存在的条件下，其骨架仍然是稳定的。在新材料方面的研究中，骨架的稳定性非常重要，因为只有好的骨架稳定性才有可能作为材料。

例如，在图 2.13 中提到的配合物 [Pb(L2)(DMF)(NO$_3$)$_2$] 中有一个与 Pb(Ⅱ) 有弱配位作用的 DMF 分子，差热和热重分析结果显示该 DMF 分子在 160℃ 以下就会失去，在完全除去 DMF 分子后测其粉末 X 衍射，发现与除去 DMF 分子之前的配合物的粉末衍射图基本一样（见图 2.30），该结果表明配合物骨架在没有

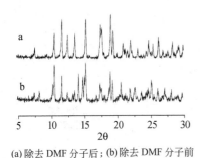

(a)除去 DMF 分子后；(b)除去 DMF 分子前

图 2.30 配合物[Pb(L2)(DMF)(NO₃)₂]的粉末衍射图

DMF 分子存在条件下仍然是稳定的。

下面再介绍一个利用单晶衍射和粉末衍射研究二维网格状配合物的结构以及在客体分子作用下两种不同堆积方式间的相互转换。在模板剂（见 2.1.3）邻二甲苯（o-xyl）存在条件下刚性配体 4，4′-二（4-吡啶基）联苯（Ph₂py₂）与硝酸镍反应生成配合物 $\{[\mathrm{Ni}(\mathrm{Ph_2py_2})_2(\mathrm{NO_3})_2] \cdot 4\,(o\text{-xyl})\}_n$（A），X 衍射单晶结构分析结果显示该配合物具有二维网格状结构，而且层与层之间交错排列，形成相对较小的孔道［见图 2.31(a)］，邻二甲苯分子即填充在此孔道中。非常有趣的是该配合物异常稳定，将该配合物单晶泡在 1，3，5-三甲苯（met）中，一天后得到配合物 $\{[\mathrm{Ni}(\mathrm{Ph_2py_2})_2(\mathrm{NO_3})_2] \cdot 1.7\,(\mathrm{met})\}_n$（B）。两者之间的转换可以用 X 射线单晶衍射进行跟踪，将配合物 A 封入含有 1，3，5-三甲苯的毛细管中，进行 X 衍射图像拍摄，结果发现开始显示的为配合物 A 的衍射图像，数小时之后出现配合物 A 和 B 两者共存的衍射图像，最后变为只有配合物 B 的衍射图像，表明配合物 A 已经完全转化为配合物 B。X 衍射结构分析结果显示配合物 B 的结构如图 2.31(b) 所示，很显然二维网格状的骨架结构并未改变，但是，层与层之间的堆积方式发生了变化，即由原来配合物 A 中的交错排列变为配合物 B 中的几乎并列的排列方式，使得孔道明显增大，从而能够填充体积较邻二甲苯分子要大的 1,3,5-

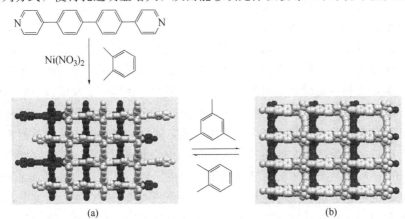

(a)   (b)

图 2.31 二维网格状配合物

(a)在邻二甲苯(o-xyl)存在下 4,4′-二(4-吡啶基)联苯(Ph₂py₂)与 Ni(NO₃)₂
反应生成二维网格状配合物$\{[\mathrm{Ni}(\mathrm{Ph_2py_2})_2(\mathrm{NO_3})_2] \cdot 4(o\text{-xyl})\}_n$；
(b)在客体分子 1,3,5-三甲苯(met)作用下生成另一种堆积方式的二维网格状配合物
$\{[\mathrm{Ni}(\mathrm{Ph_2py_2})_2(\mathrm{NO_3})_2] \cdot 1.7(\mathrm{met})\}_n$(为清楚起见图中省略了客体分子)

三甲苯分子。值得注意的是上述转换是在单晶没有破坏的固体状态下完成的，是从晶体到晶体（crystal-to-crystal）的转换过程，一方面发生了客体分子交换反应，由邻二甲苯到1，3，5-三甲苯，另一方面，二维层之间相对位置发生了变化，即二维层发生了滑动。以上变化从粉末衍射结果得到了进一步验证。实际测得和理论计算得到的配合物 A 和 B 的粉末衍射图示于图 2.32 中，如将配合物 B 在邻二甲苯中进行客体分子交换，其产物的粉末衍射图［见图 2.32(a) 的（ⅲ）］不同于交换前的配合物 B 的粉末衍射图［见图 2.32(a) 的（ⅱ）］，而类似于配合物 A 的粉末衍射图［见图 2.32(a) 的（ⅰ）］，说明确实发生了客体分子交换。

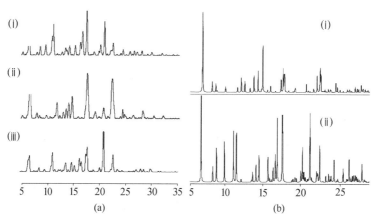

图 2.32　实际测得和理论计算的粉末衍射图

(a)实际测得的粉末衍射图(ⅰ)配合物{[Ni(Ph$_2$py$_2$)$_2$(NO$_3$)$_2$]·4(o-xyl)}$_n$；

(ⅱ)配合物{[Ni(Ph$_2$py$_2$)$_2$(NO$_3$)$_2$]·1.7(met)}$_n$；(ⅲ)配合物

{[Ni(Ph$_2$py$_2$)$_2$(NO$_3$)$_2$]·1.7(met)}$_n$与邻二甲苯交换后的产物；

(b)理论计算的粉末衍射图(ⅰ)配合物{[Ni(Ph$_2$py$_2$)$_2$(NO$_3$)$_2$]·1.7(met)}$_n$；

(ⅱ)配合物{[Ni(Ph$_2$py$_2$)$_2$(NO$_3$)$_2$]·4(o-xyl)}$_n$

2.3　配合物反应及催化性能

　　一般地讲，配合物的合成、反应以及性能是相互关联的。例如，前面 2.1.1 介绍配合物合成中提到的取代、加成和消去、氧化还原等方法合成配合物，实际上也就是配合物的反应。又如 2.2.1(4) 电喷雾质谱中讲述的Cu(Ⅱ)化合物可以切割马心肌红蛋白（见图 2.26），实际上就是利用Cu(Ⅱ)配合物可以断裂肽键（即酰胺键）的性质。

　　因为配合物是由配体和中心金属离子或原子组成的，因此配合物的反应可以分为两大类，一类是涉及配体的反应，另一类是与金属离子或原子有关的反应。下面分别作简单的介绍。

2.3.1 配体的反应

有机配体通过配位作用与金属离子形成配合物后，由于有金属离子和配位原子间的相互作用（配位作用）的存在，从而改变了配位原子乃至配体的电子状态和反应性，使得配合物中的配体有可能出现在自由配体状态下没有的反应性。下面就是两个具体的例子。

乙酰丙酮（acac⁻）配合物 [M(acac)₃][M＝Cr(Ⅲ)、Co(Ⅲ)、Rh(Ⅲ) 等] 在有机溶剂中能够与 NBS(N-溴代丁二酰亚胺)或者是 Br_2 发生溴化反应（见图 2.33），生成的配合物 [M(acac-Br)₃] 在乙醚或苯中与 Mg、Li 等不发生反应。

图 2.33　[M (acac)₃] 的溴化反应

除了上述溴化反应之外，该类配合物还能够发生与芳香族化合物同样的硝（基）化、乙酰化等反应，特别是硝基乙酰丙酮实际上只有在结合了金属离子的配合物中才能够稳定地存在。

另一个代表性的反应是苏氨酸的合成（见图 2.34）。二（甘氨酸）铜（Ⅱ）配合物（1）在碳酸钠的碱性溶液中可以与乙醛反应，之后通入硫化氢气体将 Cu(Ⅱ) 以 CuS 沉淀的形式除去，即可高产率地得到产物苏氨酸（4）。

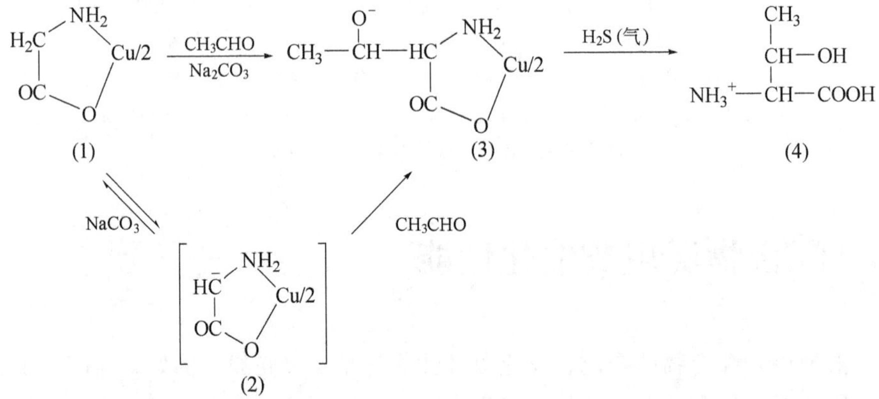

图 2.34　由二（甘氨酸）铜（Ⅱ）配合物合成苏氨酸

上述反应的发生被认为是甘氨酸与金属铜离子的配位，从而活化了甘氨酸中的亚甲基，使之在碱性条件下容易失去一个质子形成碳负离子（2），这样碳负离子再与乙醛发生反应，生成苏氨酸配位的铜配合物（3），最后用化学方法除去铜离子之后就得到了苏氨酸（4）。

此外，图 2.2 和图 2.3 中介绍的模板法合成有机配体和配合物的反应中实际上也涉及了配体的反应。

2.3.2 金属离子的反应——配位催化

配合物反应中更多的是涉及中心金属离子或原子的反应。其中最简单的配合物中金属离子的氧化和还原反应就是如此。但是，配合物反应中涉及金属离子的最典型最具有代表性的应该是催化反应，也就是配合物可以作为各种化学反应的催化剂。实际上很早以前人们就已经知道一些金属离子可以促进或阻止某些反应，即起到了催化的作用。而且在这些反应中真正起作用的多数情况下应该是水合金属离子，即以水分子为配体的配离子。另外一类与金属配合物有关的重要的催化反应就是生物体系中的金属酶和金属蛋白及其模型化合物，这些是高效率、高选择性的生物催化剂（金属酶和金属蛋白）和仿生催化剂（模型化合物）。这部分内容我们将在第三章中介绍。下面主要介绍一下配位催化。

由反应底物与起始金属配合物（催化剂）作用形成新的配合物所引起的催化作用被称之为配位催化作用。这个概念是 20 世纪 50 年代 Natta 在研究 Ziegler-Natta 催化剂的作用机理时提出的。一般认为在催化反应过程中，当反应底物分子结合到金属离子周围后，受到金属离子的活化，从而使底物分子处于活化状态，更容易发生相应的反应。因此，作为催化剂的金属配合物的一个显著特点就是配合物要么是配位不饱和的，留有空位可以用于结合底物分子，要么就是含有容易离去的分子或离子配体，如水分子、溶剂分子等，这样当有底物分子接近时，这些容易离去的配体就会被底物分子取代。从上面的描述中不难看出配位催化反应过程中金属离子所起的作用主要包括：ⅰ. 配位活化作用，金属离子通过与底物分子的结合，起到活化底物分子的作用，从而提供较低能垒的反应途径；ⅱ. 定向定构作用，由于底物分子与金属离子间配位作用的存在，使得底物（反应物）分子的取向一定，从而决定反应方向和产物结构的选择性。除此之外，在有的配位催化反应中金属离子还有促进电子传递等作用。

首先，我们将看两个经典的代表性配位催化反应，然后简单介绍一下利用金属配合物作为催化剂催化烯烃聚合的研究实例。

(1) Wilkinson 催化剂［RhCl(PPh$_3$)$_3$］——烯烃催化加氢　尽管从热力学上看烯烃加氢生成烷烃是可以自发进行的反应，但是由于反应速度太慢，以至于不能利用。因此在实际应用中，需要使用合适的催化剂来催化烯烃加氢反应。其中研究得最多的是 Wilkinson 催化剂，就是我们在图 2.1 中提到的 Rh(Ⅰ)配合物［RhCl(PPh$_3$)$_3$］。以环己烯的加氢反应为例，将催化循环示于图 2.35 中。根据该催化反应的动力学研究等实验结果，现在一般认为首先发生的是 Rh(Ⅰ) 配合物的氧化加氢（参见图 2.1），其中部分是催化剂［RhCl(PPh$_3$)$_3$］本身的加氢，另外一部分则是催化剂中的一个膦配体被溶剂分子（S）取代后形成的［RhCl(PPh$_3$)$_2$S］的加氢，两者均生成 Rh(Ⅲ) 的双氢配合物。然后底物分子环己烯取代有机膦配体或溶剂分子 S 与金属 Rh(Ⅲ) 配位，之后发生加氢反应，生成产物环己烷，同时催化剂回到原来的状态，完成催化循环。

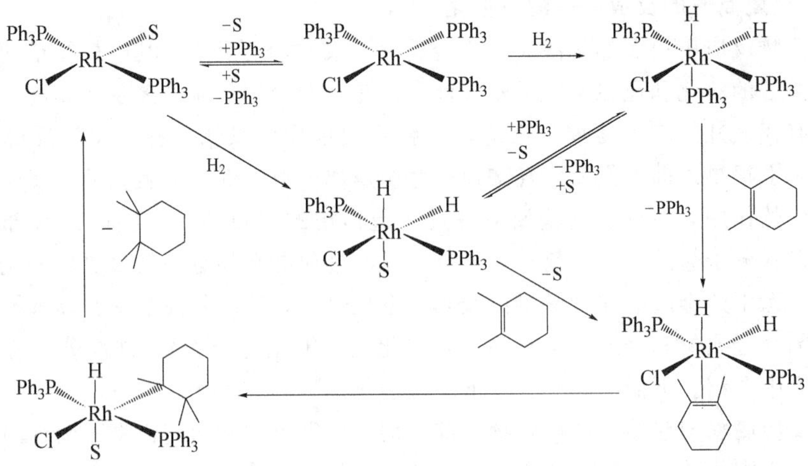

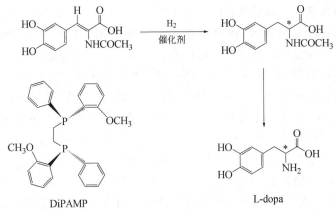

图 2.35 ［RhCl(PPh₃)₃］催化环己烯加氢的催化循环,图中 S 代表溶剂分子

从上面催化反应循环中可以看出，因为在循环过程中涉及到催化剂中有机膦配体的离去或与溶剂分子的交换，也涉及底物分子与催化剂的结合和产物分子的离去，因此该催化反应的催化效率与有机膦配体和底物分子的结构和性质密切相关。其中主要的一个是与金属离子的结合要适度，无论是有机膦配体还是底物分子与 Rh 结合太强或太弱，都会影响催化效率，另外一个是底物分子的大小要合适，如果底物分子太大，由于位阻因素而不能与 Rh 配位，因而难以发生催化反应，若底物分子太小（如乙烯）则可能是因为与 Rh 结合形成强配合物使反应不能继续进行。

如果利用含有手性有机膦配体的 Wilkinson 催化剂，则有可能通过选择性加氢反应来合成具有光学活性的产物。例如，Monsanto 公司已经利用含有手性配体 DiPAMP 的加氢催化剂 ［Rh(DiPAMP)(COD)］BF₄（COD＝环辛二烯）成功地合成了用于治疗震颤性麻痹症（Parkinson 病）的手性氨基酸L-dopa（见图 2.36）。

图 2.36 利用含手性配体的催化剂催化合成手性氨
基酸 L-dopa 及 DiPAMP 的结构

（2）Ziegler-Natta 催化剂——烯烃聚合　20 世纪 50 年代，Ziegler 用三乙基铝和四氯化钛作为催化剂，成功地实现了乙烯的聚合，之后 Natta 将三乙基铝和三氯化钛用于催化丙烯的定向聚合，得到了结构规整的聚合产物等规（isotactic，也称同规）聚丙烯（见图 2.37）。从此开辟了烯烃聚合反应工业化的道路。现在一般将由周期表中第 4～10 族的过渡金属配合物和第 1～3 族的有机金属化合物组成的双组分催化剂称为 Ziegler-Natta 催化剂，主要用于催化烯烃聚合，特别是烯烃的定向聚合。该类催化反应的详细机理和导致定向聚合的原因目前尚不十分清楚。一般认为催化活性中心是含有空的配位位置的钛原子上，作为底物的烯烃分子就结合在 Ti 的空位上，而烷基铝的作用则是一方面使 $TiCl_4$ 还原为 $TiCl_3$，另一方面是提供烷基，以取代 Ti 原子周围的 Cl 原子。

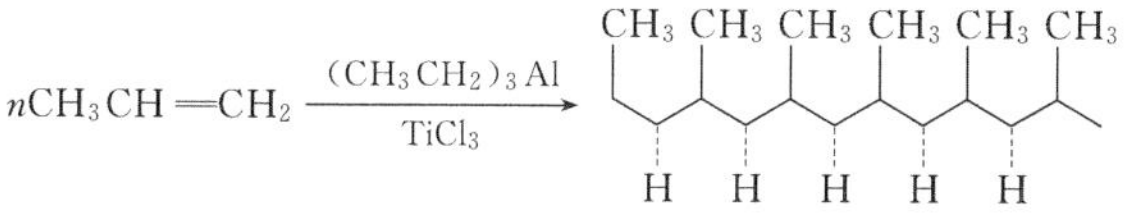

图 2.37　Natta 催化剂催化丙烯的定向聚合生成等规聚丙烯

（3）茂金属催化剂　所谓茂金属（metallocene，亦称金属茂）指的是金属离子被夹在中间的三明治（sandwich）型化合物，也称夹心配合物。其典型代表是二茂铁（见图 1.2）。现在一般将含有双环戊二烯基或其衍生物的金属配合物统称为茂金属。研究发现茂金属是很好的烯烃聚合催化剂［有的反应中还需要甲基铝氧烷$(CH_3Al\text{-}O\text{-})_n$（methylalumoxane 简写 MAO）等助催化剂］，利用不同的茂金属催化剂可以得到结构和性能不同的聚合物，从而可以满足不同的需求，具有实际应用价值。因此相关研究一直受到人们的普遍重视。例如，利用图 2.38 所示的含有双（2-苯基茚基）锆配合物在 MAO 助催化剂存在条件下可以催化丙烯的聚合，结果发现由于催化剂中有两个 2-苯基茚基的相对位置（取向）不同的异构体存在，导致生成的聚丙烯产物中有结构不同的无规（atactic）链段和等规链段存在。

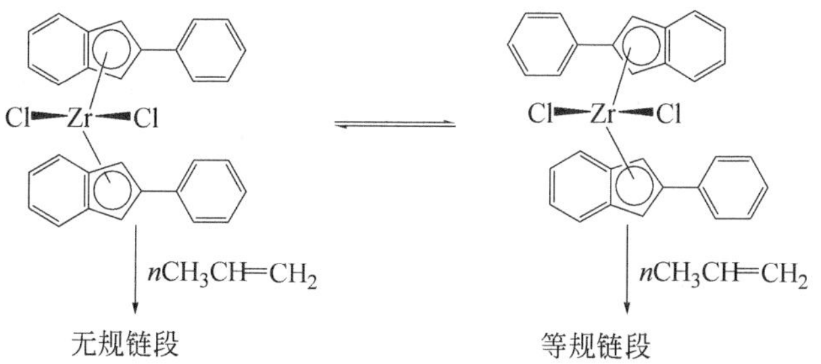

图 2.38　锆催化剂及其丙烯聚合

这方面的研究已经从过渡金属配合物发展到稀土金属配合物。稀土金属配合物不仅催化活性高，而且催化反应中一般不需要添加助催化剂。在国内，苏州大学、浙江大学等单位在茂基稀土配合物的合成、结构和催化反应研究方面开展了卓有成效的工作，并得到了国际同行的认可。

(4) 非茂金属催化剂 顾名思义非茂金属（non-metallocene）就是不含有环戊二烯或其衍生物、类似物的金属配合物。在大量茂金属催化剂被研究开发出来的同时，20 世纪 90 年代人们发现镍的 α-二亚胺型配合物 [见图 2.39(a) 和图 2.39(b)] 在 MAO 等助催化剂存在条件下，对乙烯聚合反应具有很高的催化活性，而且通过改变镍配合物中配体的结构和改变催化反应条件，可以得到直链状和枝状等结构不同的聚乙烯。从而激发了人们对非茂金属催化体系研究的热情，并在短短的几年时间内取得了可喜的进展。例如，图 2.39(a) 显示的镍配合物催化乙烯聚合的催化活性达到 $5800 \cdot g \cdot mmol^{-1} \cdot h^{-1} \cdot bar^{-1}$。而双核铁配合物 [见图 2.39(c)] 催化乙烯聚合，则得到分子量高、且分子量分布窄的聚乙烯。图 2.39(d) 的铜配合物虽然只有中等程度的催化活性，但是可以得到分子量很大的聚乙烯。

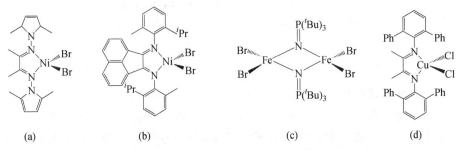

(a)　　　　　　(b)　　　　　　(c)　　　　　　(d)

图 2.39　部分具有催化乙烯聚合活性的过渡金属配合物

图 2.40 中所示的配合物 $TiCl_2\{\eta^2\text{-}1\text{-}[C(H)=NC_6F_5]\text{-}2\text{-}O\text{-}3\text{-}tBu\text{-}C_6H_3\}_2$ 在 MAO 助催化剂存在下，对乙烯的聚合反应显示出非常高的催化活性，其 TOF > $20000 min^{-1} atm^{-1}$（TOF：turnover frequency）可以与茂金属催化剂 Cp_2ZrCl_2/MAO 体系相比拟。该催化反应可以产生相对分子质量 $M_n > 400000$，M_w/M_n < 1.20 的聚乙烯。而且，随着聚合反应时间的加长，M_w/M_n 基本保持不变，但是其 M_n 呈线性增长 [见图 2.40(b)]，表明该催化剂催化的是一个活聚合反应（living polymerization）。

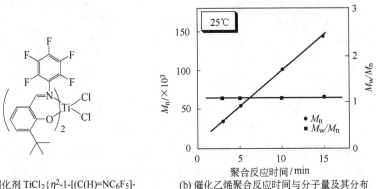

(a) 催化剂 $TiCl_2\{\eta^2\text{-}1\text{-}[(C(H)=NC_6F_5)\text{-}2\text{-}O\text{-}3tBu\text{-}C_6H_3\}_2$ 的结构　　(b) 催化乙烯聚合反应时间与分子量及其分布

图 2.40　(a) 所示结构的催化剂及对乙烯聚合反应的影响

除了乙烯之外，非茂金属催化剂还可以催化丙烯的聚合反应。含有五氟苯和三甲基硅取代基的 Ti 配合物（见图 2.41）可以催化丙烯的活聚合反应。例如在 MAO 存在的 25℃、大气压力下，聚合反应 5h 后，得到 $M_n=47000$，$M_w/M_n=1.08$ 的间规聚丙烯，而且产物的熔点非常高（约 150℃）。

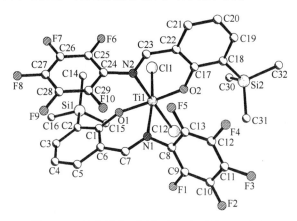

图 2.41　具有催化丙烯聚合反应活性的配合物

最后，值得一提的是从上面的介绍中可以看出，在多数配位催化反应中作为催化剂的金属配合物实际上是部分含有金属—碳（M—C）键的金属有机化合物。有的是催化剂本身（例如茂金属）就含有 M—C 键，有的则是在催化反应过程中形成含有 M—C 键的中间体。

参 考 文 献

1　徐志固. 现代配位化学. 北京：化学工业出版社，1987

2　[日] 中村晃，齋藤太郎. 無機合成化学. 東京：裳華房，1989

3　河南大学，南京师范大学，河南师范大学，河北师范大学编. 配位化学. 开封：河南大学出版社，1989

4　B. Bosnich. Inorg. Chem.，1999，**38**，2554～2562

5　A. Ingham, M. Rodopoulos, K. Coulter, T. Rodopoulos, S. Subramanian, A. McAuley. Coord. Chem. Rev.，2002，**233**，255～271

6　Q. Y. Chen, Q. H. Luo, X. L. Hu, M. C. Shen, J. T. Chen. Chem. Eur. J.，2002，**8**，3984～3990

7　M. Aoyagi, K. Biradha, M. Fujita. J. Am. Chem. Soc.，1999，**121**，7457～7458

8　R. Vilar. Angew. Chem. Int. Ed.，2003，**42**，1460～1477

9　C. T. Kresge, M. E. Leonowicz, W. J. Roth, J. C. Cartuli, J. S. Beck. Nature, 1992, **359**，710

10　Y. Xie, Y. T. Qian, W. Z. Wang, S. Y. Zhang, Y. H. Zhang. Science, 1996, **272**，1926

11　S. H. Feng, R. R. Xu. Acc. Chem. Res. 2001，**32**，239～247

12　W. T. A. Harrison. Curr. Opin. Solid State Mater. Sci.，2002，**6**，407～413

13　S. Neeraj, S. Natarajan, C. N. R. Rao. J. Chem. Soc.，Dalton Trans.，2001，289～291

14　J. Fan, L. Gan, H. Kawaguchi, W. Y. Sun, K. B. Yu, W. X. Tang. Chem. Eur. J.，2003，**9**，3965～3973

15　J. Fan, W. Y. Sun, T. A. Okamura, W. X. Tang, N. Ueyama. Inorg. Chem.，2003，**42**，3168～3175

16　J. Fan, M. H. Shu, T. A. Okamura, Y. Z. Li, W. Y. Sun, W. X. Tang, N. Ueyama. New J. Chem.，2003，**27**，1307～1309

17　游效曾，孟庆金，韩万书主编. 配位化学进展. 北京：高等教育出版社，2000

18 徐如人，庞文琴主编. 无机合成与制备化学. 北京：高等教育出版社，2001

19 韩万书主编. 中国固体无机化学十年进展. 北京：高等教育出版社，1998

20 L. X. Lei, X. B. Yao, X. Q. Xin. J. Chem. Edu., 1996，73，1018

21 C. Zhang, G. C. Jin, J. X. Chen, X. Q. Xin, K. P. Qian. Coord. Chem. Rev., 2001，213，51～77

22 张弛，金国成，忻新泉. 无机化学学报. 2000，16，229～240

23 ［日］山崎一雄，中村大雄. 錯体化学. 東京：裳華房，1984

24 K. Nakamoto. Infrared and Raman Spectra of Inorganic and Coordination Compounds, 4th Edition，New York：Wiley Interscience，1986

25 J. Fan, H. F. Zhu, T. A. Okamura, W. Y. Sun, W. X. Tang, N. Ueyama. Chem. Eur. J.，2003，9，4724～4731

26 L. B. Luo, H. L. Chen, W. X. Tang, Z. Y. Zhang, T. C. W. Mak. J. Chem. Soc., Dalton Trans.，1996，4425～4430

27 W. Y. Sun, B. L. Fei, T. A. Okamura, Y. A. Zhang, T. Ye, W. X. Tang, N. Ueyama. Bull. Chem. Soc. Jpn.，2000，73，2733～2738

28 K. S. Hagen, R. H. Holm. Inorg. Chem.，1984，23，418～427

29 B. L. Fei, W. Y. Sun, K. B. Yu, W. X. Tang. J. Chem. Soc., Dalton Trans.，2000，805～811

30 L. Zhang, Y. H. Mei, Y. Zhang, S. A. Li, X. J. Sun, L. G. Zhu. Inorg. Chem.，2003，42，492～498

31 陈小明，蔡继文编著. 单晶结构分析：原理与实践（第2版）. 北京：科学出版社，2007

32 W. Y. Sun, B. L. Fei, T. A. Okamura, W. X. Tang, N. Ueyama. Eur. J. Inorg. Chem. 2001，1855～1861

33 J. Fan, M. H. Shu, T. A. Okamura, Y. Z. Li, W. Y. Sun, W. X. Tang, N. Ueyama. New J. Chem. 2003，27，1307～1309

34 K. Biradha, Y. Hongo, M. Fujita. Angew. Chem. Int. Ed.，2002，41，3395～3398

35 D. F. Shriver, P. W. Atkins, C. H. Langford. 无机化学. 高忆慈，史启祯，曾克慰，李丙瑞等译. 北京：高等教育出版社，1997

36 W. S. Knowles. Acc. Chem. Res.，1983，16，106～112

37 V. C. Gibson, S. K. Spitzmesser. Chem. Rev.，2003，103，283～315

38 L. LePichon, D. W. Stephan, X. Gao, Q. Wang. Organometallics，2002，21，1362～1366

39 S. D. Ittel, L. K. Johnson, M. Brookhart. Chem. Rev.，2000，100，1169～1203

40 A. C. Gottfried, M. Brookhart. Macromolecules，2001，34，1140～1142

41 V. C. Gibson, A. Tomov, D. F. Wass, A. J. P. White, D. J. Williams. J. Chem. Soc., Dalton Trans.，2002，2261～2262

42 M. Mitani, J. I. Mohri, Y. Yoshida, J. Saito, S. Ishii, K. Tsuru, S. Matsui, R. Furuyama, T. Nakano, H. Tanaka, S. I. Kojoh, T. Matsugi, N. Kashiwa, T. Fujita. J. Am. Chem. Soc.，2002，124，3327～3336

43 M. Mitani, R. Furuyama, J. I. Mohri, J. Saito, S. Ishii, H. Terao, N. Kashiwa, T. Fujita. J. Am. Chem. Soc.，2002，124，7888～7889

44 H. Yasuda. Prog. Polym. Sci.，2000，25，573～626

45 G. W. Coates, R. M. Waymouth. Science，1995，267，217～219

46 沈琪，姚英明. 有机化学. 2001，21，1018～1023

47 钱延龙，陈新滋主编. 金属有机化学与催化. 北京：化学工业出版社，1997

第3章 与生命过程相关的配位化学——金属酶和金属蛋白

在早期，人们认为与生命过程有关的化学都是有机化学，因为人们熟悉的氨基酸、多肽、蛋白质以及核酸、多糖、脂类等都是有机化合物。然而，随着科学技术的发展和分析、检测手段的不断改进和提高，尤其是痕量分析技术的出现，人们发现实际上生命过程中许多现象、变化等都离不开金属离子，也就是说金属离子在生命过程中起着非常重要的作用。后来无机化学家和生物学家们从各自不同的角度开始了生物体系中含有金属离子物种的分离、结构、性能、相互作用等方面的研究工作。并自 20 世纪 70 年代初开始逐步形成了由无机化学和生物学（生命科学）交叉而产生的生物无机化学（Bioinorganic Chemistry）这门新兴学科。简单地讲，生物无机化学是一门用无机化学（其中主要是配位化学）的理论和方法研究生物体系中无机元素（主要是金属离子）及其化合物与生物体分子的作用和机理，从而揭示生命过程奥秘的学科。

3.1 生物体系中的金属离子

目前人们已经知道生物体系中含有多种金属离子。对这些金属离子从不同角度可以有不同的分类方法。如按金属离子在生物体系中含量的多少，可以分为宏量、微量和超微量（痕量）金属元素。若按金属离子对生物体系的作用来分，则可以分为生物必需元素（essential elements）和有毒（有害）元素（toxic elements）。另外，不同的金属离子在生物体系中的存在方式也不一样，其中有些金属离子与某些特定的生物分子有固定或相对固定的结合，只有结合在一起才能发挥特定的功能，如金属酶、金属蛋白中的金属离子就是如此；而有些金属离子在生物体系中没有固定的结合对象，主要是起到平衡电荷、平衡渗透压等作用，如钠、钾等碱金属离子。下面我们分别来介绍。

3.1.1 金属酶、金属蛋白及金属药物

金属酶（metalloenzyme）就是必须有金属离子参与才有活性的酶，或者简单地说是结合有金属离子的酶，它们在各种重要的生化过程中完成着专一的生化功能，金属酶实际上是一种生物催化剂，它们使得生物体内一系列复杂的化学反应能够在常温常压中性介质条件下顺利地完成。现在已经知道生物体系中约有 1/3 的

酶需要有金属离子参与才能显示活性。金属酶根据其所催化的反应的不同可以分为以下 6 种：氧化还原酶（oxidoreductase）、转移酶（transferase）、水解酶（hydrolase）、异构化酶（isomerase）、裂解酶（lyase）和连接酶（ligase 或称合成酶 synthetase）。金属酶中金属离子的作用可以概括为：ⅰ. 金属离子与酶蛋白结合，从而使蛋白有特定的结构和稳定性，而且这种特定的结构和稳定性与其催化活性密切相关；ⅱ. 通过金属离子与底物分子间的相互作用，使底物分子定向，从而发生专一的、选择性的催化反应；ⅲ. 形成活性中心，提供酶催化反应的活性部位。

金属离子与蛋白形成的配合物，其主要作用不是催化某个生化过程，而是完成生物体内诸如电子传递之类特定的生物功能，这类生物活性物质被称之为金属蛋白（metalloprotein），所以它们是结合有金属离子的复合蛋白。

金属酶和金属蛋白中金属离子的结合方式有：ⅰ. 金属离子与蛋白链中氨基酸残基通过配位作用直接结合，最常见的有组氨酸（His）残基侧链上咪唑基团的氮原子，半胱氨酸（Cys）侧链上的硫原子等；ⅱ. 金属离子与硫等其他原子形成簇合物后再结合到蛋白上，如铁硫蛋白中的 Fe_2S_2、Fe_3S_4、Fe_4S_4 簇（见图 1.6）以及固氮酶中钼铁硫簇合物等；ⅲ. 金属离子与辅基（例如血红素铁、叶绿素、钴胺素等）结合，然后通过辅基与蛋白连接。具体的例子将在 3.2 中介绍。

3.1.2 生命元素

生命元素又称必需元素或生物必需元素。简单地讲生命元素就是维持生物体生存所必需的元素，缺少会导致严重病态甚至死亡。G. C. Cotzias 等人认为作为生物必需元素需要具备以下几个条件：ⅰ. 元素在不同的动物组织内均有一定的浓度；ⅱ. 去除这些元素会使动物造成相同或相似的生理或结构上的不正常；ⅲ. 恢复其存在可以消除或预防这些不正常；ⅳ. 元素有专门生物化学上的功能。生物必需元素按其在生物体中含量来分可以分为：宏量结构元素（bulk structural elements），包括 H、O、C、N、P、S；宏量矿物元素（macrominerals），主要有 Na、K、Mg、Ca、Cl 等元素；微量金属元素（trace metal elements），Cu、Zn、Fe 等；超微量金属元素（ultratrace metal elements），Mn、Mo、Co、Cr、V、Ni、Cd、Sn、Pb、Li 等；微量和超微量非金属元素，F、I、Se、Si、As、B 等。生物无机化学中涉及的主要是微量和超微量金属元素。表 3.1 中列出了部分微量和超微量金属元素在生物体系中的主要生物功能及部分代表性金属酶、金属蛋白。

为什么有些元素是生物必需元素，而有些则不是。或者说生物在长期的进化过程中为什么吸收一些特定的元素作为维持自身生命所必需的元素。目前，有关必需元素主要有如下的假说。ⅰ. 丰度规则：指的是当可以从能够完成同样功能的几种元素中选取一种元素时，生物体在进化过程中选择了自然界丰度较大的一种。也就是说，生物体选择某一元素作为必需元素是与当时的周围环境有关。根据生命起源于海洋的假说，又将丰度规则称为海生学说。ⅱ. 有效规则：生物体一般从可供选

表 3.1 微量和超微量金属元素的主要生物功能

元素及含量[①]	主 要 功 能	代表性酶或蛋白
Fe 3～5g	载氧、储氧功能 电子传递 氧化酶 清除 O_2^- 铁的运输和储藏	血红蛋白、肌红蛋白、蚯蚓血红蛋白 细胞色素 c、铁硫蛋白 细胞色素 P-450 铁超氧化物歧化酶 运铁蛋白和铁蛋白
Zn 1.4～2.3g	CO_2 的可逆水合 肽链水解 磷酸酯水解 醇氧化到醛	碳酸酐酶 羧肽酶 磷酸酯酶 醇脱氢酶
Cu 0.1～0.2g	氧载体 电子传递 清除 O_2^-	血蓝蛋白 质体蓝素、阿祖林 铜锌超氧化物歧化酶
Mn 12～20mg	清除 O_2^- 光合作用	锰超氧化物歧化酶
Co 1.1～1.5mg	构成维生素 B_{12} 甲基转移	辅酶 B_{12}
Mo＜5mg	氮分子的活化 氧原子的转移	固氮酶 亚硫酸盐氧化酶、黄嘌呤氧化酶
Ni＜10mg	尿素的水解 分裂重组氢分子 清除 O_2^-	尿素酶 氢化酶 镍超氧化物歧化酶
Cr＜6mg	胰岛素的辅因子 调节血糖代谢	
V＜1mg	氧载体 抑制 ATP 等酶的活性 胆固醇代谢的催化剂	血钒蛋白
Cd 30mg	可诱导金属硫蛋白 酶的抑制剂	
Sn 30mg	促进哺乳动物生长	
Pb 80mg	影响铁的代谢及造血功能	
Li＜0.9mg	调控钠泵	

① 正常成年人体内的金属离子含量。

择的几种元素（或化合物）中选取最有效的一种作为必需元素。iii．基本适应规则：被选择的元素在热力学上必须具备完成某种功能的能力。iv．有效性和特异性规则：金属酶、金属蛋白往往具有特定的结构和功能，尤其是活性部位的结构通常是扭曲畸变而不是常规配合物中的立体构型，正是这种紧张效应（entatic effect）保证了金属酶和金属蛋白的特异性。被选择作为必需元素的金属离子还必须具备在酶或蛋白的特定结构中完成特定功能的能力。

3.1.3 有毒元素

有毒元素是指那些存在于生物体内会影响正常的代谢和生理功能的元素。明显有害的元素有 Cd、Hg、Pb、Tl、As、Sb、Be、Ba、In、Te、Se、V、Cr、Nb

等，其中 Cd、Hg、Pb 为剧毒元素。

值得注意的是，同一元素往往既是必需元素，又是有毒元素，典型的例子有 Cd、Pb、Cr 等。关键要看其量是否合适。太少可能引起某些疾病和不正常，例如我们知道缺铁会导致贫血。太多则可能引起中毒，如适量的 Cd、Pb、Cr 对生物体来说是必需的，因此它们是生物必需元素，但是摄入过量的 Cd、Pb、Cr 就会发生中毒。G. Bertrand 等人提出了最佳营养定律：缺乏不能成活，适量最好，过量有毒（见图 3.1）。此外，有些金属离子是否有毒性与其存在方式、价态等有关。常见的例子有 Cr、Ni 等元素，适量的 Cr^{3+} 和 Ni^{2+} 对生物体都是有益的物种，但是 CrO_4^{2-}、$Ni(CO)_4$ 则是有害物种，都是致癌物。

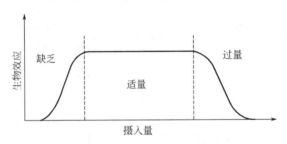

图 3.1 生物必需元素摄入量与生物效应之间的关系

另外，需要指出的是生物必需元素并不只限于上面所列的元素，还有一些尚未确定的元素（如 Br 元素）。随着生物化学等相关研究和分离、检测手段的不断发展，一些含量少或者很不稳定的金属酶、金属蛋白的分离、表征也将成为可能，从而使得现在认为不是生物必需元素的某些元素在将来可能成为生物必需元素。

3.2 典型金属酶金属蛋白

这一节中我们将介绍几个具有代表性的金属酶和金属蛋白。在此之前，首先简单提一下研究内容和研究方法。从化学的角度研究金属酶、金属蛋白，其主要内容包括：ⅰ. 研究生物体内物质及相关化合物与各种无机元素，尤其是与微量金属离子的相互作用，包括无机元素循环、环境污染、含金属药物等对生物体生命、生理过程的影响；ⅱ. 应用无机化学的理论和方法研究天然金属酶、金属蛋白的结构、性质和功能；ⅲ. 设计、合成简单的化学模型以达到研究复杂生命过程的目的。根据这些研究内容，相应的研究方法主要可以分为直接研究和模拟研究两种。其中直接研究就是用各种物理和化学的方法直接研究生物体系中的金属酶和金属蛋白的结构、功能。模拟研究又分为结构模拟和功能模拟两种。所谓的结构模拟就是用模拟的方法来研究重要生物过程和生物大分子配合物的结构和功能间的关系。一种是模拟金属酶、金属蛋白（原型）的部分结构（如活性中心），发现反映原型的某些特征，从而加深对生物原型的认识；另一种是对原型化合物进行局部修改，如利用基因工程的方法将蛋白链中某些氨基酸残基突变为其他氨基酸残基的突变体，观测局部修改对其结构和功能的影响。功能模拟则是模仿天然金属酶的活性中心，合成具有特定催化活性的化合物，从而达到模拟酶的作用。金属酶、金属蛋白的模拟研究我们将在下一节中介绍。

3.2.1 含铁氧载体

氧载体是生物体内一类含金属离子的生物大分子配合物，可以与分子氧进行可逆地配位结合，其功能是储存或运送氧分子到生物组织内需要氧的地方。目前已经知道的天然氧载体有血红蛋白、肌红蛋白、蚯蚓血红蛋白、血蓝蛋白和血钒蛋白。其中前3种为含铁氧载体，血蓝蛋白是含铜蛋白，将在3.2.4介绍，血钒蛋白是主要存在于海鞘血球中的一类氧载体，目前知道的还很少。常见的含铁和含铜氧载体列于表3.2中。

表 3.2　具有储存和运输氧功能的金属蛋白

名　　称	血红蛋白	肌红蛋白	蚯蚓血红蛋白	血蓝蛋白
存在	红细胞	肌肉	海洋无脊椎动物的血球血浆	甲壳类、软体动物的血液
功能	运输氧	储存氧	运输氧	运输氧
金属:O_2	4Fe:$4O_2$	Fe:O_2	2Fe:O_2	2Cu:O_2
相对分子质量	65000	17000	108000	$10^5 \sim 10^7$
氧化态（脱氧）	二价	二价	二价	一价
自旋态（脱氧）	高自旋 S=2	高自旋 S=2	高自旋 S=2	S=0(d^{10})
自旋态（氧合）	抗磁 S=0	抗磁 S=0	与温度有关	抗磁 S=0
亚单位数	4	1	8	多数（可变）
颜色（脱氧）	紫红色	紫红色	无色至黄色	无色
颜色（氧合）	红色	红色	紫红色	蓝色
ν_{O-O}/cm^{-1}	1107	1103	844	$744 \sim 749$

（1）血红蛋白、肌红蛋白　在生物体内，血红蛋白（hemoglobin，Hb）起着运输氧、肌红蛋白（myoglobin，Mb）起着储存氧的作用。由于这2种蛋白在生物体内存在广泛、含量丰富、又很稳定，因此它们是人们最早研究的金属蛋白，也是最早（1961年）通过X衍射晶体结构分析得到三维空间结构的蛋白。其中血红蛋白含有4个亚基，而肌红蛋白则只含有1个亚基。结构研究结果表明血红蛋白中每个亚基的二级结构和三级结构与肌红蛋白的非常相似。因此，我们先介绍血红蛋白和肌红蛋白的二级结构和三级结构，然后再讨论血红蛋白的四级结构。

血红蛋白的每1个亚基及每个肌红蛋白分子中都只含有1个血红素辅基，它们和氧分子的可逆结合即发生在血红素辅基上，也就是说血红素辅基构成了血红蛋白、肌红蛋白的活性中心。所谓的血红素（heme）就是铁与卟啉衍生物形成的配合物的总称。以血红素为辅基的蛋白被称为血红素蛋白（heme protein）。一般根据卟啉环上取代基的种类和位置将血红素进行分类。常见的有血红素 a、血红素 b和血红素 c（见图 3.2）。血红蛋白和肌红蛋白中的血红素都是血红素 b。

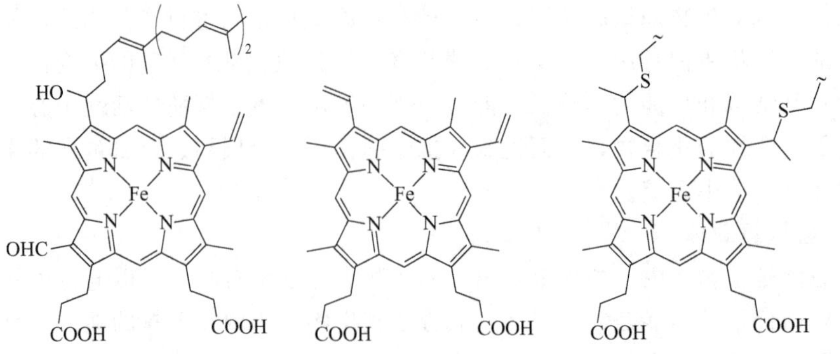

血红素 a　　　　　　　血红素 b　　　　　　　血红素 c

图 3.2　血红素 a、b、c 的结构示意

　　图 3.3(a) 中显示了典型的肌红蛋白的三维空间结构，它是由一条蛋白链和一个血红素辅基组成的，相对分子质量约为 17000。不同来源肌红蛋白的蛋白链中氨基酸残基的种类和数目（即一级结构）不完全一样，但是，一般都是由 150 个左右的氨基酸残基组成，例如哺乳类动物的肌红蛋白由 153 个氨基酸残基组成。从图 3.3(a) 中还可以清楚地看出肌红蛋白结构上的一个显著特点就是其二级结构中 α 螺旋的含量很高，共有 8 条 α 螺旋链和 7 段非螺旋链组成。血红素辅基处于由 4 条 α 螺旋链组成的空穴中，研究不同来源血红蛋白和肌红蛋白的结构还发现：血红素周围大部分亲水基团都向外，而疏水基团则朝内，这样就在血红素辅基周围形成了一个疏水的空腔。从而保证血红素辅基与氧分子的可逆结合。这个疏水空腔对血红蛋白、肌红蛋白的可逆载氧非常重要。

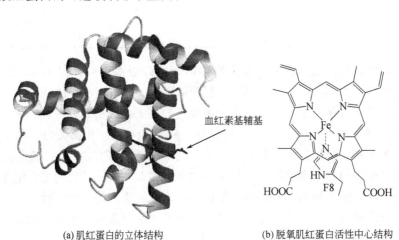

血红素基辅基

(a) 肌红蛋白的立体结构　　　　　　(b) 脱氧肌红蛋白活性中心结构

图 3.3　肌红蛋白及其活性中心结构

　　血红素辅基与蛋白链之间通过一个组氨酸（His）侧链上咪唑基团与铁的配位作用连接在一起 [见图 3.3(b)]。这个与血红素铁直接配位的组氨酸通常称之为近侧组氨酸 F8，在血红素辅基的另一侧有一个不直接与血红素铁配位的组氨酸，一

般称之为远侧组氨酸 E7(E、F 均为 α 螺旋链的标号)。尽管 E7 不与铁直接配位，但是由于 E7 靠近血红素的中心，因此被认为在可逆结合氧过程中起着重要作用。

血红蛋白、肌红蛋白没有结合氧分子的状态称为脱氧血红蛋白（deoxy Hb）、脱氧肌红蛋白（deoxy Mb）；结合了氧分子的状态称为氧合血红蛋白（oxy Hb）、氧合肌红蛋白（oxy Mb）。脱氧状态下血红素铁为五配位的二价铁，留有一个空位用于结合氧分子。实验结果表明血红素铁只有在还原态的二价状态下才有结合分子氧的能力。在早期，氧分子与铁之间是以端式（end-on）还是以侧式（side-on）（见图 3.4）方式结合一直有争论。后来的研究结果证实两者之间是以端式方式结合的。另外，氧合血红蛋白和氧合肌红蛋白的共振拉曼（resonance Raman）光谱中，通过 $^{18}O_2$ 标记的实验结果显示 ν_{O-O} 振动分别出现在 $1107cm^{-1}$ 和 $1103cm^{-1}$（见表 3.2），与无机化合物中超氧负离子 O_2^- 的 ν_{O-O} 振动（例如 KO_2：$1145cm^{-1}$）非常接近，表明氧分子与血红素铁结合后以超氧负离子 O_2^- 的形式存在。另一方面，穆斯堡尔（Mössbauer）研究结果显示，氧合血红蛋白和氧合肌红蛋白中铁的同质异能位移 I_s 与三价铁接近，而四极矩分裂 Q 较大，表明氧合后的铁离子为低自旋。也就是说氧合血红蛋白和氧合肌红蛋白中铁离子为三价低自旋状态。

图 3.4　氧分子与血红素铁的结合方式

血红蛋白由两两相同的 4 个亚基组成，通常表示为 $\alpha_2\beta_2$，脊椎动物中血红蛋白的相对分子质量约为 64500。4 个亚基之间通过静电（盐桥）、氢键和疏水作用等连接在一起（见图 3.5）。从下面的讨论中可以看出这种亚基与亚基之间的相互作用在血红蛋白载氧过程中起着非常重要的作用。

下面我们来看看血红蛋白、肌红蛋白的载氧过程及机理。尽管血红蛋白中每个亚基的结构与肌红蛋白的结构非常相似，而且如果将血红蛋白中的 4 个亚基拆开，发现每个亚基的载氧行为则相当于 1 个肌红蛋白。但是，在实际载氧过程中，由于血红蛋白中 4 个亚基之间存在着协同作用，使其载氧过程与肌红蛋白的不一样。也正因为如此，血红蛋白的功能是运输氧，而肌红蛋白的功能则是储存氧。

从图 3.6 的氧合曲线示意图中可以看出，血红蛋白和肌红蛋白的氧合过程有着明显的差别。肌红蛋白的氧合曲线呈简单的双曲线型。而血红蛋白的则呈 S 型。这个结果显示在氧分压较低时，血红蛋白对氧分子的亲合能力较小，不易于结合氧分子，而肌红蛋白则不一样，即使在氧分压较低的情况下对氧分子也有较强的亲和力，能够与氧分子结合。这种氧合过程的差异正是其不同功能的体现。在生物体内，肺部的氧分压较高，因此容易与血红蛋白发生氧合作用，形成氧合血红蛋白后运输到需要消耗氧的组织。因为组织中的氧分压较低，因此氧合血红蛋白到了组织

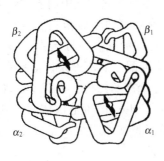

图 3.5　血红蛋白的四级结构

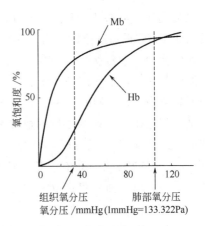

图 3.6　血红蛋白、肌红
蛋白的氧合曲线

后就将氧分子释放出来给肌红蛋白。

如果氧合饱和度和氧分压分别用 Q 和 p 表示，两者之间的定量关系可用下面的公式来表示：

$$Q = Kp^n / (1 + Kp^n)$$

这就是人们常说的 Hill 公式（Hill equation），其中 K 为氧合平衡常数，n 被称为 Hill 系数（Hill coefficient）。Hill 公式现在已经被一般化，n 的大小与酶或蛋白分子或亚基之间的协同作用大小有关，如果 $n=1$ 表示没有协同作用；$n>1$ 表示有正的协同效应，而且 n 值越大表示协同作用越强；若 $0<n<1$ 则代表有负的协同效应。肌红蛋白中因为只有 1 个亚基，蛋白分子间没有直接的相互作用，因此 $n=1$，其氧合曲线呈双曲线型。反映了简单平衡：

$$\text{Mb} + O_2 \underset{k_{-1}}{\overset{k_1}{\rightleftharpoons}} \text{MbO}_2$$

而血红蛋白则不一样，因为每个血红蛋白分子中含有 4 个亚基。血红蛋白与氧结合研究结果显示 $n<4$，例如，成人血红蛋白的情况下 n 约 2.9，表明血红蛋白中亚基与亚基之间有相互作用。

血红蛋白氧合过程中观测到的协同效应可以从其氧合前后血红素铁的结构变化得到解释。脱氧状态下（氧合前）血红素中的铁为二价高自旋，而氧合后则为三价低自旋，由于高自旋 Fe^{2+} 的半径较大而不能进入血红素中卟啉环的平面内，相反，由于低自旋 Fe^{3+} 的半径较小而能够进入卟啉环平面内，因此氧合前后铁离子从卟啉环平面的上方落入到卟啉环的平面内（见图 3.7）。因为血红素中铁离子的位置发生了变化，从而导致包括近侧组氨酸 F8 在内的蛋白链发生一系列变化，并通过亚基间的相互作用传递到其他亚基，即影响到血红蛋白的四级结构，从而使血红蛋白从不容易与氧分子结合的紧张态（tense state，T 态）变为易于与氧分子结合的松弛态（relaxed state，R 态）。也就是说，当血红蛋白 4 个亚基中的 1 个亚基与氧分子结合后，蛋白分子即从紧张态转变为松弛态，这就是所谓的触发机制。这种由于底物分子（氧分子）的结合而引起蛋白中亚基间的协同作用的现象被称之为变构现象（Allosteric phenomena）或变构效应（Allosteric effect）。

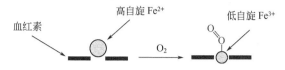

图 3.7　血红蛋白氧合前后血红素铁的结构变化

另外，pH 值、离子强度对血红蛋白和肌红蛋白氧合过程的影响也不一样。这主要是由于 pH 值、离子强度等因素对血红蛋白中亚基间的相互作用有影响，从而影响其与氧分子的结合。如果体系的 pH 值下降，即质子浓度增大，使得血红蛋白亚基间的静电作用增强，从而导致血红蛋白对氧的亲和能力下降。在生物体系中，由于组织中的 pH 值较血液中的 pH 值低，这样就有利于氧合血红蛋白在组织中释放出更多的氧分子。这种 pH 值对氧合饱和度的影响称为玻尔效应（Bohr effect）。而肌红蛋白的氧合过程几乎不受体系的 pH 值、离子强度等的影响。

（2）蚯蚓血红蛋白　天然氧载体中还有一类含铁的非血红素蛋白——蚯蚓血红蛋白（hemerythrin，Hr）。蚯蚓血红蛋白与血红蛋白、肌红蛋白的差别有：ⅰ. 血红素辅基，前者无，后者有；ⅱ. 亚基数，蚯蚓血红蛋白一般为多聚体，从无脊椎动物的血液中分离得到的是相对分子质量约为 108000 的八聚体，血红蛋白和肌红蛋白则分别为四聚体和单聚体；ⅲ. 载氧量，铁离子数与结合分子氧的化学计量比为蚯蚓血红蛋白：$2Fe：O_2$，而血红蛋白和肌红蛋白均为 $Fe：O_2$；ⅳ. 氧合以后氧分子的状态，氧合蚯蚓血红蛋白的共振拉曼光谱中 ν_{O-O} 振动出现在 $844cm^{-1}$，与无机化合物中过氧负离子 O_2^{2-} 的 ν_{O-O} 振动（例如 $Na_2O_2：842cm^{-1}$）接近，表明氧分子以过氧负离子 O_2^{2-} 的形式存在，而氧分子与血红蛋白、肌红蛋白中的铁结合后以超氧负离子 O_2^{-} 的形式存在（见表 3.2）。

目前，脱氧和氧合蚯蚓血红蛋白的结构都已经有报道，其活性中心的结构以及与氧分子的结合方式示于图 3.8 中。由此可以看出，在蚯蚓血红蛋白的活性中心中含有两个配位不等价的铁离子，并通过 1 个羟基和两个羧酸根离子桥联在一起。在没有结合氧分子（脱氧）时，除了 3 个桥联配体的氧原子参与配位之外，每个铁离子还分别与 3 个和两个来自蛋白链中组氨酸侧链上咪唑基团的氮原子配位，因此一个铁离子为六配位，另外一个为五配位，留有一个空位（或者认为被一个水分子所占据）。氧合以后，氧分子就占据着这个空位。氧分子中的 1 个氧原子与铁配位，另外 1 个氧原子则从羟桥中夺取氢，并形成 O—H···O 氢键，因此蚯蚓血红蛋白中由氧合前的二价铁羟桥（$Fe^{2+}—OH—Fe^{2+}$）氧化为氧合后的三价铁氧桥（$Fe^{3+}—O—Fe^{3+}$），与此同时氧分子则被还原为过氧负离子 O_2^{2-}。也就是说，在蚯蚓血红蛋白的氧合过程中发生了双电子氧化还原反应，而在血红蛋白的每 1 个亚

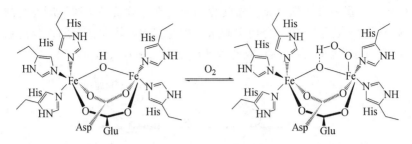

图 3.8 蚯蚓血红蛋白中双铁活性中心的结构及与氧分子的结合方式

基和肌红蛋白的氧合过程中只发生了单电子氧化还原反应。

3.2.2 含铁蛋白和含铁酶

由于铁在生物体系中的含量高、分布广,因此自然界中含有铁的金属酶、金属蛋白很多(见表 3.1)。另外,因为铁有二价、三价等可变化合价,而具有良好的氧化还原性能,因此在生物体系中,除了上面介绍的铁可以作为构成氧载体的活性中心之外,铁还是许多电子传递蛋白和一系列金属酶催化反应活性中心中不可缺少的金属离子。下面分别作简单的介绍。

(1) 电子传递蛋白——细胞色素 c 电子传递反应可以说是生物体系中最基本的一类反应。因为各种物质的代谢一般都会涉及氧化还原反应,而氧化还原反应的发生即伴随着电子的转移。自然界中作为电子传递体的物质主要有 2 类,一类是不含有金属离子的有机化合物或蛋白,例如黄素氧还蛋白(flavodoxin)就有电子传递的功能;另一类是含有金属离子的金属蛋白,生物体中常见的含金属离子电子传递蛋白有铁硫蛋白(iron-sulfur proteins)、细胞色素(cytochrome,简写 cyt)类蛋白以及含铜的质体蓝素(plastocyanin)和阿祖林(azurin)等。含铜的电子传递蛋白我们将在 3.2.4 中介绍。铁硫蛋白是一类非血红素蛋白,其中研究较多的有红氧还蛋白(rubredoxin,简写 Rd)和铁氧还蛋白(ferredoxin,简写 Fd),前者含有单核铁活性中心$[Fe(cys)_4]$(cys 代表通过侧链上硫负离子与金属离子配位的半胱氨酸),并通过$Fe(II)/Fe(III)$之间的氧化还原反应进行单电子传递,而后者的铁氧还蛋白活性中心中则含有 2Fe2S、4Fe4S 等簇合物(见图 1.6),也是通过簇合物中铁离子价态的变化来进行电子传递。有关铁硫蛋白的详细情况这里不再介绍。下面将以细胞色素 c(cyt c)为例着重介绍血红素类电子传递蛋白。

细胞色素是指存在于细胞、微生物中含有血红素辅基的一类电子传递蛋白。根据所含有的血红素辅基的种类可将天然细胞色素分为细胞色素 a、细胞色素 b、细胞色素 c 等多种类型,它们分别含有血红素 a、血红素 b、血红素 c(图 3.2)等辅基。细胞色素类蛋白中研究最多、了解最清楚的是细胞色素 c 和细胞色素 b5 等。

细胞色素 c 是广泛存在于从细菌、酵母、植物到高等动物和人等所有的原核生物和真核生物中。另外,由于细胞色素 c 的分子量较小,例如马心细胞色素 c 由 104 个氨基酸残基所组成,其相对分子质量为 12400,而且细胞色素 c 类蛋白的结晶性比较好，因此人们对该类蛋白进行了详细而又深入的研究。国内南京大学、复旦大学等单位在细胞色素 c 及其衍生物的溶液结构、细胞色素 c 与其他蛋白（如细胞色素 b5）之间的相互作用方面开展了卓有成效的研究工作。

到目前为止，人们利用 NMR（核磁共振）和 X 衍射单晶结构分析等方法已经得到了多种细胞色素 c 及其衍生物的三维溶液和晶体结构。马心细胞色素 c 的三维空间结构以及血红素铁周围的结构示于图 3.9 中，其二级结构中主要含有 5 条特征的 α 螺旋链而没有 β 折叠结构 [见图 3.9(a)]，另外血红素辅基周围有 1 个由疏水性氨基酸残基组成的疏水腔，该疏水腔被认为在稳定细胞色素 c 的结构以及在细胞色素 c 的电子传递过程中起着重要作用。

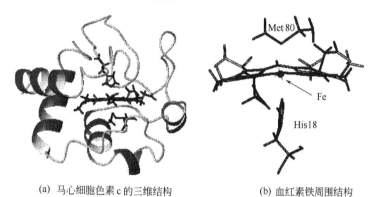

(a) 马心细胞色素 c 的三维结构　　　　(b) 血红素铁周围结构

图 3.9　马心细胞色素 c 与血红素铁的结构

从细胞色素 c 活性中心的结构 [见图 3.9(b)] 中可以清楚地看出铁具有六配位的八面体构型，它除了与血红素辅基的卟啉环中 4 个氮原子配位之外，两个轴向位置分别被来自蛋白链的甲硫氨酸 80(Met 80) 的硫原子和组氨酸 18(His18) 的咪唑氮原子占据。尽管细胞色素 c 和肌红蛋白（血红蛋白）都是血红素蛋白，但是它们在生物体中的功能截然不同，结构上也有很大的不同。细胞色素 c 和肌红蛋白结构上的差别主要表现在：ⅰ. 血红素辅基不同，分别含有血红素 c 和血红素 b 辅基；ⅱ. 血红素辅基与蛋白链之间的连接方式不一样，细胞色素 c 中除了两个轴向配体连接之外，血红素 c 中卟啉环 2 位和 4 位的两个乙烯基还以共价键形式与蛋白链中的两个半胱氨酸（Cys14 和 Cys17）相连接，而肌红蛋白中血红素 b 辅基与蛋白链之间只通过 1 个轴向配体（即近侧组氨酸 F8）连接；ⅲ. 中心铁离子配位环境不同，细胞色素 c 中为饱和的六配位，而肌红蛋白中为不饱和的五配位，余下的 1 个空位用于结合氧分子；ⅳ. 铁离子自旋状态和磁性质不同，细胞色素 c 中不管是氧化型的三价铁还是还原型的二价铁都是低自旋，因此氧化型细胞色素 c 为顺磁性蛋白，还原型则为抗磁性蛋白，而肌红蛋白中的铁只有在结合了氧分子之后，铁离子才为三价低自旋态，而且由于超氧负离子的 π 反键轨道中的 1 个电子与三价低自旋铁离子的 d 轨道中的 1 个电子之间存在相互作用，从而使得氧合肌红蛋白为抗磁性蛋白，在没有结合氧的还原态中二价铁离子则处于高自旋状态，为顺磁性蛋白；Ⅴ.血红素辅基在蛋白链中的排布方式以及血红素辅基中取代基的走向也不一样，例如6，7位的丙酸基在肌红蛋白中处在疏水空腔之外，直接与蛋白周围的水分子相互作用，而在细胞色素c中丙酸基则处于疏水空腔中。

（2）**含铁金属酶——细胞色素 P-450** 上面介绍的血红蛋白、肌红蛋白、细胞色素c等都是含有铁的金属蛋白，除此之外，生物体系中还有多种含铁的金属酶，催化着多种反应，在物质的代谢等过程中起着非常重要的作用。代表性的含铁金属酶列于表3.3中。

表 3.3 几种常见的含铁酶及其主要生物功能

酶的分类	代表性酶	催化的反应[①]
双加氧酶	邻苯二酚氧酶	$SH + O_2 \longrightarrow SO_2H$
单加氧酶	细胞色素 P-450	$SH + O_2 + 2H^+ + 2e^- \longrightarrow SOH + H_2O$
	甲烷单加氧酶	$CH_4 + NADH + H^+ + O_2 \longrightarrow CH_3OH + NAD^+ + H_2O$
过氧化物酶	辣根过氧化物酶	$ROOH + R'H_2 \longrightarrow ROH + R' + H_2O$
过氧化氢酶	过氧化氢酶	$2H_2O_2 \longrightarrow 2H_2O + O_2$
歧化酶	铁超氧化物歧化酶	$2O_2^- + 2H^+ \longrightarrow H_2O_2 + O_2$

① SH：底物分子；NADH：还原型烟酰胺腺嘌呤二核苷酸；NAD⁺：氧化型烟酰胺腺嘌呤二核苷酸。

自然界中许多物质的代谢都涉及与空气中氧分子的反应。其中有一类重要的反应就是氧分子在酶的催化作用下氧化加合到底物分子中去，这一类反应被称之为加氧反应，催化该类反应的酶被称之为加氧酶（oxygenase）。如果是氧分子中两个氧原子中的1个催化加合到底物分子中，而另外1个氧原子则被转换为水分子的反应称为单加氧反应，相应的酶称为单加氧酶（monooxygenase）；若是氧分子中的两个氧原子都加合到底物分子中的反应称之为双加氧反应，相应的酶称为双加氧酶（dioxygenase）。常见的双加氧酶有邻苯二酚氧酶（catechol 1,2-dioxygenase），同位素标记研究结果证实氧分子中的两个氧原子都加入到产物分子中（见图 3.10），从微生物中分离得到的邻苯二酚氧酶中含有两个不同的亚基，总的相对分子质量约为6万，活性中心中含有1个三价铁离子。单加氧酶中的典型代表有甲烷单加氧酶（methane monooxygenase，简称 MMO）和细胞色素 P-450，前者为非血红素蛋白，而后者为血红素蛋白。这里只简单介绍细胞色素 P-450。

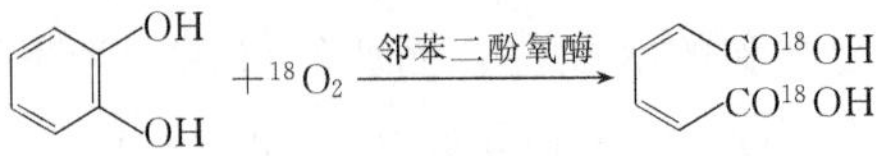

图 3.10 邻苯二酚氧酶的催化反应

细胞色素 P-450 因为在还原状态下其一氧化碳（CO）加合物的特征吸收带出现在450nm附近而得名，其中 P 取自 Pigment（色素）的第一个字母。从表3.3的反应式中可以看出细胞色素 P-450 催化的反应是将底物分子 SH 转变为 SOH，即在底物分子中引入了一个羟基，亦即发生了羟化反应，因此细胞色素 P-450 是一种羟化酶。细胞色素 P-450 显示出非常广的底物分子特异性，包括脂肪环、脂肪链类碳氢化合物以及它们的衍生物、芳香族碳氢化合物及其衍生物等。这些有机化合物由于不溶于水，使得其在体内难以代谢，而在细胞色素 P-450 单加氧酶作用下，使这些难代谢物被羟基化，将其转化成水溶性化合物。再进一步与其他水溶性物结合，代谢后排出体外。很显然这对哺乳动物十分重要。例如，在肝微粒体中已经发现多种细胞色素 P-450，可将外来有毒化合物、污染物等催化氧化成水溶性物种排出体外，从而起到保护机体不受伤害的作用。但是，现在也发现本来没有毒性或毒性较小的化合物经过细胞色素 P-450 催化引入羟基之后反而变成毒性更大的化合物，如致癌物等。

现已证实，细胞色素 P-450 在许多重要的代谢和生物合成反应中起了非常重要的作用。例如，在肾上腺皮质中细胞色素 P-450 参与脂的代谢、胆甾醇的氧化等重要过程。这些反应无论从生理需要，还是从合成、反应机理角度，均具有非常重要的意义。这些反应中的氢供体主要有还原型烟酰胺腺嘌呤二核苷酸（NADH）、还原型烟酰胺腺嘌呤核苷酸磷酸盐（NADPH）、还原型黄素蛋白、抗坏血酸等。根据来源的不同可将细胞色素 P-450 分为 3 类：细菌单加氧酶，最有代表性的是茨酮-5-单氧酶；肾上腺皮质线粒体单加氧酶，催化的底物分子主要有孕甾酮和 11-脱氧皮质甾酮；肝微粒体单加氧酶，催化的底物分子种类较多，包括脂肪族化合物、药物分子等。

在细胞色素 P-450 参与的各种催化羟化反应中，研究最多、了解得最清楚的是茨酮-5-单氧酶（camphor 5-monooxygenase）。反应式如下：

$$\text{O} \diagup\!\!\!\!\diagdown +NADH+H^{+}+O_{2} \xrightarrow{\ \text{P-450}_{cam}\ } \text{O} \diagup\!\!\!\!\diagdown_{OH} +NAD^{+}+H_{2}O$$

在黄素蛋白、铁硫蛋白和细胞色素 P-450 的共同作用下由 NADH 作为氢供体，在樟脑（即 2-茨酮）分子的 5-位上进行立体选择性羟基化反应（只有 5-exo-OH 产物生成），催化该反应的细胞色素 P-450 一般简称为 P-450$_{cam}$。下面我们以此为例来介绍细胞色素 P-450 酶的结构和可能的催化反应机理。

细胞色素 P-450 的结构人们通过 ESR、EXAFS 等多种谱学手段研究得知在其活性中心中含有铁和原卟啉，而且还原型细胞色素 P-450 中铁为高自旋，易与 O_2，CO，CN^- 等分子或离子结合，结合后为低自旋，这一现象类似于肌红蛋白。另外，细胞色素 P-450 也是以血红素 b 为辅基的蛋白，因此它也是 b 类细胞色素中的一种。但是与细胞色素 c、细胞色素 b5 等截然不同的是细胞色素 P-450 在生物体系中并不是一种电子传递蛋白，而是催化某些有机底物分子的加氧反应。这也是由其结构所决定的。如图 3.11 所示，X 衍射晶体结构分析结果显示血红素铁的第五配体是来自于蛋白链上半胱氨酸残基(Cys 357)侧链的硫。氧化型细胞色素 P-450

在没有底物分子存在条件下，第六配体为水分子。当有底物分子进来之后，血红素上方的空间被底物分子所占据。而作为电子传递蛋白的细胞色素 c 中铁是配位饱和的六配位。值得一提的是，从图 3.11 可以清楚地看出底物分子并没有与血红素铁直接配位，这也说明在金属酶催化的反应中并不一定需要底物分子与活性中心中的金属离子之间有直接的结合。

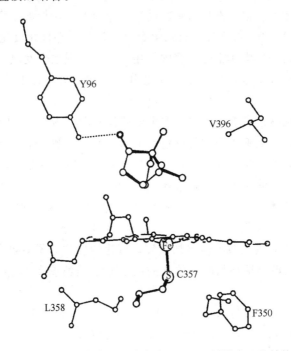

图 3.11　2-茨酮存在下细胞色素 P-450$_{cam}$活性中心的结构

　　细胞色素 P-450 催化羟化的反应机理一直是人们非常感兴趣的问题，并为此进行了大量的工作，已经积累了很多数据，目前已经知道大概的、可能的反应过程（机理），见图 3.12。但是还有许多细节问题，其中包括哪一步是速率决定步骤等，还需要进一步研究。

3.2.3　锌酶

　　从表 3.1 中可以看出，在生物体内锌离子的含量仅次于铁，在微量必需元素中位居第二。锌离子具有如下的特性：良好的 Lewis 酸性；本身没有氧化还原活性（d^{10}电子结构）；良好的溶解性；毒性低等。因此，锌在生物体内的分布和作用范围都很广，目前已经知道的氧化还原酶、转移酶、水解酶、异构化酶、裂解酶和连接酶中均发现有含锌的酶存在。在这些金属酶中，锌一般都位于其活性中心，但是有的直接参与酶的催化反应，有的则不直接参与，而是起到稳定结构等其他作用，例如醇脱氢酶中的锌就是如此。一些常见的含锌酶列于表 3.4 中，其中研究最多的是碳酸酐酶、羧肽酶、碱性磷酸酯酶等。

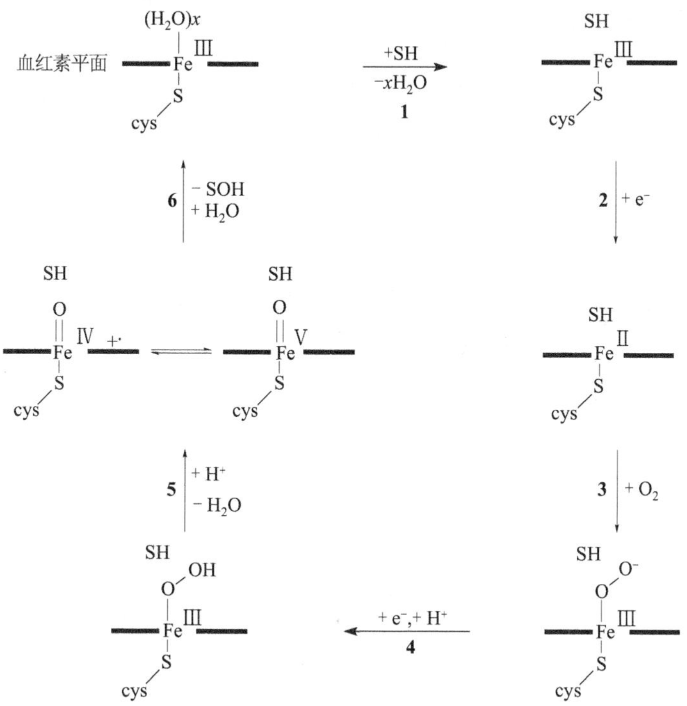

图 3.12　细胞色素 P-450 催化反应机理

表 3.4　一些常见的含锌酶

酶	相对分子质量	锌原子数	来源	生物功能
碳酸酐酶	28000～30000 140000～180000	1Zn 6Zn	哺乳动物红细胞 植物	CO_2 的可逆水合
羧肽酶	34000～36000	1Zn	哺乳动物胰脏	肽链 C-端氨基酸水解
氨肽酶	300000	4～6Zn	猪肾	肽链 N-端氨基酸水解
嗜热菌蛋白酶	35000	1Zn		肽键水解
碱性磷酸酯酶	89000	4Zn	大肠杆菌	磷酸单酯水解
醇脱氢酶	8000	4Zn	马肝	氧化醇到醛

（1）碳酸酐酶　1933 年发现了能够催化 CO_2 可逆水合的酶，被命名为碳酸酐酶（carbonic anhydrase，简写 CA），1940 年确定其中含有锌，而且证实锌在该酶的催化过程中是不可缺少的。碳酸酐酶广泛存在于绝大多数生物体内，研究最多的是从人和牛的红细胞中获得的碳酸酐酶。

$$CO_2 + H_2O \Longrightarrow HCO_3^- + H^+$$

上式 CO_2 水合反应（即向右的反应）的速率在有碳酸酐酶催化 pH＝9，25℃条件下约为 $10^6\,M/s$，而在没有酶存在条件下只有 $7.0 \times 10^{-4}\,M/s$，由此可见碳酸酐酶催化极大地提高了 CO_2 水合反应的速率。

从碳酸酐酶的晶体结构中可以看出整个蛋白链折叠成椭球状，其二级结构中主要为 β 折叠片，但也有部分的 α 螺旋 [见图 3.13(a)]。活性中心中含有 1 个锌离子，与来自蛋白链中 3 个组氨酸的咪唑氮原子配位，另外还有 1 个配位水分子，这样锌离子的配位环境为 N_3O 的扭曲四面体 [见图 3.13(b)]。

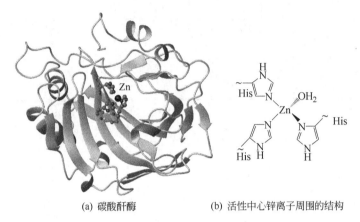

(a) 碳酸酐酶   (b) 活性中心锌离子周围的结构

图 3.13 碳酸酐酶及活性中心锌离子周围的结构

从上面的结构描述中可以看出，碳酸酐酶活性中心的结构并不复杂，但是却有很高的活性。有了结构之后人们更多的是关心其结构与功能之间的关系以及催化反应机理。为此，化学家们开展了一系列的研究工作，其中包括对天然碳酸酐酶进行改造和设计合成模型化合物（碳酸酐酶的模拟研究见 3.3.1）等研究。这里介绍一个用二价钴取代天然碳酸酐酶中锌的研究工作。

由于含二价锌的酶和蛋白为无色的，因此难以用谱学的方法对其进行深入的研究。为此，人们就采用化学的方法将天然碳酸酐酶中的锌离子置换为其他的金属离子。研究较多的是二价钴取代的碳酸酐酶 [Co(Ⅱ)-CA]，这是因为四配位高自旋的二价钴有与天然碳酸酐酶中锌离子相似的扭曲四面体的配位构型。但是二价钴（d^7）有较为丰富的谱学性质，因此可以用来取代锌离子作为金属酶或蛋白的谱学探针。具体做法是先用化学的方法除去天然碳酸酐酶中的锌离子得到脱辅基蛋白（apo-protein），然后再将二价钴离子结合到脱辅基蛋白中从而得到钴取代的碳酸酐酶 [Co(Ⅱ)-CA]。

$$\text{碳酸酐酶 CA} \xrightarrow{-Zn^{2+}} \text{脱辅基蛋白(apo-protein)} \xrightarrow{+Co^{2+}} Co(Ⅱ)\text{-CA}$$

实验结果证实在钴取代碳酸酐酶中 Co(Ⅱ) 确实占据了原来 Zn(Ⅱ) 的位置，而且整个酶保持了原来锌酶的基本结构。从而为用谱学方法研究钴取代碳酸酐酶提供了基础。例如，通过测定不同 pH 值下钴取代碳酸酐酶的紫外可见（UV-vis）光谱，可以推测在不同 pH 值条件下 Co(Ⅱ) 的配位环境以及与Co(Ⅱ)配位的物种等。结果显示在低 pH 值（酸性）时，Co(Ⅱ) 趋向于五配位，当体系 pH 值逐渐升高，碱性逐渐增强时，就会失去 1 个配位水分子Co(Ⅱ) 变为四配位，当达到一定的 pH 值时与 Co(Ⅱ) 配位的水分子会失去 1 个质子（H^+）形成 Co-OH$^-$ 物种。失去质子时的 pH 值的大小即反映了与 Co(Ⅱ) 配位的水分子的 pK_a 的大小。该过程简单表示于图 3.14 中。

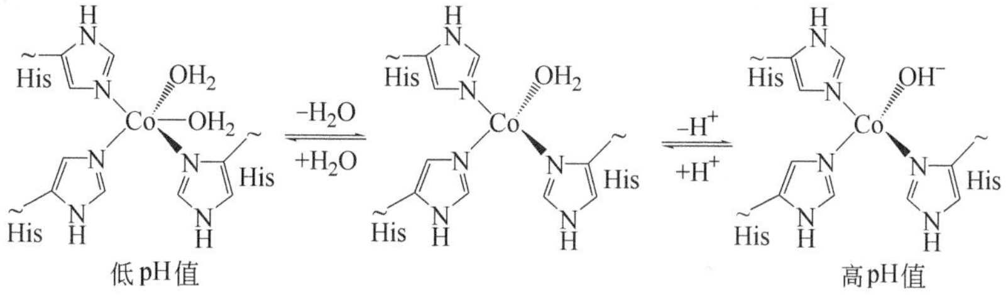

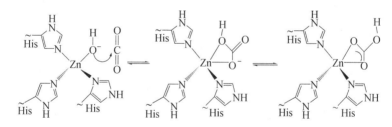

图 3.14　钴取代碳酸酐酶中 Co(Ⅱ) 的配位环境及物种随 pH 值变化

从该金属离子取代研究结果推测在碳酸酐酶催化 CO_2 可逆水合的反应中活性物种为 Zn-OH$^-$，从而为探索碳酸酐酶催化反应机理提供了依据。现在已经研究证实天然碳酸酐酶中与 Zn(Ⅱ) 配位的水分子的 pK_a 约为 7，即在几乎中性条件下即可发生 Zn-OH$_2$ $\longrightarrow$ Zn-OH$^-$ ＋H$^+$，也就是说，碳酸酐酶中由于锌离子的参与，从而大大降低了配位水分子的 pK_a。

现在一般认为在碳酸酐酶催化 CO_2 可逆水合的反应过程中首先就是锌-羟基（Zn-OH$^-$）活性物种进攻 CO_2 中的碳原子，形成并经过图 3.15 所示的中间体之后，脱去 HCO_3^- 离子，同时锌再结合一个水分子，从而完成一个催化循环。

图 3.15　碳酸酐酶催化 CO_2 可逆水合的反应中间体

（2）羧肽酶　在生物体系中催化水解蛋白链的酶主要分为 2 种，即催化水解蛋白链 C 末端氨基酸残基的羧肽酶（carboxypeptidase，简称 CP）和断裂蛋白链 N 末端肽键的氨肽酶（aminopeptidase）。其中研究较多的是羧肽酶，其催化的反应表示如下：

$$R—CO—NH—CHR'—CO_2^- + H_2O \Longrightarrow R—CO_2^- + NH_3^+—CHR'—CO_2^-$$

其中如果 R' 中含有芳香基团，即被水解肽链的 C-末端为含芳香基的残基，选择性催化水解这类反应的酶则被称为羧肽酶 A(CP-A)；而如果 R' 为碱性基团，则称之为羧肽酶 B(CP-B)。羧肽酶在催化水解蛋白链时必须做到：ⅰ. 促进亲核试剂对肽键中羰基的亲核进攻；ⅱ. 稳定由对羰基碳进行亲核进攻产生的中间体或过渡态；ⅲ. 稳定酰胺的氮原子，使之成为合适的离去基团，从而断裂 OC-NH 肽键。

羧肽酶 A 是目前研究最多，了解最清楚的羧肽酶。来自牛胰腺的羧肽酶 A 的结构示于图 3.16 中，蛋白链由 307 个氨基酸残基组成，并含有一个单核锌的活性中心，其中锌离子为五配位，两个氮原子来源于蛋白链中组氨酸残基，另外谷氨酸（Glu）残基侧链上的羧酸根以双齿形式与锌离子配位，除此之外还有 1 个配位水分子［见图 3.16(b)］。

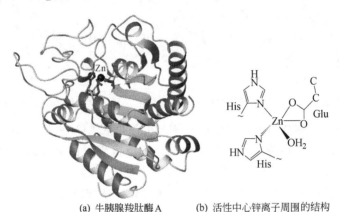

(a) 牛胰腺羧肽酶 A   (b) 活性中心锌离子周围的结构

图 3.16 牛胰腺羧肽酶 A 及活性中心锌离子周围的结构

比较碳酸酐酶和羧肽酶的结构可以看出，二者结构的不同，其中包括蛋白链结构和活性中心锌离子周围结构的不同，导致这两种酶在生物体系中有完全不同的功能。在羧肽酶 A 的活性中心中除了有 1 个含有锌离子的催化反应中心之外，还有 1 个较大的疏水口袋（hydrophobic pocket），从而有利于 C-末端为含芳香基残基的肽链（底物分子）结合到催化反应活性中心。因此，羧肽酶 A 可以选择性地水解断裂 C-末端为含芳香基残基的肽链。另外，与锌离子配位的水分子直接进攻肽键，一方面由于锌离子的参与大大降低了配位水分子的 pK_a，另一方面活性中心附近的另 1 个未与锌配位的谷氨酸在催化反应过程也起着非常重要的作用。

（3）碱性磷酸酯酶 上面介绍的碳酸酐酶和羧肽酶 A 等都是活性中心中只含有 1 个金属锌离子。在生物体系中除了这些单核金属酶之外，还有一些酶在其活性中心中含有两个或两个以上的金属离子。碱性磷酸酯酶（alkaline phosphatase，简称 AP）就是其中的一个。

碱性磷酸酯酶广泛存在于从细菌到高等动物的各种生物体中，是迄今为止了解最多的双核金属水解酶。它的生物功能主要是催化磷酸单酯水解产生醇或酚和游离的磷酸根离子（见图 3.17）。

$$E + R{-}OPO_3^{2-} \longrightarrow E \cdot R{-}OPO_3^{2-} \xrightarrow{\ {-}RO^-\ } [E{-}PO_3]^{2-} \longrightarrow E + HPO_4^{2-}$$
$$\underset{OH}{|}$$

图 3.17 碱性磷酸酯酶催化水解磷酸单酯反应

该酶的催化反应活性与体系的 pH 值有关，正如其名称中所反映的一样，在碱性（pH 值约为 8）条件下其催化活性最佳。从大肠杆菌中分离得到的碱性磷酸酯酶（E. coli AP）的分子量为 94kDa，是由两个亚基组成的二聚体，每个亚基的活性中心中包含两个锌离子和 1 个镁离子。Zn(Ⅱ) 与 Zn(Ⅱ) 之间的距离约为 0.4nm，而 Mg(Ⅱ) 距双核锌活性部位 0.5～0.7nm（见图 3.18）。

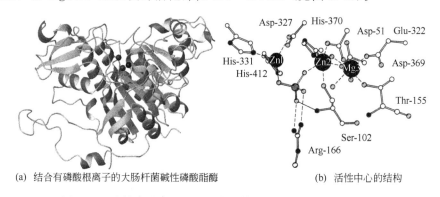

(a) 结合有磷酸根离子的大肠杆菌碱性磷酸酯酶   (b) 活性中心的结构

图 3.18　碱性磷酸酯酶的 X 衍射晶体结构及其活性中心的结构

金属离子取代等实验结果表明碱性磷酸酯酶中锌离子对催化反应活性是必需的。例如，如果用 Co(Ⅱ) 取代碱性磷酸酯酶中的 Zn(Ⅱ) 发现其催化反应活性只有原来的 30%，而用 Cd(Ⅱ) 或 Mn(Ⅱ) 取代 Zn(Ⅱ) 后的碱性磷酸酯酶的催化反应活性则更要低得多。这些差别可能是由于 Zn(Ⅱ)、Co(Ⅱ)、Cd(Ⅱ)、Mn(Ⅱ) 等金属离子的 Lewis 酸性不同，以及这些金属离子与底物分子、反应中间体等物种的结合能力不同等因素造成的。而碱性磷酸酯酶中的镁离子则主要起到结构上的作用，对催化反应活性没有太大的影响。

从结合有磷酸根离子的大肠杆菌碱性磷酸酯酶的高分辨 X 衍射晶体结构分析结果（见图 3.18）可以看出，活性中心中两个锌离子的配位环境是不一样的。两个锌离子通过磷酸根离子的两个 O 原子桥联在一起。而在没有结合磷酸根离子的天然碱性磷酸酯酶中，两个锌离子之间没有桥联基团。其中 Zn1 中磷酸根离子 O 的位置被 1 个水分子占据；而 Zn2 中磷酸根离子 O 的位置则被丝氨酸（Ser102）侧链上的 O 所占据。正是由于 Ser102 的氧原子与 Zn2 之间有配位作用，在 Zn2 的作用下 Ser102 侧链中 OH 的 pK_a 下降至 7.0 左右。也就是说在几乎中性条件下，与 Zn2 配位的 Ser102 即可脱质子生成亲核进攻活性基团锌-烷氧基（Zn-alkoxide）负离子。

目前，推测的碱性磷酸酯酶催化磷酸单酯水解的可能机理示于图 3.19 中。结合图 3.17 和图 3.19 可以看出，磷酸单酯的水解分为两步。第一步是锌-烷氧基负离子进攻酶-底物结合形成的复合物（E·ROP$_3^{2-}$）中的 P 原子，并在 Zn1 作用下削弱与其配位的 O 和 P 之间的键，从而使 RO$^-$ 离去，并形成磷脂-丝氨酸中间体，磷酸酯完成第一步水解；第二步由配位于 Zn1 上的水分子脱质子形成的亲核基团锌-羟基（Zn-hydroxide）负离子进攻磷脂-丝氨酸中间体，导致磷脂-丝氨酸之间的 P-O 键断裂，从而生成无机磷酸根离子，完成第二次水解。

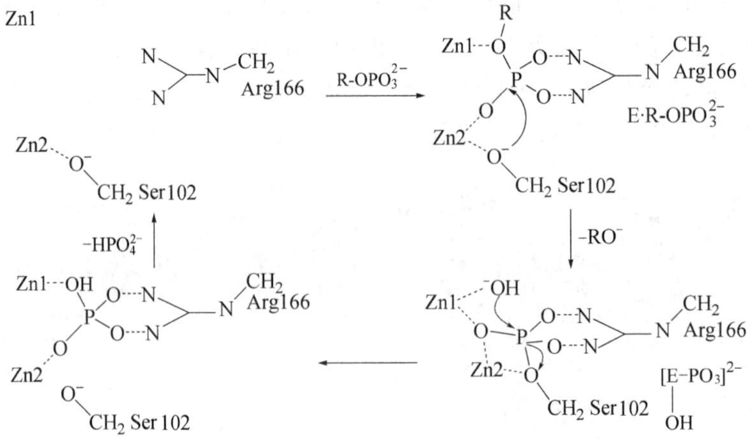

图 3.19　碱性磷酸酯酶催化水解磷酸单酯反应的可能机理

上面的催化反应过程说明碱性磷酸酯酶活性中心附近的丝氨酸通过与锌配位，提供亲核性很强的锌-烷氧基负离子，因此在催化反应过程中起着非常重要的作用。为了进一步证实丝氨酸的亲核进攻作用，有人用基因定点突变的办法，用亮氨酸（Leu）或丙氨酸（Ala）取代丝氨酸 102，结果发现催化反应活性降低了很多，表明丝氨酸在催化反应过程中确实起着重要作用。另外，从图 3.19 中可以看出精氨酸（Arg166）在底物分子与酶的结合以及在稳定反应中间体等方面起着重要的作用。

3.2.4　铜蛋白和铜酶

含铜的金属蛋白和金属酶也广泛存在于生物体中。一方面铜的含量较高，在微量必需元素中仅次于铁和锌，另一方面铜与铁一样具有可变化合价，因此在生物体中可以参与电子传递、氧化还原等一系列过程。一般将铜蛋白和铜酶中所含的铜根据其不同的谱学性质分为 3 类，即所谓的 I 型（type I）铜、II 型（type II）铜和 III 型（type III）铜。将在 600nm 附近有非常强的吸收，而且其超精细偶合常数很小的铜蛋白中所含的铜称为 I 型铜。而将具有与一般铜配合物相似的吸收系数和超精细偶合常数的铜蛋白中所含的铜称为 II 型铜。同时含有两个铜离子，而且两个铜离子之间有反铁磁性相互作用，并在 350nm 附近有强吸收峰的铜称为 III 型铜。有的蛋白或酶中只含有一种类型的铜，而有的蛋白或酶中则同时含有多种不同类型的铜，例如，抗坏血酸氧化酶中同时含有 I 型铜、II 型铜和 III 型铜，这种蛋白一般称之为多铜蛋白。下面通过具体的例子分别介绍 3 种不同类型的铜蛋白和铜酶。

（1）质体蓝素——I 型铜　代表性 I 型铜蛋白有质体蓝素（plastocyanin）和阿祖林（azurin）。由于该类蛋白通常呈深蓝色，因此通常也被称为蓝铜蛋白（blue copper protein）。实际上这些只含有 I 型铜的蛋白在生物体系中都起着电子传递的作用。

质体蓝素存在于植物和藻类的叶绿体中，被认为在光合作用中进行电子传递。质体蓝素的相对分子质量约为 11000，氧化还原电位为 370mV 左右。在蛋白的 X 衍射晶体结构报道之前，人们利用多种谱学方法推测在质体蓝素活性中心的铜处于变形的四面体配位构型中，且有含氮和含硫 2 种配位原子。后来的 X 衍射晶体结构分析结果证实这些推测都是正确的，而且也更加确切地知道了质体蓝素的三维空间结构，氧化型质体蓝素及其铜活性中心的结构示于图 3.20 中。

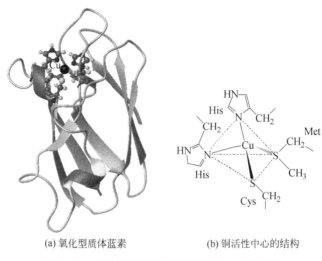

(a) 氧化型质体蓝素　　　　　　　(b) 铜活性中心的结构

图 3.20　氧化型质体蓝素及铜活性中心的结构

Ⅰ型铜蛋白在结构上有以下特点：含铜活性中心位于蛋白的一端，铜离子距离蛋白表面约 0.8nm；蛋白链在空间折叠成 8 条链，其中 7 个为 β-折叠片，另一个为可变区域；3 个含配位原子的氨基酸残基 Cys、His 和 Met 在一级结构上相距很近，Cys-X_n-His-X_m-Met，并靠近蛋白链的 C 末端，n 和 m 随蛋白来源的不同而变化，质体蓝素中 $n=2$，$m=4$；其中一个 His 和 Cys 附近有疏水氨基酸残基参与的氢键存在，使得 His 和 Cys 相互靠近并共同配位于同一个铜原子上，另一个 His 相距较远，埋于蛋白链的内部；C 端 His 残基靠近蛋白表面，周围是疏水环境，被认为是Ⅰ型铜蛋白的电子传递部位；半胱氨酸侧链上的硫原子与蛋白主链上酰胺 NH 之间形成 1 个或 1 个以上的 NH····S 氢键。

Ⅰ型铜蛋白的谱学特征主要有：在 590～625nm 范围内有很强的 LMCT(ligand-metal charge transfer，即由配体到金属的电荷跃迁) 吸收，摩尔吸收系数为 3000～5000$M^{-1}cm^{-1}$；电子自旋光谱（ESR）中，由铜的核自旋引起的超精细偶合常数非常小（0.003～0.009cm^{-1}），这是由于 Cu-S(Cys) 键的共价性较大、Cu-S 键长较短所造成的；与一般铜配合物的氧化还原电位（约 160mV）相比，Ⅰ型铜蛋白的氧化还原电位都比较高（200～700mV）。从已经报道的Ⅰ型铜蛋白的晶体结构中可以看出，Ⅰ型铜蛋白中铜的配位环境为 N_2SS^*，即两个组氨酸侧链上的咪唑氮原子、1 个半胱氨酸侧链上的硫原子和 1 个甲硫氨酸侧链上的硫原子参与与铜的配位，形成一个扭曲的四面体结构。但是在阿祖林（azurin）的活性中心中，两个组氨酸的咪唑氮原子和 1 个半胱氨酸硫原子形成一个三角形，甲硫氨酸上的硫原子和 1 个蛋白链中的酰胺氧原子分别从三角形的两边与中心铜离子有弱配位作用。

（2）铜锌超氧化物歧化酶——Ⅱ型铜　活性中心中只含有Ⅱ型铜的蛋白有铜锌超氧化物歧化酶（supraoxide dismutase，SOD）和半乳糖氧化酶（galactose oxidase）。这里只简单介绍前者。

在氧分子代谢过程中，作为不完全代谢产物或副产物，会产生对生物体有害的超氧负离子和过氧负离子。由于这些物种的反应活性非常大，对生物体有害，因此有必要及时、有效地清除这些活性物种。生物通过长期的进化已经形成了自己的防御体制，超氧化物歧化酶就可以有效地催化分解超氧负离子，从而起到保护生物体的作用。超氧化物歧化酶催化以下反应：

$$2O_2^- + 2H^+ \xrightarrow{\text{SOD}} O_2 + H_2O_2$$

上述反应中生成的过氧化氢将在过氧化氢酶的作用下发生进一步反应，消除其毒性。到目前为止已经知道的超氧化物歧化酶有4种：铜锌超氧化物歧化酶（Cu_2Zn_2-SOD）、锰超氧化物歧化酶（Mn-SOD）、铁超氧化物歧化酶（Fe-SOD）和镍超氧化物歧化酶（Ni-SOD）。Mn-SOD和Fe-SOD由分子量为18～22kDa的两个或4个亚基组成，每个亚基中含有1个金属离子，多见于微生物中。但是研究最多、了解最清楚的还是从真核生物中分离得到的Cu_2Zn_2-SOD，哺乳类动物的超氧化物歧化酶主要存在于肝脏、血液细胞、脑组织等地方。它与超氧负离子的反应非常快（约$2 \times 10^9 \text{L} \cdot \text{mol}^{-1} \cdot \text{s}^{-1}$），可以有效地去除超氧负离子，是一种很好的抗氧化剂，从而起到防衰老、抑制肿瘤发生等作用。

1938年发现铜锌超氧化物歧化酶，但是直到1969年才知道其生物活性。Cu_2Zn_2-SOD中含有两个相同的亚基，其中每个亚基中含有1个铜和1个锌离子。两个亚基之间主要是通过非共价键的疏水作用缔合在一起。图3.21显示了牛红细胞铜锌超氧化物歧化酶的整体结构及其活性中心结构。

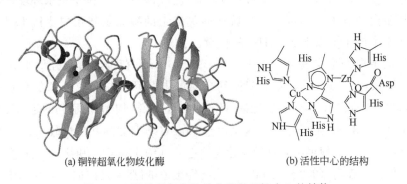

(a) 铜锌超氧化物歧化酶　　　　(b) 活性中心的结构

图3.21　铜锌超氧化物歧化酶及活性中心的结构

从上述晶体结构中可以看出铜锌超氧化物歧化酶结构具有以下特点：每1条蛋白链中的二级结构主要为β-折叠和β-转角，而α-螺旋结构含量很少；每1个亚基中的铜离子和锌离子之间的距离为0.67nm，通过一个组氨酸侧链上的咪唑基团桥联在一起；每个铜离子周围与四个组氨酸侧链上的咪唑氮原子有配位作用，形成一个变形的四边形结构，而且 ESR 等研究已经证实另外还有 1 个水分子配位于铜离子，即铜离子为五配位的变形四方锥构型；锌离子为变形四面体配位构型，其中 3 个来源于组氨酸侧链上的咪唑氮原子，另 1 个是天冬氨酸的羧酸根氧原子。在铜部位周围有侧链上带电荷的氨基酸残基存在，如赖氨酸、谷氨酸、精氨酸等，而且推测这些带电荷的氨基酸残基可能与超氧负离子进入到铜部位发生歧化反应有关。

（3）血蓝蛋白——Ⅲ型铜　血蓝蛋白是一种氧载体，存在于蜗牛、章鱼等甲壳类和软体类动物的血液中。分子量特别大，一个亚基的相对分子质量约为 46 万，而血蓝蛋白中的亚基数可变，与其来源有关，不同来源的血蓝蛋白含有的亚基数不同。正因为分子庞大，因此高精度的 X 衍射晶体结构难以得到。*Panulitrus inter-ruptus* 中分离出的血蓝蛋白在脱氧状态（还原态）下的晶体结构已经报道（见图3.22），从中可以看出在每个亚基的活性中心中含有两个一价铜离子，每个铜离子与 3 个组氨酸侧链上的咪唑氮原子配位，两个铜离子和 4 个组氨酸侧链上的咪唑氮原子（His194，His198，His344 和 His348）基本上位于同一平面，His224、His384 呈反式分别与两个铜离子形成弱配位。两个铜离子之间未发现桥联配体。

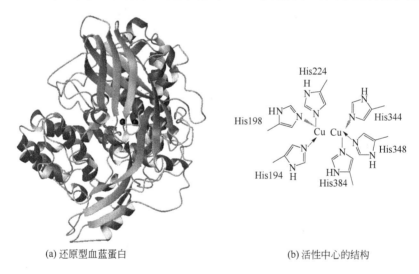

(a) 还原型血蓝蛋白　　　　　　　　　(b) 活性中心的结构

图 3.22　还原型血蓝蛋白及活性中心的结构

在氧合血蓝蛋白（氧化态）的 X 射线晶体结构报道之前，人们利用圆二色谱、共振拉曼光谱等多种谱学方法研究、推测氧合血蓝蛋白的结构及氧分子与血蓝蛋白的结合方式。氧合以后尽管铜为二价 $3d^9$ 构型，但是由于两个二价铜离子之间存在着很强的反铁磁性相互作用，以至于在室温条件下，该双铜活性中心呈现抗磁性。共振拉曼光谱研究发现氧分子结合到血蓝蛋白以后，其 O-O 伸缩振动在 $750cm^{-1}$，表明氧以过氧负离子状态存在，而且 $^{16}O—^{18}O$ 双同位素标记研究结果显示$^{16}O—^{18}O$ 结合到血蓝蛋白以后只观测到一种 O-O 伸缩振动，因此推测氧合血蓝蛋白活性中心的结构为（μ-过氧基）双铜结构。后来的模型化合物研究（详见 3.3.2 的模型研究）发现具有 μ-η^2：η^2-过氧基结构的双核铜配合物的谱学性质与氧合血蓝蛋白的谱学性质非常相似。说明天然血蓝蛋白在氧合以后可能具有同样的 μ-η^2：η^2-过氧基结构，这一推测被后来报道的氧合血蓝蛋白 X 衍射晶体结构证实是正确的。值得一提的是在血红蛋白、肌红蛋白中 1 个金属离子结合 1 分子氧，而在血蓝蛋白的活性中心中每两个铜离子结合 1 个氧分子。

3.2.5 含钼酶和含钴辅因子

上面介绍了含铁、锌和铜的金属酶、金属蛋白，从中可以看出作为微量必需元素这几种金属元素在生物体内不但含量较多，而且分布也较广，都起着多种不同的作用。除此之外，还有一些金属元素在生物体内尽管含量不高，但是也起着重要的作用。下面介绍含 Mo 金属酶和含 Co 的辅因子。

（1）含钼酶——固氮酶 钼是生物必需元素中为数不多的第二过渡系元素之一。钼在生物体内的含量虽然不高，但是涉及含钼酶的催化反应却不少，其中最主要的就是生物固氮，此外还有亚硫酸盐氧化酶、黄嘌呤氧化酶、硝酸盐还原酶等涉及氧原子转移的反应。目前已知的钼酶具有以下特点：ⅰ. 由于钼可以有多种不同的价态，常见的有Ⅳ、Ⅴ和Ⅵ价，因此与钼有关的金属酶均与电子传递、氧化还原反应有关；ⅱ. 钼酶的组成复杂，有的钼酶中除了含钼辅基之外，还含有诸如铁硫蛋白之类的电子传递体等，而且有的活性中心部位是由钼与其他金属元素共同组成，例如下面将要介绍的固氮酶活性中心就是由钼和铁组成的辅因子，并含有铁硫簇合物作为电子传递体；ⅲ. 正因为组成复杂，因此钼酶一般分子量较大，难以分离和纯化。尽管近年来在钼酶研究方面有了许多突破性进展，但是与前面介绍金属酶、金属蛋白相比，至今人们对钼酶的了解仍很有限。这里只简单介绍近年来固氮酶方面研究的最新进展。

固氮酶（nitrogenase）就是在常温常压条件下能够催化氮分子还原为氨的反应：

$$N_2 + 6H^+ + 6e^- \longrightarrow 2NH_3 \qquad (3.1)$$

该反应具有非常重要的意义，它将不能被生物体利用的无机 N_2 转化为可被生物体利用的 NH_3 分子，从而一方面可以为生物体内的氨基酸、蛋白质、核酸等含氮成分提供氮源，另一方面，生物固氮可以提供植物所需的氮肥，而目前工业上的合成氨需要在高温高压等苛刻条件下进行，不仅消耗大量的石油、煤炭等能源，而且又污染环境。因此，人们期望能在温和条件下模拟生物固氮达到合成氨的目的，这就极大地推动了固氮酶及其相关领域的研究工作。尽管到目前为止尚未能够实现人工固氮的目标，但是无论是天然固氮酶本身的研究，还是模拟固氮酶的研究都已经取得了可喜的进展。

实际上早在 19 世纪后期人们就已经发现了生物固氮的现象，但是直到 20 世纪 60 年代人们才开始从分子水平上研究固氮酶。如前所述，由于固氮酶的分子量大、组成复杂等原因，科学家们在相当长的时间内未能确定固氮酶的确切组成和精确结构，只是知道其中含有起电子传递作用的铁硫簇合物和起活化、还原底物分子作用的含钼、铁硫簇合物。在进行天然固氮酶研究的同时，人们（主要是化学家们）根据已有的信息开始了模拟研究，设计合成了大量的、各种各样的铁硫簇合物和含杂原子的铁硫簇合物，有效地促进和推动了簇合物化学的研究和发展。有趣的是虽然在天然固氮酶的活性中心中发现含有钼原子，但是实际上后来的研究发现钼对固氮过程并不是必需的，也就是说没有钼存在固氮过程也可以发生。现在已经知道的除了钼固氮酶之外，还有钒固氮酶和铁固氮酶。它们有相近的组成和结构，虽然都可以催化氮分子还原到氨的反应，但是催化效率并不一样，以钼固氮酶的催化效果为最佳。一般所说的固氮酶都是指钼固氮酶。

目前已有多种固氮酶得到分离、提纯，发现它们均含有铁蛋白和钼铁蛋白两个组分，图 3.23 中给出了固氮酶的组成示意图。铁蛋白是由两个亚基组成的二聚体，相对分子质量约为 6 万，其中没有钼但含有 4 个铁及与铁等量的无机硫（S^{2-}），以类立方烷型的 Fe_4S_4 簇（见图 1.6）的形式存在，该 Fe_4S_4 簇位于两个亚基间的界面之间，并通过每 1 个亚基蛋白链上的两个半胱胺酸侧链上的巯基与 Fe_4S_4 原子簇中的铁配位连接在一起。铁蛋白在固氮酶中作为电子传递体把电子转移给钼铁蛋白；钼铁蛋白，相对分子质量在 23 万左右，一般由 $\alpha_2\beta_2$ 4 个亚基组成。钼铁蛋白的生物功能是结合、活化并还原底物分子。这一过程需要消耗能量，现已证实所需能量由 MgATP 分子水解为 MgADP 提供，由式（3.2）可以看出每 1 个电子传递到底物分子伴随着两个 MgATP 分子的水解。值得注意的是固氮酶在催化氮分子还原为氨的反应中，随着催化反应温度和蛋白比例等条件的不同，催化效率是不一样的。而且，即使是在最合适的条件下，固氮酶将每 1 个氮分子还原为两分子氨的同时还会还原两个质子（H^+）并释放出 1 分子的氢气，所以该反应是 8 电子还原反应，而不是式（3.1）中所示的简单的 6 电子反应。固氮酶催化的氮分子还原为氨的反应可表示如下：

$$N_2+8H^++8e^-+16MgATP+16H_2O \longrightarrow 2NH_3+H_2+16MgADP+16Pi \qquad (3.2)$$

其中 ATP 和 ADP 分别为三磷酸腺苷和二磷酸腺苷，Pi 为无机磷酸根离子。

钼铁蛋白的结构一直是天然固氮酶研究中的核心和热点。一方面它是催化反应

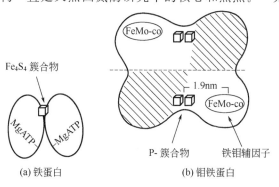

图 3.23　固氮酶的组成

的活性中心所在，另一方面是因为它结构复杂，尽管有多种结构模型，但是科学家们一直未能得到其确切结构。直到 20 世纪 90 年代初，Kim 和 Rees 等人报道了固氮酶中钼铁蛋白的 X 衍射晶体结构，其分辨率为 0.22～0.27nm，至此才基本上确定了钼铁蛋白的三维骨架结构。结果发现每一个钼铁蛋白分子中含有两个钼和 30 个铁。这些金属离子分布在两种簇合物中，其中一种被称之为 P-簇合物（P-Cluster），另外一种为铁钼辅因子（FeMo-cofactor，简写 FeMo-co），1 个钼铁蛋白分子中有两个 P-簇合物和 2 个铁钼辅因子。如图 3.23(b) 所示，P-簇合物处于 α 和 β 两个亚基之间的界面上，它在固氮酶催化反应过程中也是起电子传递的作用，在铁蛋白和铁钼辅因子之间进行电子传递。而铁钼辅因子则处在 α 亚基中，它是真正的催化反应活性中心。P-簇合物和铁钼辅因子之间中心到中心的距离约为 1.9nm，而边到边的最短距离约为 1.4nm。下面我们分别看一下 P-簇合物和铁钼辅因子的结构。

在早期分辨率较低的 X 衍射晶体结构中并未能完全确定 P-簇合物的结构，因此存在不同的说法，其中有代表性的是分别由 Rees 和 Bolin 提出的两种结构。后来有了高分辨率的 X 衍射晶体结构才确定了 P-簇合物的结构。图 3.24 中给出了 P-簇合物的结构。从图中可以看出，还原态的 P-簇合物可以看成是由两个 Fe_4S_4 簇通过 1 个共用无机硫连接起来的组成为 Fe_8S_7 铁硫簇合物，P-簇合物通过与来自 α 和 β 两个亚基蛋白链的半胱氨酸巯基的配位作用结合到钼铁蛋白中，每个亚基提供

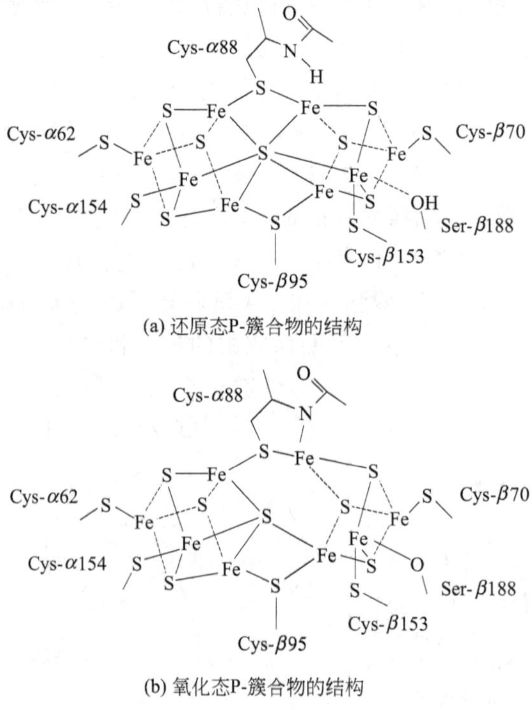

(a) 还原态P-簇合物的结构

(b) 氧化态P-簇合物的结构

图 3.24　P-簇合物结构示意

3个半胱氨酸，其中有1个以桥联形式连接两个铁原子［见图3.24(a)］。还原态的P-簇合物经双电子氧化后转变为氧化态的P-簇合物。从氧化态P-簇合物的结构［见图3.24(b)］可以看出，原来在还原态时连接6个铁原子的无机硫在氧化态时只连接4个铁，即有两个Fe-S键在氧化后发生了断裂，取而代之的是1个来自α亚基的桥联半胱氨酸残基（Cys-α88）的酰胺氮参与了与铁的配位，另外在还原态时没有参与配位的丝氨酸残基（Ser-β188）与另1个铁发生了配位。由于P-簇合物中铁的价态的变化Fe$_8$S$_7$簇的磁性质也随之发生变化，还原态为抗磁性，S＝0，而氧化态时为顺磁性，S很可能为4。

铁钼辅因子的结构也是随着X衍射晶体结构分辨率的提高而逐步明确。2002年，Rees及其合作者们报道了分辨率为0.116nm的高精度钼铁蛋白的最新晶体结构。虽然MoFe$_7$S$_9$簇的骨架结构与此前报道的分辨率为0.22nm的一样（见图3.25）。但是，高分辨率的结果表明在MoFe$_7$S$_9$簇的中心还有一个以前分辨率为0.22nm时未能观测到的较轻的桥联原子，即图3.25(b)中的X，而且认为X很可能是C、N或O原子。这一发现，其意义重大。因为在此之前的研究认为两个立方烷型单元［Fe$_4$S$_3$］和［Fe$_3$MoS$_3$］之间的6个铁原子只是通过3个无机硫桥联在一起，这样的话这6个铁原子均为配位不饱和的三配位，为此人们一直努力合成具有三角锥配位构型的含有三配位铁的模型化合物。而现在的最新结构中，因为有了中心配位原子X，使得6个铁原子为配位饱和的四配位，配位方式为FeS$_3$X。从而也为以后的模拟研究提供了有用的结构信息并指明了方向。除了这6个铁原子之外，还有一个处于［Fe$_4$S$_3$］单元顶端（即图3.25中最下面）的铁原子，也是四面体配位构型，除了与3个无机硫配位之外，还与蛋白链中1个半胱氨酸巯基之间有配位作用。而［Fe$_3$MoS$_3$］单元中的钼则是六配位的八面体配位构型，除了3个无机硫参与配位之外，还有1个来自蛋白链中组氨酸侧链上的咪唑基团氮原子和两个来自柠檬酸羟基和羧酸根上的两个氧原子。

从上面的结构描述可以看出固氮酶催化还原氮分子实际上是一个非常复杂的过

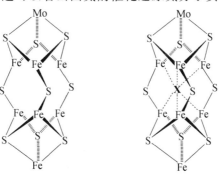

(a) 分辨率为0.22nm   (b) 分辨率为0.116nm(X＝C、N或O)

图3.25　X衍射晶体结构确定的铁钼辅因子结构

程，有关还原机理目前了解的并不多。一般认为还原过程中至少涉及 3 个基本的电子传递步骤：ⅰ．铁蛋白的还原，电子可以是来源于生物体内的铁氧还蛋白、黄素氧还蛋白或者是来源于体外的连二亚硫酸钠等还原剂；ⅱ．铁蛋白将电子传递给钼铁蛋白，该过程需要 MgATP 的参与；ⅲ．由钼铁蛋白将电子传递到底物分子，还原底物分子。这里不再详细叙述。

（2）含钴辅因子——辅酶 B_{12} 　钴也是微量的生物必需元素（见表 3.1），但是钴的生物无机化学却与其他微量必需元素有许多不同之处。首先，一般金属酶、金属蛋白活性中心中的微量和超微量元素金属离子与生物配体间的作用主要是依靠金属离子与氮、氧、硫、磷等杂原子间的相互作用，形成 M-X 配位键（M：金属离子，X：N、O、S、P 等配位原子）。而含有钴的辅酶 B_{12} 中，在金属钴离子周围除了 Co—N 配位键之外，还含有钴-碳键，即有机金属键。利用金属-碳（M—C）键，来结合金属离子的实例在生物体系中是很少见的，已经知道的一个例子就是辅酶 B_{12}。再者，钴在生物体内的含量虽然不高，但是由于它在体内的分布很集中，主要就存在于辅酶 B_{12} 中，因此发现较早。辅酶 B_{12} 本身不是一个蛋白分子，然而它是许多酶催化反应所必需的辅酶，而且现已知道催化反应与钴-碳键的断裂有直接关系。辅酶 B_{12} 参与的一些酶催化反应列于表 3.5 中。

表 3.5　辅酶 B_{12} 参与的酶催化反应

酶	催化反应
还原反应	
核苷酸还原酶	
重排反应	
二醇脱水酶	
谷氨酸变位酶	
L-β-赖氨酸变位酶	
甲基转移反应	
甲硫氨酸合成酶	

早在 1926 年人们就已经知道用生的或半熟的肝可以治疗恶性贫血病。后来发现其中的活性成分是含金属钴离子的化合物，每千克肝中该活性化合物的含量约为1mg。虽然在 1948 年就得到了适合于晶体结构分析用的单晶，但是在当时由于受到仪器设备、软件等实验条件以及化合物本身性质等因素的限制，并没有能够解出该活性化合物的结构。确切的晶体结构被测定、解析出来的是在 1956 年。其骨架结构如图 3.26 所示。1972 年 Woodward 等人完成了维生素 B_{12} 的全合成。

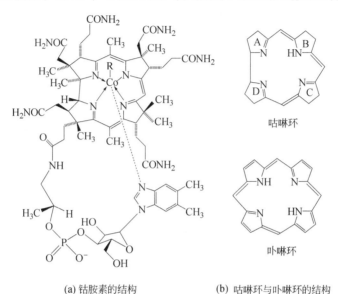

(a) 钴胺素的结构　　　　　(b) 咕啉环与卟啉环的结构

图 3.26　钴胺素及咕啉环与卟啉环的结构

R：CN^-，氰基钴胺素，即维生素 B_{12}；R：CH_3，甲基钴胺素

R：$5'$-脱氧腺苷基，辅酶 B_{12}

从以上的结构图中可以看出中心金属钴离子为六配位的变形八面体构型，其中赤道平面 4 个氮原子来自一个被称之为咕啉（corrin，或称之为呵啉）的环状配体。环上含有取代基的咕啉化合物被称为类咕啉（corrinoids）化合物。咕啉环与前面介绍血红素蛋白时提到的卟啉环有一定的相似性，二者都是由 4 个吡咯环组成，并且每个大环都可以提供 4 个可以与金属离子配位的氮原子。尽管如此，咕啉环与卟啉环之间还是有很大的差别。如图 3.26（b）所示，首先卟啉环中的 4 个吡咯环通过 4 个中位（meso）碳原子连接起来，具有很高的对称性，而咕啉环中只有 3 个这样的中位碳原子，其中咕啉环中的 A 环和 D 环是直接连接在一起的，没有通过中位碳原子；其次，整个卟啉环是个大的 π 共轭体系，而咕啉环中双键与卟啉环中的相比要少得多，因此不是一个大 π 共轭体系；正因为如此，卟啉环具有很好的平面性、刚性强、构象稳定，与之相反，咕啉环中的原子不在同一平面、咕啉环具有刚性小、构象易变等特点。

除了上述大环配体之外，第五配体（即下方轴向配体）为 α-5,6-二甲基苯并咪唑核苷酸，若不考虑第六配体（上方轴向配体）时，该结构被统称为钴胺素（co-balamins）。当第六配体为氰基时，称为氰基钴胺素（cyanocobalamin），即维生素 B_{12}（vitamin B_{12}）。第一个被解出晶体结构的就是氰基钴胺素，这个氰根离子是在分离纯化过程中人为引入的基团。当第六配体为甲基时，称为甲基钴胺素（methylcobalamin），可进行甲基转移反应。当第六配体为 $5'$-脱氧腺苷基时，即为辅酶 B_{12}（coenzyme B_{12}），它的结构到 1962 年才被确定。从这些结构可以清楚地看出在 3 种钴胺素中，其第六配体都是通过碳原子与钴原子相连，即有钴-碳键存在，Co-C 键键长约为 0.205(5)nm。下面以重排反应为例介绍辅酶 B_{12} 参与的酶催化反应。

生物体系中，辅酶 B_{12} 参与的酶催化反应有很多，但是归纳起来可以将这些反应分为 3 类：氧化还原反应、重排反应和甲基转移反应（见表 3.5）。其中参与最多的酶催化反应还是重排反应。如表 3.5 中所列的二醇脱水酶、谷氨酸变位酶等实际上第一步发生的都是取代基 X 与相邻碳原子上的氢原子之间的交换重排反应。

二醇脱水酶（diol dehydrase，DD）经过上述的重排反应后由原来的 1,2-二醇转化为 1,1-二醇，继而发生脱水反应生成醛（见表 3.5）。

这种重排反应是在酶与辅酶结合的基础上发生的，而且在催化反应过程中都涉及钴-碳键的断裂和形成。重排反应的作用机理如图 3.27 所示。ⅰ. 钴-碳键发生均裂产生 $5'$-脱氧腺苷自由基；ⅱ. 该自由基从底物分子处获得 1 个氢，产生底物自

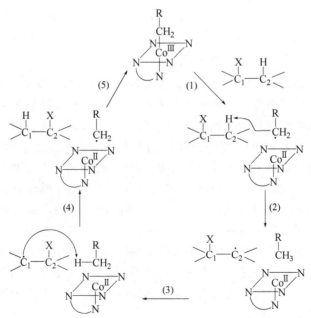

图 3.27　辅酶 B_{12} 参与的 1，2-重排反应作用机理

由基和 5'-脱氧腺苷；ⅲ. 底物自由基发生重排反应后形成产物自由基，这一步是所催化反应的关键步骤，发生了酶和辅酶 B_{12} 共同参与的催化重排、转移反应，由于不同的酶催化的反应不一样，因此这一步的具体过程也不一样；ⅳ. 产物自由基从 5'-脱氧腺苷上得到 1 个氢原子，形成产物并产生 5'-脱氧腺苷自由基；Ⅴ. 5'-脱氧腺苷自由基结合到 Co(Ⅱ) 上重新形成钴-碳键，回到原来的状态，从而完成催化循环过程。

以上重排反应的作用机理实际上只是反应的一个大概过程，很多细节还有待于进一步研究证实。但是辅酶 B_{12} 在这些催化反应中的作用已经比较明确，主要是通过钴-碳键的均裂和形成来产生（提供）、吸收（储存）自由基，并由此引发下一步的催化反应，而辅酶 B_{12} 本身并不提供催化底物重排反应的活性中心。

3.3　模型研究

除了上面介绍的对天然金属酶、金属蛋白本身的研究之外，模型化合物研究也是生物无机化学研究中非常重要的组成部分。一方面由于金属酶、金属蛋白等生物分子一般都比较庞大、体系也比较复杂，需要通过简化、设计合成模型化合物等方法来进行研究，可以得到一些通过直接研究金属酶、金属蛋白分子本身不能得到的信息，从而揭示蛋白功能与结构之间的关系。另一方面，通过模拟天然金属蛋白的结构和功能，为进一步开发利用天然蛋白及其模型化合物提供基础。

下面着重介绍近年来在含锌、含铜酶以及固氮酶模拟研究方面取得的一些最新进展。

3.3.1　含锌酶的模拟

目前报道的含锌酶模型化合物主要有单核和双核配合物 2 种，前者对应于碳酸酐酶、羧肽酶等活性中心中只含有单个锌的天然含锌酶，而后者则主要是用于模拟碱性磷酸酯酶。国际上，日本的 E. Kimura（木村荣一）和德国的 H. Vahrenkamp 等课题组在锌酶模拟研究方面开展了系统而又深入的工作，在国内，南京大学、中山大学等单位在这方面也做出了很好的工作。

（1）**碳酸酐酶的模拟**　图 3.28(a) 中给出了几个有代表性的碳酸酐酶的模型化合物。研究发现含有 3 个或 4 个可配位氮原子的大环配体与锌形成的配合物 **1** 和 **2** 是很好的碳酸酐酶的模型化合物。尤其是配合物 **1** 中的锌不但具有与天然碳酸酐酶活性中心中的锌一样的变形四面体配位构型，而且配合物 **1** 中与锌配位的水分子的 pK_a 为 7.3，表明在近中性条件下即可解离一个质子变为 OH⁻ 配位的活性物种［见图 3.28(b)］。研究结果显示该 Zn-OH 活性物种与天然碳酸酐酶活性中心类似，具有很强的亲核进攻能力，可以催化底物分子的水解反应。另外，配合物 **4**、**5** 和 **6** 中由于有醇羟基存在，从而可以研究 Zn--OH 和 Zn--OR 活性物种在催化反应

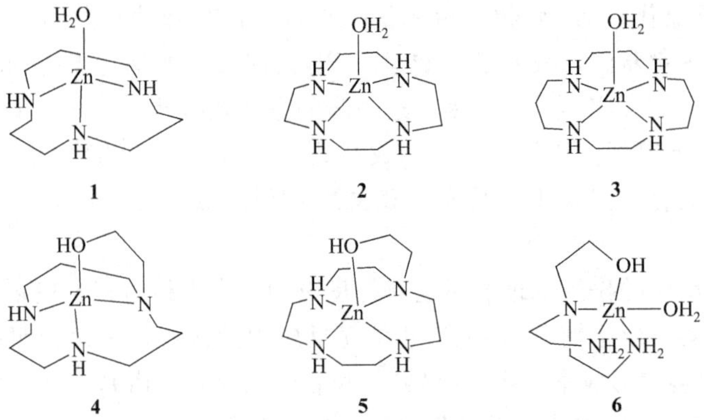

(a) 若干有代表性的碳酸酐酶的模型化合物

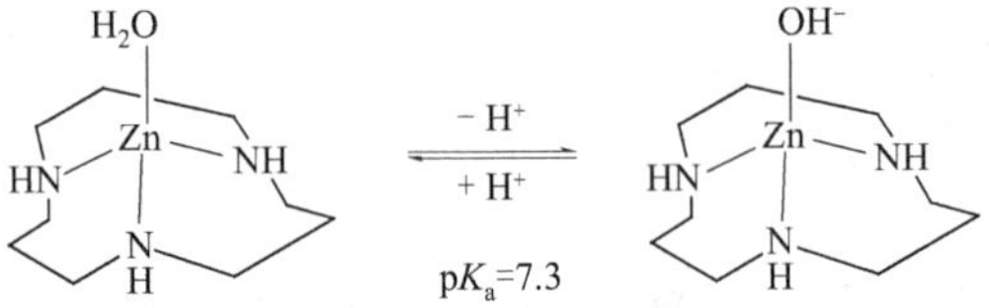

(b) 配位水分子的解离平衡

图 3.28　碳酸酐酶的模型化合物及配位水分子的解离平衡

中的作用。

　　模型化合物的研究还可以为催化反应机理研究提供有益的信息。例如，在研究锌配合物催化对硝基苯酚乙酸酯（NA）水解反应过程中，利用电喷雾质谱〔见2.2.1(4)〕等手段观测到了乙酰基结合到锌配合物后形成的酰基中间体(acyl-intermediate)（见图 3.29），为阐明该催化反应的详细机理提供了依据。

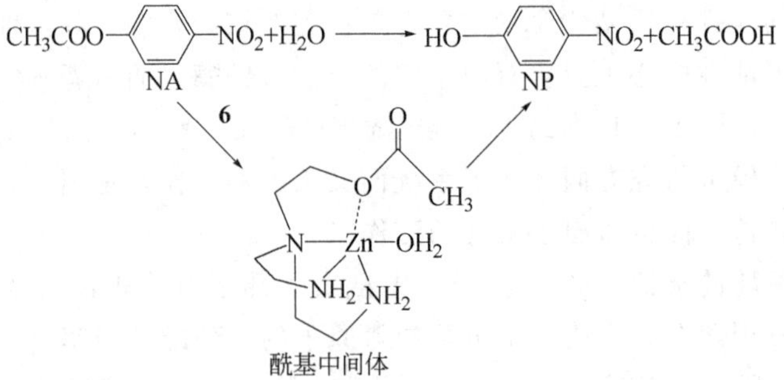

图 3.29　锌配合物催化对硝基苯酚乙酸酯的水解反应及其中间体的结构

　　(2) 碱性磷酸酯酶的模拟　天然碱性磷酸酯酶和碳酸酐酶的区别在于：ⅰ. 催化的反应和底物分子不一样；ⅱ. 前者活性中心为双核锌，而后者为单核锌；ⅲ. 在催化反应过程中，碱性磷酸酯酶涉及来自蛋白链丝氨酸的 Zn-⁻OR 活性物种，而碳酸酐酶中仅有 Zn-⁻OH 活性物种，不涉及 Zn-⁻OR 活性物种。然而，在模型化合物研究中，两者的区别并不十分严格。例如图 3.28(a) 中的配合物 **4**、**5** 和 **6** 由于有分子内醇羟基存在，也可以作为碱性磷酸酯酶的模型化合物。

最近，有报道利用带醇羟基手臂的大环多氨配体 L1（见图 3.30）的锌配合物作为碱性磷酸酯酶的模型化合物。该配体与锌盐反应不仅可以形成双核锌配合物，而且由于带有醇羟基手臂可用于研究 Zn-$^-$OR 活性物种，因此是良好的碱性磷酸酯酶结构模型。催化反应活性研究发现 L1（有醇羟基手臂）的双核锌配合物 $[Zn_2L1]^{4+}$ 催化对硝基苯酚乙酸酯水解反应的活性比没有醇羟基手臂的大环多氨配体 L2（见图 3.30）的双核锌配合物 $[Zn_2L2]^{4+}$ 的活性要高出十几倍，详细的研究结果表明在 L1 的双核锌配合物中 Zn-$^-$OR 活性物种较 Zn-$^-$OH 活性物种优先生成，而且 Zn-$^-$OR 活性物种的亲核进攻能力也较 Zn-$^-$OH 活性物种的强。因此，带醇羟基手臂 L1 的配合物的催化反应活性更大。

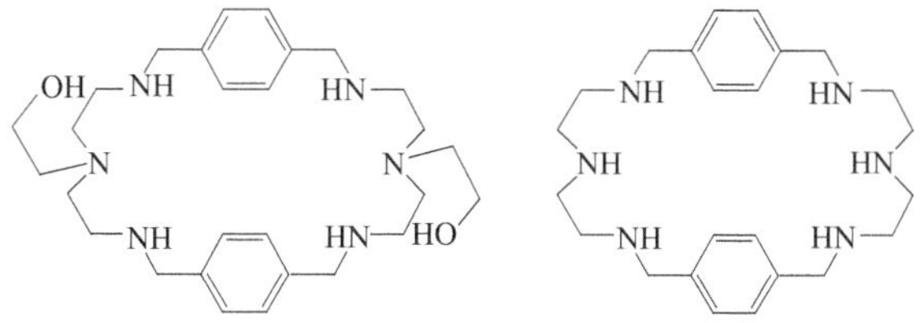

图 3.30　带醇羟基手臂的大环多氨配体 L1 和不带醇羟基手臂的大环多氨配体 L2

3.3.2　铜酶的模拟

在天然铜酶和铜蛋白研究不断取得进展的同时，模型化合物的研究也取得了令人振奋的成果。特别是在血蓝蛋白中氧分子与双核铜活性中心的结合方式问题上模型研究取得了突破性进展。也充分说明了模型化合物研究在生物无机化学研究中的重要作用。下面介绍铜锌超氧化物歧化酶和血蓝蛋白的模拟研究。

（1）铜锌超氧化物歧化酶的模拟　铜锌超氧化物歧化酶是一种特殊的Ⅱ型铜酶，之所以说它特殊一是因为它的活性中心中不仅含有铜，还含有锌离子；二是因为它催化的不是单纯的氧化反应，而是一个歧化反应。因为铜锌超氧化物歧化酶的主要功能是催化歧化超氧负离子，从而使细胞免受损伤，因此该酶在抗辐射、预防衰老、防治肿瘤和炎症等方面都有重要作用。正因为如此，铜锌超氧化物歧化酶的模拟研究一直是生物无机化学研究中的热门领域，人们期望能够人工合成出具有铜锌超氧化物歧化酶活性的化合物，用于保健、疾病的预防和治疗等。同时模型研究将为阐明酶的结构与功能之间的关系、揭示催化歧化机理提供基础和依据。

另一方面，铜锌超氧化物歧化酶模型化合物的合成本身也是一种挑战。这主要是因为：咪唑桥联的铜锌异双核配合物在溶液中容易发生咪唑桥的断裂反应；咪唑作为桥联配体时需要脱去其氮上的 1 个质子，咪唑脱质子的 pH 值约在 9 左右，而在该 pH 值条件下金属离子容易发生水解产生氢氧化物沉淀。因此，到目前为止报道的含有咪唑桥联的铜锌异双核配合物并不多（部分例子见图3.31）。早期报道的咪唑桥联的铜锌异双核配合物都是用咪唑桥来连接两个独立的铜锌配位单元，如图3.31中的化合物 **7**、**8** 和 **9**。研究发现该类配合物在 pH<9.5 时就发生咪唑桥断裂，而天然铜锌超氧化物歧化酶中的咪唑桥在 pH>5 的溶液中都是稳定的。后来用穴合物作为配体，合成得到了咪唑桥联的铜锌异双核配合物 **10**，而且该化合物在 pH 值为 5～11 的溶液中可以稳定存在，但是由于穴合物配体的刚性太大，不易发生构型变化，因此也不是好的模型。后来，人们又纷纷设计合成了新的配体，例如利用含咪唑基的多齿配体和带臂大环配体合成得到的铜锌异双核配合物 **11** 和 **12**（见图3.31）。

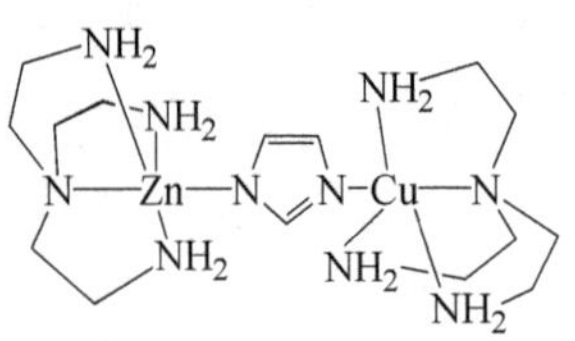

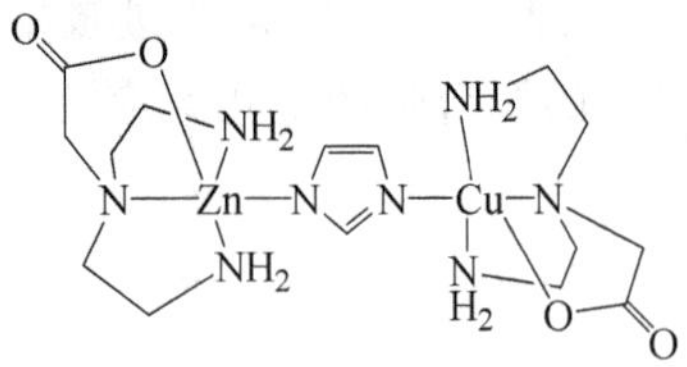

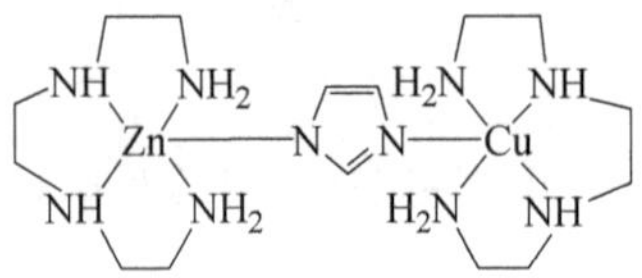

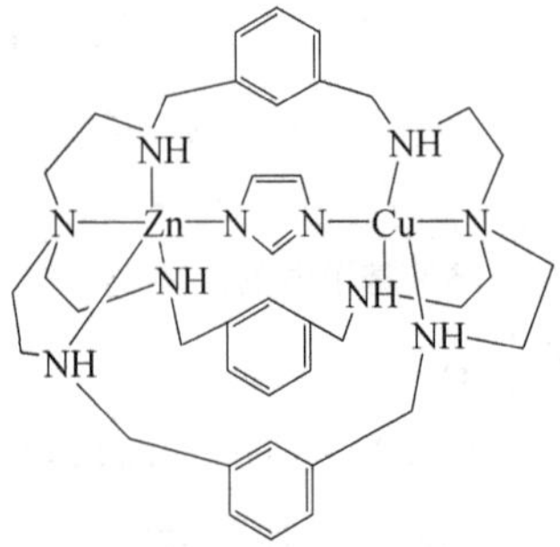

图 3.31　咪唑桥联铜锌异双核配合物的结构

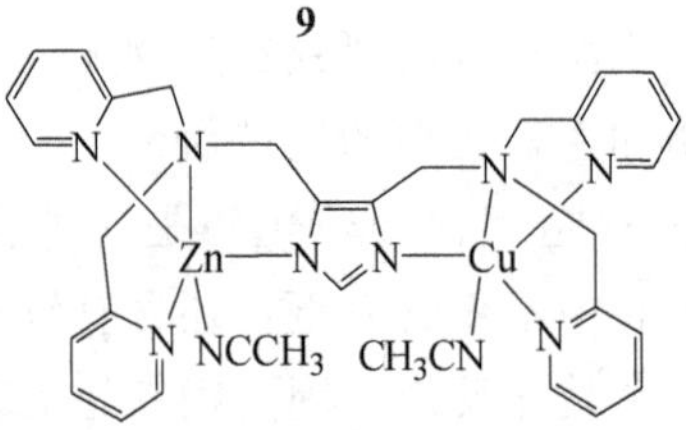

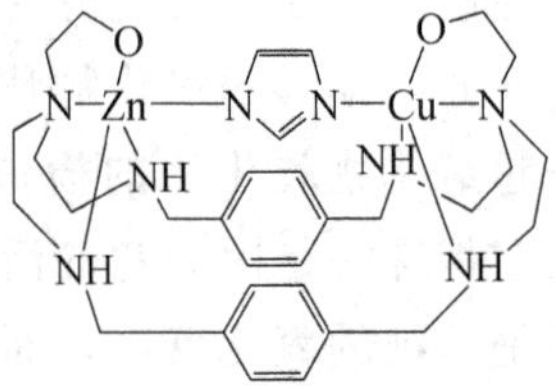

最近报道的研究工作显示利用含 4-咪唑基亚甲基手臂的大环多胺配体、金属盐、咪唑反应得到了铜-铜同双核和铜-锌异双核配合物（图3.32），研究结果表明这两个配合物显示出较好的 SOD 活性，其中的咪唑桥在 pH 6.0～11 的溶液中能够稳定存在。

(2) 血蓝蛋白的模拟　天然氧合血蓝蛋白研究发现：虽然两个铜离子均为二价，但是整个双核铜活性中心显示为抗磁性；在 350nm、580nm 附近有强吸收；Raman 光谱中的 O-O 振动出现在非常低波数 750cm^{-1} 附近。这些不寻常性质的出现，导致了

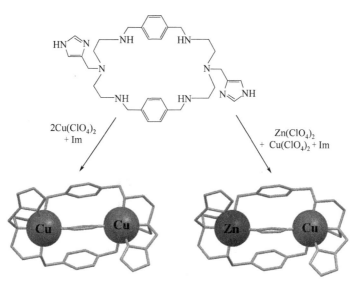

图 3.32 含咪唑基手臂大环多胺配体及其铜-铜同双核和铜-锌异双核配合物

血蓝蛋白活性中心结构尤其是氧合血蓝蛋白中的氧合方式在相当长的时间内都是争论的焦点。因为双核铜活性中心为抗磁性，表明铜与铜之间有强的反铁磁性相互作用，因此推测铜与铜之间可能存在桥联基团 X，而且早期认为这个桥联基团 X 可能是附近酪氨酸残基侧链上氧，后来认为是氢氧根离子。另外 $750 cm^{-1}$ 的 O-O 振动与过氧负离子的 O-O 振动非常接近，说明氧合血蓝蛋白中的氧是以过氧负离子的形式存在。基于这些考虑，早期推测氧合血蓝蛋白活性中心结构如图 3.33 所示。

为此，作为氧合血蓝蛋白活性中心的模型化合物，Karlin 等研究组开始设计、合成含过氧负离子的双核铜桥联配合物，以证明以上假设。如图 3.34(a) 所示的配合物 **13**，**14** 和 **15**，尽管它们都是抗磁性，但是这些模型化合物均未能很好地再现出天然氧合血蓝蛋白中铜的性质（见表 3.6）。

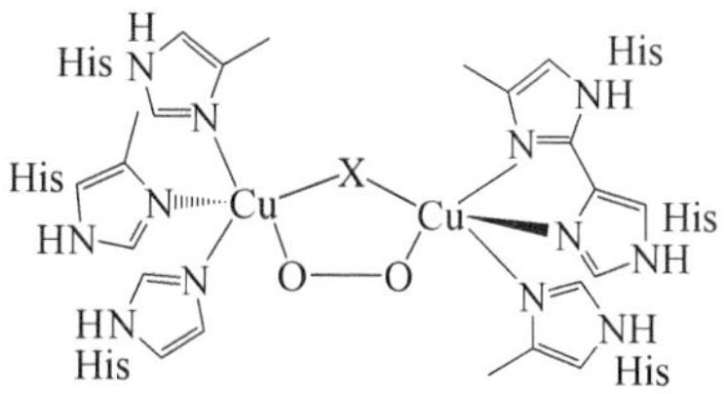

图 3.33 早期推测的氧合血蓝蛋白活性中心的结构

1988 年，Kitajima 等人利用含有立体阻碍的配体，氢化三（3,5-二异丙基吡唑基）硼酸钾，成功地合成了一个几乎可以完全再现天然氧合血蓝蛋白中铜性质的化合物 **16**（见表 3.6）。也就是说这个化合物成功地模拟了天然氧合血蓝蛋白中的活性中心部位。晶体结构［见图 3.34(b)］显示该配合物中铜与铜之间只是通过 O-O 以 $\mu\text{-}\eta^2:\eta^2$ 方式连接在一起，并没有其他的桥联基团。据此人们推测在天然氧合血蓝蛋白的活性中心中铜与铜之间也是通过 O-O 以 $\mu\text{-}\eta^2:\eta^2$ 方式桥联在一起。这一推测被后来（1994 年）报道的天然氧合血蓝蛋白的晶体结构证实是正确的。这是利用合成模型化合物的方法来研究、解决天然蛋白中某些问题的一个很好的例子。

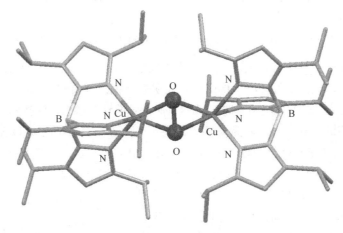

(a) 含过氧负离子的双核铜配合物

(b) 模型化合物**16**的结构

图 3.34　氧合血蓝蛋白的模型化合物

表 3.6　双核铜模型化合物与氧合血蓝蛋白的性质比较

配合物	磁性	吸收峰波长/nm(ε/M^{-1}cm^{-1})	$\nu_{O\text{-}O}$/cm^{-1}	Cu-Cu/nm
13	—	385(2900),505(6000),610(sh)	803	0.33
14	抗磁性	360(15000),458(5000),550(1200),775(200)	—	0.34
15	抗磁性	440(2000),525(115000),590(7600),1035(160)	834	0.435
16	抗磁性	349(21000),551(790)	741	0.356
氧合血蓝蛋白	抗磁性	340(20000),580(1000)	744～752	0.35～0.37

3.3.3　固氮酶的模拟

自 20 世纪中叶起,人们即开始了模拟固氮酶的研究。在国内卢嘉锡和蔡启瑞教授等老一辈科学家们在固氮酶模拟研究方面开展了一系列的工作,带动并促进了我国金属原子簇化学等相关学科的发展。模拟固氮酶目的就是要在温和的条件下,将空气中的氮分子（N_2）转化为有机氮化合物，从而加以利用，这是广大科学工作者长期以来的理想。但是，至今这一目标尚未实现，原因就在于分子氮的惰性。这一点可以从氮分子的电子结构中得到很好的理解。氮分子最高占有轨道的能级为 $-15.59eV$，在等电子分子 C_2H_2，NO，CO 中最低，其电离势（$-15.59eV$）与惰性气体氩气的相当（$-15.75eV$）；而氮分子最低空轨道的能级为 $7.42eV$，在等电子分子中最高。这种结构决定了氮分子既不容易给出电子（即被氧化），也不容易接受电子（即被还原）。

固氮酶的模拟可以从功能模拟和结构模拟两方面来进行。很显然，前者的目的就是要合成出能够还原氮分子的金属配合物，而后者则是要模拟天然固氮酶活性中心的结构，探讨结构与活性之间的关系，从而为理解天然固氮酶的催化反应过程及机理、进而为合成出有催化反应活性的模型化合物提供基础。

功能模拟激发了人们合成分子氮配合物的研究热情。1965 年 A. D. Allen 等人在水溶液中用水合肼和 $RuCl_3$ 反应，获得了第一个比较稳定的分子氮配合物 $[Ru^{II}(NH_3)_5(N_2)]Cl_2$，1967 年实现了直接从氮气合成分子氮配合物，从而揭开了分子氮配合物研究工作新的一页。

$$Ru^{III}Cl_3 + N_2H_4 \longrightarrow [Ru^{II}(NH_3)_5(N_2)]Cl_2$$

$$[Co^{III}(acac)_3] + PPh_3 + Al(i\text{-}Bu)_3 + N_2 \longrightarrow [Co^{I}H(N_2)(PPh_3)_3]$$

到目前为止已经有含氮分子的单核、双核和多核配合物报道。人们期望通过氮分子与金属离子的配位作用达到活化氮分子的目的。但是，遗憾的是至今真正能被还原的只有少数的二聚配合物，其中配位的氮分子可被还原到肼或氨。

结构模拟方面，随着天然固氮酶的结构越来越清楚，模拟研究的目标也越来越明确。从前面天然固氮酶的介绍中可以看出，固氮酶中实际上含有 3 类簇合物，分别来自铁蛋白的 Fe_4S_4 簇合物以及钼铁蛋白中的 P-簇合物和铁钼辅因子。至今人们已经合成出很多类立方烷型的 Fe-S 和 Mo-Fe-S 簇合物。近年来，科学家们在 P-簇合物的人工合成方面也已经取得重要突破，美国哈佛大学的 R. H. Holm 和日本名古屋大学的 K. Tatsumi 等课题组都报道了 P-簇合物的模型化合物。图 3.35 显示了两个具有代表性的 P-簇合物模拟物，比较图 3.24(a) 和图 3.35 发现该模型化合物与天然固氮酶中还原态的 P-簇合物非常相似。此后，该课题组详细研究了 8Fe7S 簇合物 [图 3.35(a)] 的合成方法、反应以及氧化还原性质等，发现分离得到的 8Fe(II)7S 簇合物很好地再现了还原态的 P-簇合物。

至于铁钼辅因子，尽管已有多种 Mo-Fe-S 簇合物报道 [例如图 3.35(b)]，但是真正逼近天然固氮酶中铁钼辅因子结构的 Mo-Fe-S 簇合物尚未见报道。天然固氮酶中最新的铁钼辅因子结构 [见图 3.25(b)] 已被报道出来，这为以后的模拟研究提供了新的机遇和挑战。另外，在固氮酶结构研究的基础上，人们已开始关注氮分子与固氮酶的结合、活化等问题。有报道通过理论计算探讨了氮分子与酶的结合、氢化（转化）至氨的过程，显然，这些需要实验包括模型研究结果的验证。

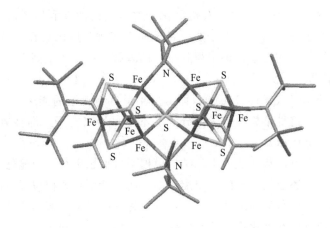

(a) [{N(SiMe₃)₂}{SC(NMe₂)₂}Fe₄S₃]₂(μ_6-S){μ-N(SiMe₃)₂}₂

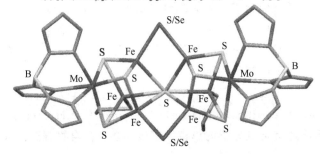

(b) [(Tp)₂Mo₂Fe₆S₈Se(SCH₂CH₃)₂]³⁻(Tp⁻=氢化三吡唑基硼酸根离子)

图 3.35　P-簇合物的模型化合物

3.4　金属药物

　　上面介绍了一些生物体内典型的金属酶、金属蛋白的结构、功能及其模型化合物的研究。除了这些含金属离子的生物分子之外，金属配合物在医学中的应用以及与生物分子的作用等也是人们所关心的。例如金属药物（metallodrug）的研究与开发，以及金属药物分子或离子与体内分子的作用及其机理方面的研究等都具有重要的理论和现实意义，而且随着社会的发展和人们生活水平的不断提高，这方面的需求越来越大。在这一节中我们将简单介绍有关金属药物方面的研究及其近年来的一些新进展。

3.4.1　抗癌药物

　　众所周知，顺铂 cis-Pt(NH₃)₂Cl₂（cisplatin）是目前临床上广泛使用的一种抗癌药物，尤其是对早期的睾丸癌具有很高的治愈率。1965 年 Rosenberg 等人报道了顺铂具有抗癌活性，这一发现不仅打破了在此之前人们一直认为药物主要是有机化合物的传统观念，从而引起了广大科学工作者尤其是配位化学家们的极大兴趣。而且也为众多癌症患者带来了福音。在 40 多年以后的今天，该药物仍然在临床上使用，就足以说明顺铂是一种非常了不起的药物，尽管现在已经知道它具有较大的肾毒性和呕吐等副作用。

目前，人们已经研究开发出多种具有抗癌活性的金属配合物，其中主要的还是铂类化合物，图 3.36(a) 中列出了 4 种目前已经被批准可用于临床上治疗癌症的铂配合物。早日彻底战胜癌症及其相关疾病是科学家所期盼的，也是义不容辞的责任，因此寻找、筛选活性更高、毒性和副作用更低的抗癌药物就从未间断过，目前已经有多种具有抗癌活性的金属药物正在进行临床试验。另外，现有的临床上使用的铂类抗癌药物都必须通过静脉注射才有疗效，研究开发口服抗癌药物也是科学家们正在努力做的事情，其中有的也已经进入到临床试验阶段。

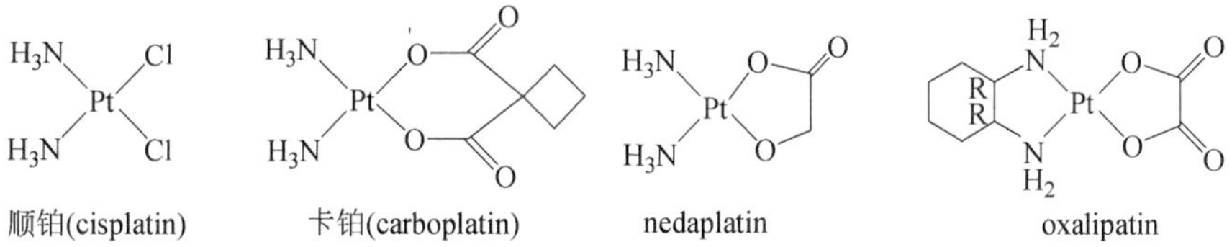

(a) 目前临床上使用的具有抗癌活性的铂配合物

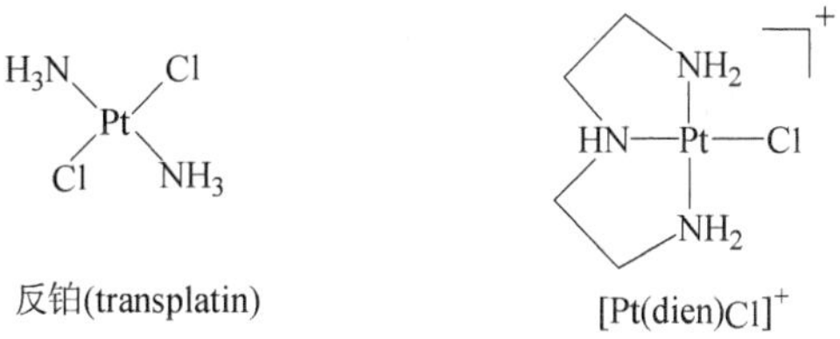

(b) 没有抗癌活性的铂配合物

图 3.36　具有抗癌活性的及没有抗癌活性的铂配合物

有趣的是与顺铂组成完全相同，但是构型不同的反铂以及含有三齿螯合配体二乙烯三胺（dien）的 [Pt(dien)Cl]⁺ 等配合物 [见图 3.36 (b)] 没有抗癌活性。因此，顺铂等抗癌药物与体内生物分子的作用以及抗癌作用机理等也是这一领域中人们研究的热点问题之一，这类研究将为阐明金属药物结构-性质-疗效之间的关系提供基础，也为设计合成和筛选新的抗癌药物提供依据。目前，较为一致的看法是顺铂进入体内后经过体内运输、水解，然后再与 DNA 作用形成稳定的配合物，从而阻止其复制和转录，迫使细胞凋亡或死亡。

顺铂的水解被认为是顺铂的主要活化过程，其中的氯离子被水分子取代过程与介质中氯离子的浓度以及 pH 值等因素有关。顺铂水解后产生的水合物种与 DNA 结合并发挥其作用，该过程示于图 3.37 中。与 Pt 直接键合的主要是 DNA 链中鸟嘌呤（Guanine，G）的 N7，或者是腺嘌呤（Adenine，A）的 N7。像顺铂这样的双功能抗癌药物与 DNA 作用后一个 Pt 与两个嘌呤的 N7 配位，因此 Pt 结合 DNA

后实际上起着交联的作用。因为 DNA 具有双股螺旋结构，因此根据与同 1 个 Pt 作用的两个嘌呤的来源不同，顺铂与 DNA 的作用可分为不同的方式。如果两个嘌呤（如图 3.37 中的 G1 和 G2）来自 DNA 中的同一股链，则称之为股内交联或链内交联（intra-strand crosslink）；若两个嘌呤来自 DNA 中的 2 股不同的链，则称之为股间交联或链间交联（inter-strand crosslink）[见图 3.38(a) 和(b)]。在这两种结合方式中以股内交联为主，若要发生股间交联则要求来自两股不同链的两个嘌呤 N7 间的距离必须靠近（约为 0.3nm），只有这样才能与同一个 Pt 结合，这将导致 DNA 的构型发生较大的变化。除此之外，铂可能还会在 DNA 和蛋白（DAN-protein crosslink）之间交联[见图 3.38(c)]。

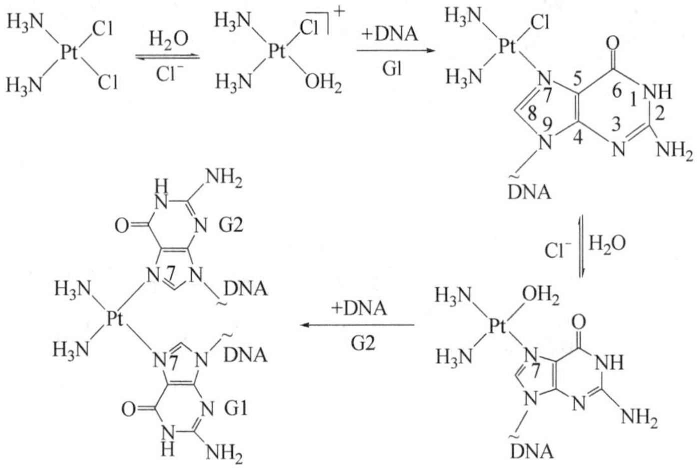

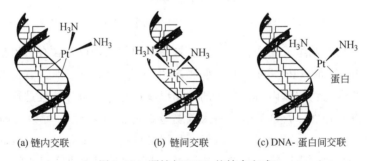

图 3.37　顺铂的水解及其与 DNA 作用过程

(a) 链内交联　　　　　(b) 链间交联　　　　　(c) DNA-蛋白间交联

图 3.38　顺铂与 DNA 的结合方式

除了上面介绍的二价铂类抗癌药物之外，人们已经发现有些四价铂、四价钛以及三价钌等配合物也具有很好的抗癌活性，相关研究目前正在进行中，期待着在不久的将来能有新的突破。

3.4.2　其他含金属药物

顺铂类抗癌药物的成功极大地推动和促进了金属药物方面的研究。在过去的几十年中，大量的具有各种生物活性的金属配合物被筛选出来，其中有的已经在临床上用于疾病的诊断和治疗，有的则正在开发或处于试验阶段。下面介绍可用于治疗类风湿关节炎的金配合物和可用作造影剂的钆、锝配合物。

（1）抗类风湿药物　研究发现金配合物不仅具有抗肿瘤、抗类风湿活性，而且对支气管炎甚至艾滋病等疾病都有一定的作用。目前已经用于临床治疗或正在进行临床试验的主要是抗类风湿金配合物。

用于治疗类风湿关节炎的金配合物主要是一价金 Au（Ⅰ）的硫醇盐（RS⁻）配合物。图 3.39 中给出了两个具体的例子，其中含硫代苹果酸的 Au（Ⅰ）配合物是注射类药物，类似的还有硫代葡萄糖的 Au（Ⅰ）配合物，这些配合物目前都正在进行临床试验。该类配合物在溶液中的结构一般都比较复杂，有的呈环状多聚体，有的则是开放的链状聚合物。在 1998 年，Bau 报道了硫代苹果酸合金（Ⅰ）的 X 衍射晶体结构，由两条一维无限的螺旋链组成，其中硫醇盐中的硫桥联两个金原子，而金则是二配位的直线型配位构型。

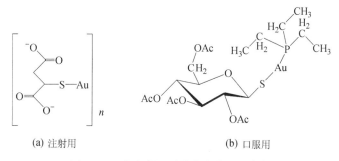

(a) 注射用　　　　　　　　　(b) 口服用

图 3.39　治疗类风湿关节炎的金配合物

目前，已经在临床上使用的治疗类风湿关节炎的金属药物 Auranofin 是含有三乙基磷和四-O-乙酰硫葡萄糖（tetra-O-acetylthioglucose）两种不同配体的 Au（Ⅰ）配合物 ［见图 3.39（b）］，这是口服药。研究表明该配合物及其相关的含有机膦一价金配合物还具有一定的抗肿瘤活性，但是其毒性也较大。因此，人们正在寻找新的活性高、毒性低的金类药物。

（2）造影剂　上面介绍的都是治疗类金属药物。实际上在临床实践中，疾病的及时、准确的发现和诊断也非常重要。这样不仅可以及时地对症下药，而且可以大大地提高治疗的效果。现在癌症等很多疾病在早期时其治愈率很高。因此，有关诊断药物的研究与开发也越来越受到人们的重视。目前在临床上使用或正在进行试验的诊断药物中有的就是含有金属的药物，例如，利用核磁共振成像造影技术时使用的造影剂就是钆的配合物，此外还有利用锝的放射性同位素⁹⁹ᵐTc 的化合物作为心脏造影剂等。

核磁共振成像（magnetic resonance imaging）技术是目前临床上用于疾病或组织损伤诊断的强有力手段之一。它所利用的原理是通过观测疾病或损伤组织与正常组织的核磁共振信号（目前主要是观测人体内水中的¹H NMR 信号）的差别来进行推测和诊断，一般需要借助被称之为造影剂（contrast agent）的药物来增强和改善成像效果。目前使用的造影剂是含有 Gd(Ⅲ)、Mn(Ⅱ)、Fe(Ⅲ) 等顺磁性金属离子的配合物，其作用是使得要观测的^{1}H NMR 信号的弛豫时间缩短，从而区别于体内的一般水的^{1}H NMR 信号，达到增强和改善成像效果的目的。对用于临床诊断的造影剂的要求有：稳定、低毒；高弛豫率；对体内组织或器官有靶向性和选择性；易于排出体外等。

现在已经获得批准可用于临床诊断的造影剂主要是三价钆的配合物。图 3.40 中显示了 2 种含有羧酸取代基团的大环多胺配体的 Gd(Ⅲ) 配合物，其中含 dota 的配合物为带一个负电荷的阴离子型配合物，而含 hp-dota 的则为中性配合物。在这些配合物中 Gd(Ⅲ) 为九配位，有 4 个 N 和 4 个 O 原子来自 dota、hp-dota 配体，另外一个 O 原子来自配位的水分子。除了这些环状多胺配体之外，还有含羧酸取代基团的开环链状多胺配体以及席夫碱类配体等。

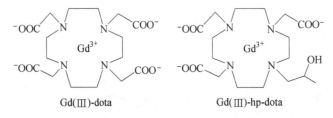

Gd(Ⅲ)-dota   Gd(Ⅲ)-hp-dota

图 3.40　用作核磁共振造影剂的钆配合物

利用放射性同位素来进行疾病的诊断和治疗也是临床上常用的一种方法。通常作为诊断用的有 γ 射线放射源如^{99m}Tc、^{201}Tl、^{111}In 等，而作为治疗用的则为 β 射线放射源如^{186}Re、^{153}Sm 等。图 3.41 中给出了含放射性同位素^{99m}Tc 的心脏造影剂 $\{^{99m}Tc[CNCH_2C(CH_3)_2OCH_3]\}^+$ 的结构示意图。该配合物进入体内之后其中的甲氧基（OCH_3）被逐步代谢、水解为羟基，从而可以与心肌纤维选择性地结合，起到造影的作用。

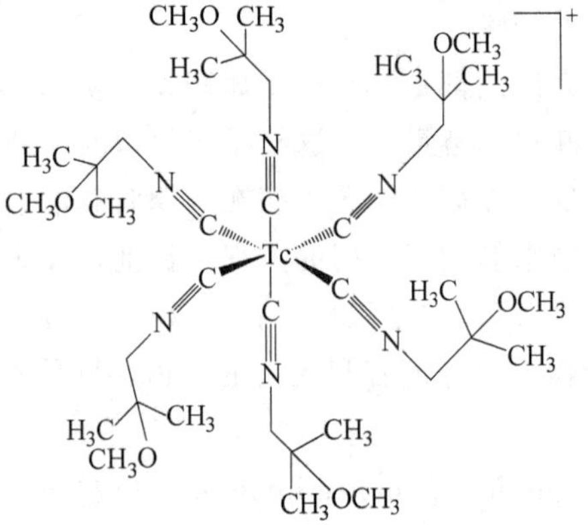

图 3.41　心脏造影剂 $\{^{99m}Tc[CNCH_2C(CH_3)_2OCH_3]\}^+$

3.4.3 金属离子与疾病

如前所述，当生物必需的金属离子在生物体内含量不足或超过一定范围时可导致生命过程的不正常和疾病的产生（见图 3.1）。因此，金属离子与某些疾病紧密相关，对于人体也一样。这里简要介绍过渡金属离子与神经退行性疾病。随着社会的发展和人群老龄化，神经退行性疾病已经成为一类严重影响人类健康的常见病，相关研究也已成为生物无机化学领域的一个新热点。

体内金属离子的失衡和蛋白质功能的紊乱是神经退行性疾病的主要特征。例如，威尔逊氏症（Wilson's disease）和蒙克氏症（Menke's disease）就是因为铜离子失衡而引起的疾病，而且一个是铜离子的过量沉积，另一个是铜离子缺乏造成的。威尔逊氏症患者因为体内铜离子转运的紊乱导致铜离子在肝、脑、肾等重要器官内过度沉积从而影响机体功能，因此临床上采用口服 D-青霉胺调节体内铜的代谢，以减少铜离子在体内的积累。而蒙克氏症患者则相反，其产生原因是细胞内铜离子缺乏，为此临床上使用铜-组氨酸配合物 $[Cu(His)_2(H_2O)_2]$ 补充铜离子，达到治疗的作用。另外，研究表明铜、锌等过渡金属离子浓度在阿尔茨海默病（Alzheimer's disease，AD）患者脑内沉积物中异常增大，而铜、锌等金属离子与 β-淀粉样（β-amyloid，Aβ）多肽的相互作用被认为是阿尔茨海默病发病过程的重要步骤。

已有的研究证实过渡金属离子与神经退行性疾病关系密切，但是，目前人们对这些疾病的致病机理还了解甚少，有待于进一步的研究。

参 考 文 献

1　王夔等编著. 生物无机化学. 北京：清华大学出版社，1988
2　[美] S. J. Lippard，J. M. Berg. 生物无机化学原理. 席振峰，姚光庆，项斯芬，任宏伟译. 北京：北京大学出版社，2000
3　申泮文主编. 无机化学. 北京：化学工业出版社，2002
4　E. Frieden. J. Chem. Edu.，1985，**11**，917～923
5　张永安. 无机化学. 北京：北京师范大学出版社，1998
6　苗健，高琦，许思来主编. 微量元素与相关疾病. 郑州：河南医科大学出版社，1997
7　Y. Watanabe. Curr. Opin. Chem. Biol.，2002，**6**，208～216
8　R. H. Holm，P. Kennepohl，E. I. Solomon. Chem. Rev.，1996，**96**，2239～2314
9　T. Hayashi，Y. Hisaeda. Acc. Chem. Res.，2002，**35**，35～43
10　S. I. Ozaki，M. P. Roach，T. Matsui，Y. Watanabe. Acc. Chem. Res.，2001，**34**，818～825
11　T. G. Spiro，P. M. Kozlowski. Acc. Chem. Res.，2001，**34**，137～144
12　J. P. Collman，L. Fu. Acc. Chem. Res.，1999，**32**，455～463
13　D. L. Harris. Curr. Opin. Chem. Biol.，2001，**5**，724～735
14　T. D. H. Bugg. Curr. Opin. Chem. Biol.，2001，**5**，550～555
15　M. Costas，K. Chen，L. Que. Coord. Chem. Rev.，2000，**200**，517～544
16　M. Newcomb，P. H. Toy. Acc. Chem. Res.，2000，**33**，449～455
17　M. J. Jedrzejas，P. Setlow. Chem. Rev.，2001，**101**，607～618
18　W. N. Lipscomb，N. Strater. Chem. Rev. 1996，**96**，2375～2433
19　B. L. Vallee，D. S. Auld. Acc. Chem. Res.，1993，**26**，543～551
20　I. Bertini，C. Luchinat. Acc. Chem. Res.，1983，**16**，272～279
21　E. E. Kim，H. W. Wyckoff. J. Mol. Biol.，1991，**218**，449

22　K. M. Holtz, B. Stec, E. R. Kantrowitz. J. Biol. Chem., 1999, **274**, 8351~8354

23　L. Que, W. B. Tolman. Angew. Chem. Int. Ed, 2002, **41**, 1114~1137

24　N. Kitajima, Y. Moro-oka. Chem. Rev., 1994, **94**, 737~757

25　C. Gerdemann, C. Eicken, B. Krebs. Acc. Chem. Res., 2002, **35**, 183~191

26　E. I. Solomon, P. Chen, M. Metz et al. Angew, Chem. Int. Ed, 2001, **40**, 4570~4590

27　R. Than, A. A. Feldmann, B. Krebs. Coord. Chem. Rev., 1999, **182**, 211~241

28　S. A Li, D. F. Li, D. X. Yang, Y. Z. Li, J. Huang, K. B. Yu, W. X. Tang. Chem. Commun., 2003, 881~882

29　D. C. Rees, J. B. Howard. Curr. Opin. Chem., Biol. 2000, **4**, 559~566

30　O. Einsle, F. A. Tezcan, S. L. A. Andrade, B. Schmid, M. Yoshida, J. B Howard, D. C. Rees. Science, 2002, **297**, 1696~1700

31　D. Sellmann, J. Utz, N. Blum, F. W. Heinemann. Coord. Chem. Rev., 1999, **190~192**, 607~627

32　B. E. Smith. Adv. Inorg. Chem., 1999, **47**, 159~218

33　F. Barriere. Coord. Chem. Rev., 2003, **236**, 71~89

34　L. Noodleman, T. Lovell, T. Liu, F. Himo, R. A. Torres. Curr. Opin. Chem. Biol., 2002, **6**, 259~273

35　R. G. Matthews. Acc. Chem. Res., 2001, **34**, 681~689

36　C. C. Lawrence, J. Stubbe. Curr. Opin. Chem. Biol., 1998, **2**, 650~655

37　C. L. Drennan, S. Huang, J. T. Drummond, et al. Science, 1994, **266**, 1669~1674

38　A. E. Smith, R. G. Matthews. Biochemistry, 2000, **39**, 13880~13890

39　J. Xia, Y. Xu, S. -a Li, W. Y. Sun, K. B. Yu, W. X. Tang. Inorg. Chem., 2001, **40**, 2394~2401

40　T. Koike, M. Inoue, E. Kimura, M. Shiro. J. Am. Chem. Soc., 1996, **118**, 3091~3099

41　T. Koike, S. Kajitani, I. Nakamura, E. Kimura, M. Shiro. J. Am. Chem. Soc., 1995, **117**, 1210~1219

42　T. Koike, M. Takamura, E. Kimura. J. Am. Chem. Soc., 1994, **116**, 8443~8449

43　E. Kimura, I. Nakamura, T. Koike, M. Shionoya, Y. Kodama, T. Ikeda, M. Shiro. J. Am. Chem. Soc., 1994, **116**, 4764~4771

44　S. A. Li, D. X. Yang, D. F. Li, J. Huang, W. X. Tang. New J. Chem., 2002, **26**, 1831~1837

45　D. F. Li, S. A. Li, D. X. Yang, J. H. Yu, J. Huang, Y. Z. Li, W. X. Tang. Inorg. Chem. 2003, **42**, 6071~6080

46　N. Kitajima, K. Fujisawa, C. Fujimoto, Y. Moro-oka, S. Hashimoto, T. Kitagawa, K. Toriumi, K. Tatsumi, A. Nakamura. J. Am. Chem. Soc., 1992, **114**, 1277~1291

47　Y. Ohki, Y. Sunada, M. Honda, M. Katada, K. Tatsumi. J. Am. Chem. Soc., 2003, **125**, 4053~4054

48　游效曾，孟庆金，韩万书主编. 配位化学进展. 北京：高等教育出版社，2000

49　Z. Guo, P. J. Sadler. Angew. Chem. Int. Ed., 1999, **38**, 1512~1531

50　日本化学会编. 化学总说 [季刊]：生物无机化学の新展开 [日]，东京：学会出版センター，1995

51　F. Uggeri, S. Aime, P. L. Anelli, M. Botta, M. Brocchetta, C. De Haen, G. Ermondi, M. Grandi, P. Paoli. Inorg. Chem., 1995, **34**, 633~642

52　E. Deutsch, W. Bushong, K. A. Glavan, R. C. Elder, V. J. Sodd, K. L. Scholz, D. L. Fortman, S. J. Lukes. Science, 1981, **214**, 85~86

53　P. R. Ortiz de Montellano, Chem. Rev., 2010, **110**, 932~948

54　G. Schwarz, R. R. Mendel, M. W. Ribbe, Nature, 2009, **460**, 839~847

55　Y. Hu, M. W. Ribbe, Acc. Chem. Res., 2010, **43**, 475~484

56　Q. Yuan, K. Cai, Z. P. Qi, Z. S. Bai, Z. Su, W. Y. Sun, J. Inorg. Biochem., 2009, **103**, 1156~1161

57　Y. Ohki, M. Imada, A. Murata, Y. Sunada, S. Ohta, M. Honda, T. Sasamori, N. Tokitoh, M. Katada, K. Tatsumi, J. Am. Chem. Soc., 2009, **131**, 13168~13178

58　C. P. Berlinguette, R. H. Holm, J. Am. Chem. Soc., 2006, **128**, 11993~12000

59　I. Dance, Dalton Trans., 2008, 5977~5991

60　I. Dance, Dalton Trans., 2008, 5992~5998

61　雷鹏，吴为辉，李艳梅，大学化学，2006，**21**，32~35

62　郭子建，孙为银主编，生物无机化学，北京：科学出版社，2006

第 4 章　配位化合物与新材料

　　上一章中我们介绍了与生命过程有关的配位化学。现代化学不仅是人们认识生命过程的手段，也是人类改善生存和生活条件的手段。随着社会的发展、人们生活水平和生活质量的不断提高，人类对化学的需求也在不断扩展和更新。这就给从事化学研究的科学工作者们提供了新的机遇和挑战。这一章中我们将要介绍的几类与配位化学有关的新材料方面的研究就是如此。

　　一般说来，配位化合物中因为有无机的金属离子和有机的配体，因此配合物不仅可能兼有无机和有机化合物的某些特性，而且还可能会出现无机化合物和有机化合物中均没有的新的性质。另外，配合物中的金属离子一方面可以有二配位的直线型、四配位的四面体型或平面四边形等不同的配位数和不同的配位构型（见表1.2）；另一方面，有的金属离子有可变的化合价，从而有氧化还原等性质。因此，作为新型材料的配合物的某些性能可以通过人工设计、晶体工程等方法进行调节和控制。也就是说，配合物作为材料有其独特的优势，近年来相关研究越来越受到人们的重视，并呈现出迅猛发展的势头。这一章中我们将着重介绍配合物中与新材料有关的光学、磁性等方面的研究。

4.1　非线性光学材料

　　当外加高强度的电磁场（例如激光等）与物质发生相互作用时，由于电磁场会诱导分子发生极化，从而产生不同于原来电磁场（入射光）频率、相位、振幅等物理性质的新的电磁场，这一现象被称为非线性光学（non-linear optics，简写 NLO）效应，具有该性质的物质称之为非线性光学材料（有的简称 NLO 材料）。例如下面将要介绍的具有二阶非线性光学性质的材料，与频率为 ω 的激光作用时会产生频率为 2ω 的倍频光。而在经典的光学理论中，一般情况下强度不是很强的光与物质发生相互作用时，虽然会发生光的吸收、反射、散射等多种现象，但是光的频率不会发生改变。

　　由于非线性光学材料在激光倍频、激光影视、激光印刷等现代激光技术、在军事上应用的光学限制器以及在光通讯、光信号处理、信息储存等多种领域都有着广泛的应用，因此相关研究受到了广大科学工作者们越来越多的关注。非线性光学已经发展成为一门涉及化学、物理学、材料科学等多种学科的新兴学科。设计合成新型化合物、研究其物理化学性能是化学工作者们的专长。在非线性光学材料研究中也是如此，化学家们努力通过设计并合成新型化合物，企图从中得到具有优良非线性光学性能的新材料。

作为传统的非线性光学材料的无机化合物有稳定性好、结晶性好、实用性强等优点，但是其缺点是倍频系数小。而有机化合物则相反，由于通常有机化合物稳定性、结晶性都较无机化合物的差，因此其实用性也差，但是有机化合物作为非线性光学材料的优点是倍频系数大。如果能够将两者有机地结合起来，做到优势互补，就有可能设计合成出性能良好的非线性光学材料。这正是配位化学家们所期望并正在为此而努力。

非线性光学效应理论这里不作介绍，必要时可查阅相关的专著。从这些理论可以知道作为非线性光学材料重要的是其二阶非线性光学系数 β、χ^2 和三阶非线性光学系数 γ、χ^3。其中 β 和 γ 分别为分子的二阶和三阶非线性光学系数，而 χ^2 和 χ^3 则分别为宏观物质的二阶和三阶非线性光学系数。现在已经知道，要有二阶非线性光学效应，其分子及相应的宏观物质必须是非中心对称的，而对三阶非线性光学效应的分子或物质则没有此要求。下面我们就分别介绍具有二阶和三阶非线性光学性质化合物。

4.1.1　二阶非线性化合物

当激光作用到非线性光学材料上时，除了会产生与入射光频率 ω 相同的光（线性部分），还会产生频率为 2ω 的倍频光和频率为零的静电场（非线性部分）。通常将产生倍频光称为二阶谐波产生（second-harmonic generation，简称 SHG）效应或 SHG 效应，而产生静电场的则称为光学整流效应。对于二阶非线性化合物及其材料常用 SHG 来表示其二阶非线性光学性能。

由于目前实际使用的非线性光学材料都是大的单晶，因此只有纯粹的无机化合物才能够得到足够大的晶体，达到实际应用的要求。例如，磷酸二氢钾 KH_2PO_4（即非线性光学材料中常说的 KDP）可用于激光倍频，由中国科学院福建物质结构研究所研制的 β-偏硼酸钡（BBO）具有不易受损等特点，被用作紫外光的倍频和混频材料。此外，还有 α-石英（SiO_2）、砷化镓（GaAs）、铌酸锂（$LiNbO_3$）、磷酸氧钛钾（$KTiOPO_4$，简称 KTP）等。但是，这类无机化合物的共同特点就是它们的非线性光学系数都比较小。为此，科学家们正在努力寻找新的分子基非线性光学材料。

为了获得非线性光学系数较大的分子基材料，人们从实验和理论两方面进行了研究。一方面从已有的实验结果进行归纳总结，得到一些有用的经验规律，另一方面从事理论研究的科学家们还利用有限场（finite field）、状态求和（sum over state，SOS）等方法从理论上探讨了显示较大非线性光学系数化合物的因素和条件，从而为设计合成具有良好非线性光学性能的化合物提供基础和理论依据。前面提到了分子和宏观物质的二阶非线性光学系数 β 和 χ^2，因此，要得到好的非线性光学材料需要兼顾考虑 β 和 χ^2。首先，根据分子设计（molecular design）等思路，合成 β 值较大的非中心对称分子，然后通过晶体工程（crystal engineering）的方法将分子组装、堆积成 χ^2 尽可能大的宏观晶体。

状态求和等理论研究结果预测：可以产生强的分子内电荷跃迁的非中心对称分子可能成为性能良好的二阶非线性光学材料。例如，可极化的含有共轭 π 键的分子一般具有较大的二阶非线性光学系数 β，若在共轭体系的合适位置上引入给电子和受电子基团将会导致分子的电荷产生不对称分布，从而可以进一步增大其 β 值，增强其二阶非线性光学效应。因此，D-π-A 结构通式可作为设计合成具有二阶非线性光学性能化合物的有效途径，其中 D 和 A 分别代表给电子（donor）和受电子（acceptor）基团，含 π 电子的基团起着桥联的作用。例如，对硝基苯胺（$p\text{-}NO_2C_6H_4NH_2$）也可以表示为 D-π-A 结构（见图 4.1），其二阶非线性光学系数 β 与单取代的硝基苯（$C_6H_5NO_2$）和苯胺（$C_6H_5NH_2$）的 β 值相比增强了好多倍。另外，非线性光学效应研究中常用来作为对比参照的尿素的 β 值为 $0.45\times10^{-30}\,esu$。

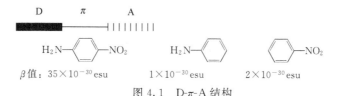

图 4.1   D-π-A 结构

上面的设计思想无论是对有机化合物还是对金属配合物都是适用的。而且，由于配合物中一般有更强的配体到金属的电荷跃迁（LMCT）、金属到配体的电荷跃迁（MLCT）(见 2.2.1) 以及配体内的电荷跃迁（intraligand charge transfer，IL-CT）。因此，配合物中含金属离子部分可以作为 D-π-A 结构中的给电子（D）、受电子（A）或者是桥联基团部分。需要指出的是尽管许多配合物拥有 LMCT，但是到目前为止还没有报道证明有化合物的二阶非线性光学效应是由 LMCT 引起的。

下面我们来具体看几类配位化合物的二阶非线性效应研究。

（1）单核金属配合物　在该类配合物中研究报道最多的应该是含有金属茂基的配合物。图 4.2 中给出了几个典型的例子，其中富含电子的金属茂基是作为电子给

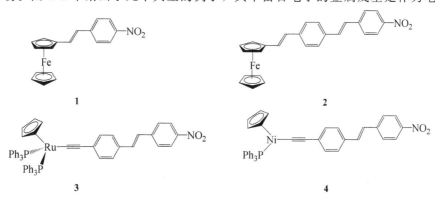

图 4.2   部分含金属茂基的具有二阶非线性光学性能的配合物

体（D）。实验结果表明该类化合物一般具有较高的二阶非线性光学系数 β，而且其二阶非线性光学性能与金属茂基的价电子数（18 电子、16 电子或是 14 电子等），即金属茂基的给电子能力以及中心金属的可氧化性等有关，含有价电子数越多、中心金属越容易被氧化的金属茂基化合物的二阶非线性光学性能就越好，例如图 4.2 中的化合物 **3** 和 **4** 的 β 值分别是 232×10^{-30} 和 120×10^{-30} esu。

另一类研究较多的化合物是金属羰基配合物。例如，含有羰基和取代吡啶配体的钨配合物（见图 4.3）显示出一定的二阶非线性光学效应。非线性光学响应不强可能是由于取代吡啶配体的 π 电子与金属羰基组分之间的 π-偶合较弱造成的。有趣的是当吡啶配体上的取代基团为吸电子的硝基（**5**）时，其二阶非线性光学效应是由金属到配体的电荷跃迁（MLCT）主导的，而当吡啶配体上的取代基为给电子基团（**6**）时，其二阶非线性光学效应则变为由配体内的电荷跃迁（ILCT）主导。

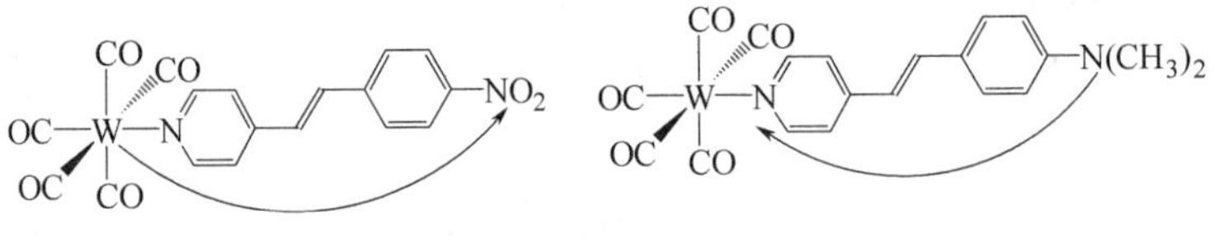

图 4.3　具有二阶非线性光学效应的金属羰基配合物

以上 2 类化合物实际上都是金属有机化合物。而图 4.4 中给出的则是经典的配合物。其中 **7** 为六配位八面体型二价钌配合物，除了有 5 个氨分子与 Ru(Ⅱ) 配位之外，还有 1 个 4,4′-联吡啶的 1 个氮原子与 Ru(Ⅱ) 配位，另 1 个氮原子由于被甲基化成为季铵盐而带有正电荷，因此是很强的电子接受体。加之 Ru(Ⅱ) 又是强有力的电子给体，所以配合物 **7** 中很容易发生强的 MLCT，从而导致该配合物呈现出良好的二阶非线性光学性能，其 β 值为 123×10^{-30} esu。

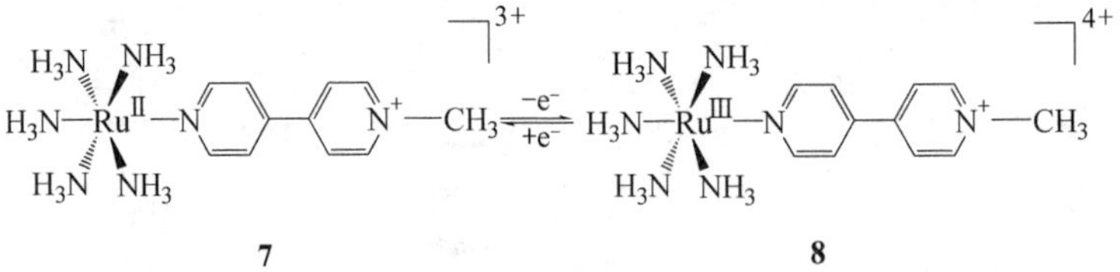

图 4.4　钌配合物及其氧化还原反应

二价钌与三价钌配合物之间可以发生可逆的氧化还原反应。用化学或电化学的方法将配合物 **7** 进行单电子氧化后生成三价钌配合物 **8**，由于 Ru(Ⅱ) 失去 1 个电子后形成的 $[Ru^{Ⅲ}(NH_3)_5]^{3+}$ 部分成为强有力的电子接受体，从而失去了作为电子给体的能力，因此在三价钌配合物 **8** 中就没有二价钌配合物中的 MLCT 发生，其结果是配合物 **8** 的二阶非线性光学性能急剧下降。也就是说通过 Ru(Ⅱ)/Ru

(Ⅲ）配合物之间的转换可以得到二阶非线性光学效应截然不同的 2 种状态，实际上这是一种二阶非线性光学效应开关。

配合物中含金属离子部分除了可以作为 D-π-A 结构中的电子给体（D）或电子受体（A）部分之外，还可以作为 π-桥联基团连接电子给体（D）和电子受体（A)。其中典型的例子有含卟啉（及其衍生物）基团和含席夫碱配体的配合物，例如图 4.5 中的配合物 **9** 和 **10**。配合物 **9** 中的卟啉部分有金属离子配位时其 π-电子共轭性增强，因此其非线性光学系数非常高 $\beta = 800 \times 10^{-30}$ esu。**10** 是一类席夫碱型配合物，随着取代基团 D 和 A 的不同，配合物的二阶非线性光学性能会产生很大的变化，从而可以通过取代基的选择来调节其非线性光学性能。

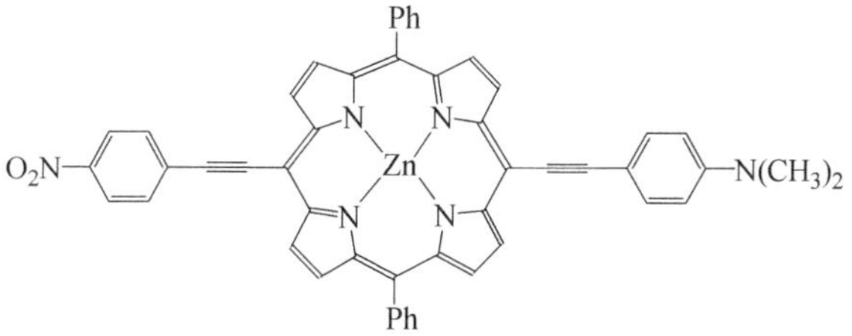

9

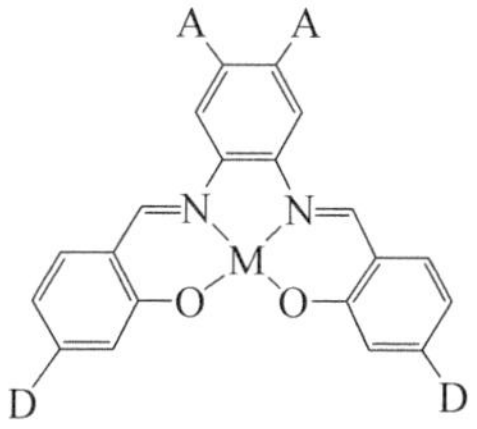

A：NO_2；Cl；CN
D：$N(CH_2CH_3)_2$
M：Co(Ⅱ)；Ni(Ⅱ)；Cu(Ⅱ)

10

图 4.5　含金属部分作为桥联基团连接电子给体（D）和电子受体（A）

(2) 双核金属配合物　从上面的描述中可以看出选择合适的电子给体（D）和电子受体（A）就有可能得到良好的二阶非线性光学效应。如果 D 和 A 结构单元中都含有金属离子或原子，那么得到的就是双核金属配合物。例如，含有 Ru(Ⅱ）和 Ru（Ⅲ）混合价的双核钌配合物 **11** 和 **12**（见图 4.6）都显示出非常好的二阶非线性光学效应，其 β 值分别是 81×10^{-30} esu 和 69×10^{-30} esu。其中 Ru(Ⅱ）部分作为电子给体，而 Ru(Ⅲ）部分作为电子受体，两者通过氰根离子（CN^-）桥联在一起。该类配合物的二阶非线性光学效应被认为是由 Ru(Ⅱ)-Ru(Ⅲ)→Ru(Ⅲ)-Ru(Ⅱ）价态间的电荷跃迁(inter-valence charge transfer，简称 IVCT）而产生的。

此外，还有多种异双核金属配合物（见图 4.6 中的 **13**）二阶非线性光学效应方面的研究报道，这里不再详细叙述。

(3) 配位聚合物　上面介绍的实际上是单核、双核配合物分子的二阶非线性光学性能研究。要真正成为有用的二阶非线性光学材料，还需要通过 LB 膜技术、自组装、晶体生长等手段将这些分子按一定的方式排列、堆积成非中心对称的宏观物

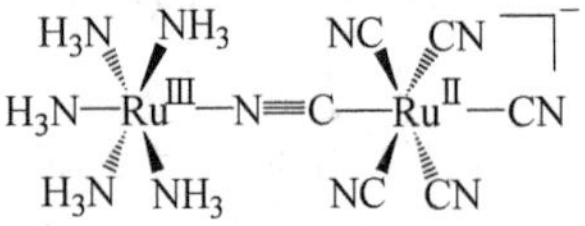

图 4.6　含有电子给体和电子受体的同双核和异双核金属配合物

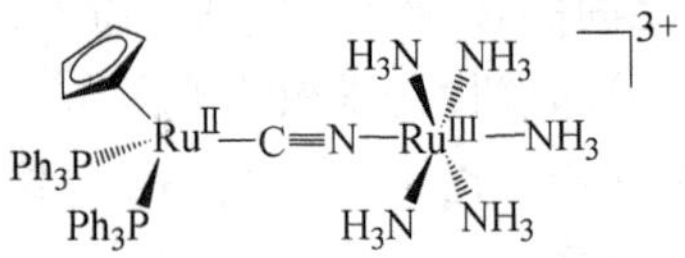

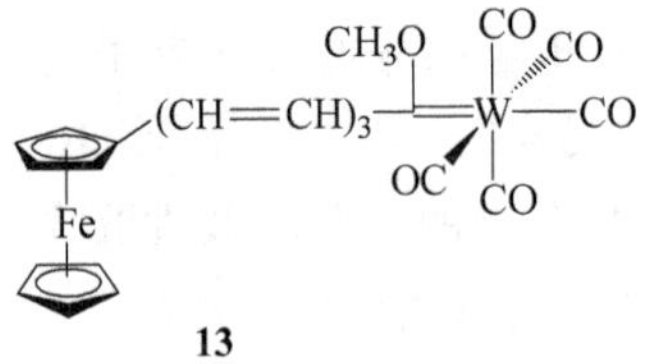

质。另外，近年来通过设计合成合适的有机配体和选择特定配位数、配位构型的金属离子，将两者组装成具有特定结构和性能化合物方面的研究得到了迅猛发展。利用该类自组装原理人们尝试通过一定的设计和筛选得到非中心对称的一维、二维和三维配位聚合物，并研究其二阶非线性光学性能。

　　利用晶体工程的方法组装具有二阶非线性光学性能的配位聚合物一般要求满足以下两个条件：首先，作为形成网络结构的结点（node）和间隔基团（spacer）要能够连接形成非中心对称的拓扑结构，由于通常情况下是金属离子作为结点，有机配体作为间隔基团，所以要选择合适配位数、配位构型的金属离子和有机配体，使两者组装反应之后能够形成非中心对称的网络结构；再者，这些网络结构通过贯穿或非贯穿的方式堆积时不能产生对称中心，形成的空间群必须是非中心对称的。下面介绍几个具体的例子。

　　三维金刚烷型网络（diamondoid network）结构由于缺少对称中心而成为具有非线性光学性能配位聚合物研究的有利对象。实际上前面提到的作为非线性光学材料使用的 KDP 在结晶过程就形成了类似于金刚烷型的结构。现有的研究结果显示利用不对称的有机配体连接具有四面体配位构型的金属离子可以得到非中心对称的三维金刚烷型网络结构。需要注意的是，尽管每个独立的三维金刚烷型网络结构是非中心对称的，但是这些非中心对称的网络结构经过一定的方式堆积之后可能是非中心对称的，也可能是中心对称的，即堆积时可能产生对称中心。例如，对于通过多重贯穿方式堆积的配合物中，研究发现奇数重贯穿（3 重、5 重、7 重贯穿等）的情况下得到的是非中心对称的，而通过偶数重贯穿（2 重、4 重、6 重贯穿等）堆积起来的则是中心对称的。因此，通过前者堆积方式的三维金刚烷型网络结构可能具有二阶非线性光学效应，而后者则没有。

　　Lin 等人利用图 4.7 中所示的不对称配体 L1～L4 与 Zn（Ⅱ）、Cd（Ⅱ）等金属盐组装得到了一系列具有多重贯穿的三维金刚烷型网络结构的配位聚合物，研究了它们的结构、二阶非线性光学效应。这些配合物一般是在水热或溶剂热反应（见

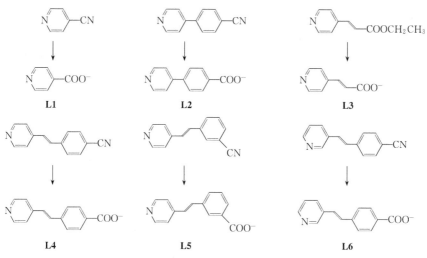

L1　　　　　　　　　**L2**　　　　　　　　　**L3**

L4　　　　　　　　　**L5**　　　　　　　　　**L6**

图 4.7　用于构筑三维、二维网络结构的不对称有机配体

2.1.4）条件下合成得到，在配体和金属离子选择（设计）上有以下考虑：首先配体方面，使用的都是不对称的配体，其中一端含有吡啶基团，另外一端是羧酸根离子，两者通过芳香环或烯烃基团连接在一起，从而形成 π-共轭体系，而且这些配体中的羧酸根离子是由氰基或酯基在水热或溶剂热反应条件下水解得到的（见图 4.7）；其次金属离子选择了 Zn(Ⅱ)、Cd(Ⅱ)，一方面这些金属离子都具有 d^{10} 电子构型，因而没有因为 d-d 跃迁而产生对光的吸收，另一方面，这些金属离子具有潜在的四面体或假四面体（pseudotetrahedral）配位构型。因此，利用这些配体和金属离子组装可能得到具有二阶非线性光学效应的配位聚合物。

$$\text{Cd(NO}_3)_2 \cdot 4\text{H}_2\text{O}$$
$$+ \xrightarrow[\text{C}_6\text{H}_5\text{N}]{\text{CH}_3\text{CH}_2\text{OH, H}_2\text{O}} [\text{Cd(L2)}_2] \cdot \text{H}_2\text{O}$$

例如，硝酸镉与 4-(4-吡啶基)苯基氰在吡啶、乙醇和水中 140℃条件下反应一周时间后得到配合物 ［Cd(**L2**)₂］·H_2O（见图 4.8）。X 衍射晶体结构分析结果

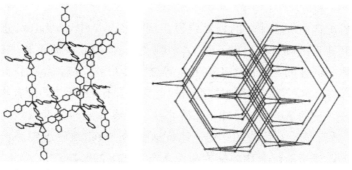

(a) 部分三维金刚烷型网络结构　　　　(b) 7 重贯穿的结构

图 4.8　具有二阶非线性光学效应的镉配位聚合物

显示该配合物具有三维金刚烷型网络结构，并且以 7 重贯穿的方式堆积成非中心对称的 Ia 空间群。因此，可以预测该配位聚合物可能具有二阶非线性光学效应。实验结果证实其粉末样品的 SHG 效应是 α-石英的 310 倍。作为比较，无机化合物铌酸锂的 SHG 效应是 α-石英的 600 倍。

$$Zn\,(ClO_4)_2 \cdot 6H_2O$$
$$+$$
$$\xrightarrow[C_6H_5N]{CH_3CH_2OH,\ H_2O} [Zn_2\,(\mu\text{-}OH)\,(\mathbf{L2})_3] \cdot CH_3CH_2OH$$

有趣的是同样的配体与高氯酸锌在非常相近的条件（130℃下反应 6 天）下反应得到的配合物 $[Zn_2\,(\mu\text{-}OH)(\mathbf{L2})_3] \cdot CH_3CH_2OH$（见图 4.9）没有二阶非线性光学效应。这种性质上的不同实际上是由它们结构上的不同决定的。锌配合物的空间群为 $P2_1/c$，是中心对称的，而镉配合物的是非中心对称的空间群。锌配合物中由于有羟基桥联的双核锌结构单元存在，因此尽管锌是变形四面体配位构型，但是每个锌只与来自 3 个不同配体的 N 或 O 配位，而在上面的镉配合物中每个镉连接 4 个配体。这种配位方式使得锌配合物形成了具有中心对称的三维金刚烷型网络结构，尽管它们是以 5 重贯穿的方式堆积。因此，该配位聚合物不显示二阶非线性光学效应。

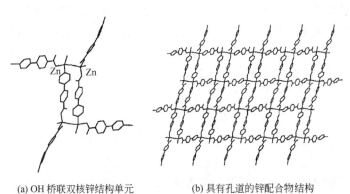

(a) OH 桥联双核锌结构单元 (b) 具有孔道的锌配合物结构

图 4.9 没有二阶非线性光学效应的锌配位聚合物

改变有机配体中配位原子的相对位置，例如图 4.7 中 **L5** 和 **L6** 分别含有 3-位羧酸根离子和 3-位吡啶基团，而不是 **L1**～**L4** 中 4-位羧酸根离子和 4-位吡啶基团。利用这些配体与同样的 Zn(Ⅱ)、Cd(Ⅱ) 等金属盐组装反应，结果得到了二维网格状的配位聚合物，而不是三维金刚烷型结构。其中含有 **L5** 配体的配合物 $[Cd(\mathbf{L5})_2]$ 结晶为非中心对称的 $Fdd2$ 空间群，二阶非线性光学效应研究发现该配合物的粉末样品的 SHG 效应是 α-石英的 800 倍，比铌酸锂的 SHG 效应还要高。以上结果表明配体结构的改变将对配合物的结构和性质产生很大的影响。

4.1.2 三阶非线性化合物

虽然化合物的三阶非线性光学性质对分子的对称性没有特定的要求，但是已有的研究结果表明分子内的共轭体系对其三阶非线性光学性质有直接影响。一般共轭体系越大的分子其三阶非线性光学性能越好。三阶非线性光学材料在光开关、光限制器等方面有很好的应用。

所谓光限制（optical limiting）效应就是对弱入射光是透明的，即透射光强与入射光强之间成线性关系，而对强入射光则是不透明的，即当入射光超过一定强度时，其透射光强达到一个饱和值（极限值），从而起到限制光强度的作用。光限制作用可以起到保护光学传感器和人的眼睛等作用，具有十分重要的应用价值。例如，如果将具有光限制效应的材料制成薄膜或薄片置于精密仪器的光学检测器窗口之前，就可以让弱信号顺利通过而不让破坏性强光通过，从而起到保护检测器的目的。光限制效应通常用光限制阈值（optical limiting threshold）和饱和光通量来表示，光限制阈值就是实际透过率为相应的线性透过率的50％时的入射光强度，而饱和光通量即为透过光通量的极限值。因此，光限制阈值和饱和光通量值越小，其光限制效应就越好。光限制效应来源于材料的非线性光学吸收和非线性光学折射两个方面。

目前，已经有多种方法可以测定非线性光学吸收和非线性光学折射，如简并四波混频法、非线性干涉法、Z-扫描法等。其中 Z-扫描法由于操作简单、灵敏度高等特点而成为常用的一种测试方法。在 Z-扫描法测试过程中通过开孔和闭孔两种方式可以分别测得样品的非线性光学吸收和非线性光学折射的实验数据，再经过拟合、数学计算等即可得到非线性光学吸收系数 α_2 和非线性光学折射率 n_2。如果 $n_2 < 0$，表明所测化合物为自散焦，在光学上相当于凹透镜；相反如果 $n_2 > 0$，则表明为自聚焦，相当于凸透镜。

三阶非线性光学材料中研究较多的除了 GaAs 等无机半导体材料之外，主要有 C_{60}、酞菁类、原子簇化合物以及配位化合物等。下面以原子簇化合物和配位聚合物为例来介绍三阶非线性光学性质研究。

2.1.6 中我们介绍了利用低热固相反应合成各种不同骨架结构的 Mo(W，V)-S-Cu(Ag，Au) 原子簇化合物的研究，对它们的非线性光学吸收、非线性光学折射以及光限制效应等性质方面也有较为系统的研究和报道。例如，图 2.14(c) 中显示的具有双鸟巢状结构原子簇化合物 $(Et_4N)_4[Mo_2O_2S_6Cu_6I_6]$ 的非线性光学吸收系数 α_2 和非线性光学折射率 n_2 分别为 4×10^{-10} m·W^{-1} 和 -6×10^{-17} m²·W^{-1}，三阶非线性光学系数 χ^3 为 1.6×10^{-10} esu。二十核笼状 [见图 2.14(d)] 化合物 $(Bu_4N)_4[Mo_8Cu_{12}O_8S_{24}]$ 的 α_2、n_2 和 χ^3 则分别为 2.3×10^{-9} m·W^{-1}、-3.5×10^{-16} m²·W^{-1} 和 8.2×10^{-10} esu。结果表明这两个原子簇化合物具有较强的非线性光学吸收和一定的自散焦能力。光限制性能研究发现这类原子簇化合物具有优良的光限制性能，如具有六棱柱型结构的原子簇化合物 $[Mo_2Ag_4S_8(PPh_3)_4]$ 在乙腈溶液中 532nm 纳秒激光脉冲下的光限制阈值为 0.1J·cm^{-2}，具有类立方烷结构 [见图 2.14(a)] 的化合物 $(Bu_4N)_3[MoS_4Ag_3BrI_3]$ 在乙腈溶液中的光限制阈值为

$0.5 \mathrm{J} \cdot \mathrm{cm}^{-2}$，而酞菁衍生物和 C_{60} 在甲苯溶液中的光限制阀值分别为 $0.1 \mathrm{J} \cdot \mathrm{cm}^{-2}$ 和 $1.6 \mathrm{J} \cdot \mathrm{cm}^{-2}$。

除了上面介绍的原子簇化合物之外，三阶非线性光学性质研究报道较多的还有金属茂类、金属-炔烃等有机金属化合物以及含有二硫烯（或多硫代二硫烯）、氨基硫脲类配体的配位化合物。随着分子组装（参见第 5 章）研究的不断深入以及向材料科学的渗透和发展，近年来人们开始了配位聚合物三阶非线性光学性质方面的研究工作。从目前已经报道的数据来看配位聚合物非线性光学吸收系数 α_2 和非线性光学折射率 n_2 分别在 $10^{-9} \sim 10^{-11} \mathrm{m} \cdot \mathrm{W}^{-1}$ 和 $10^{-18} \sim 10^{-19} \mathrm{m}^2 \cdot \mathrm{W}^{-1}$ 范围内，受配体结构、中心金属离子电子构型等因素的影响，配位聚合物的非线性光学折射有的是自聚焦，有的则呈现自散焦。配位聚合物的三阶非线性光学系数 γ 和 χ^3 则分别在 $10^{-29} \sim 10^{-31} \mathrm{esu}$ 和 $10^{-11} \sim 10^{-13} \mathrm{esu}$。与上面介绍的原子簇化合物相比较可以看出：非线性光学吸收效应两者相近，在同一个数量级上；非线性光学折射效应，原子簇化合物的可以达到 $10^{-16} \mathrm{m}^2 \cdot \mathrm{W}^{-1}$，因此较配位聚合物的要稍强一些。

这里介绍两个含有不同有机配体的铅配位聚合物的三阶非线性光学性质研究。利用咪唑为配位基团、联苯为间隔基团的配体 bimb 与硝酸铅在 DMF 溶液中反应，得到了配位聚合物 $\{[\mathrm{Pb}(\mathrm{bimb})_{1.5}(\mathrm{NO}_3)_2](\mathrm{DMF})\}_n$。X 衍射晶体结构分析结果显示每个铅与来自 3 个不同配体的咪唑氮原子配位，而每个 bimb 配体连接两个铅原子，从而形成了图 4.10 所示的一维梯子状结构。当利用以苯为间隔基团的配体 dimb 与乙酸铅、硫氰化钾在甲醇溶液中反应则得到了结构完全不同的配位聚合物 $[\mathrm{Pb}(\mathrm{dimb})_2(\mathrm{SCN})_2]_n$。一方面由于配体 bimb 和 dimb 不同，另一方面阴离子也不同，SCN^- 离子在配合物 $[\mathrm{Pb}(\mathrm{dimb})_2(\mathrm{SCN})_2]_n$ 中有 2 种不同的配位方式，一种是

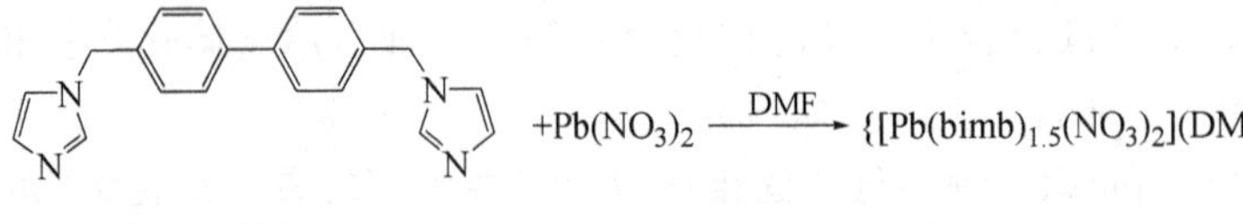

bimb

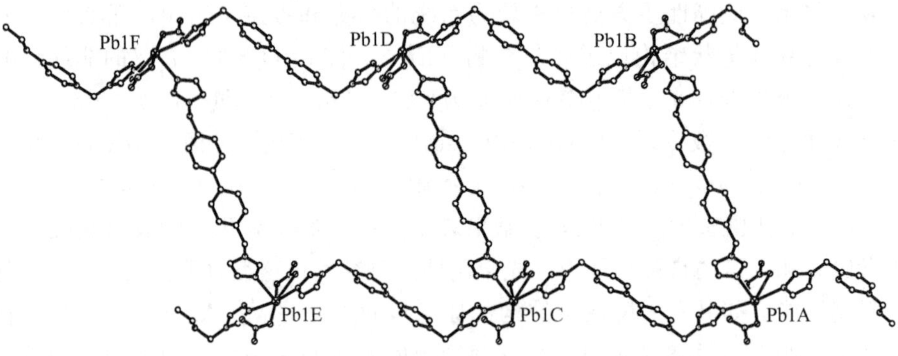

图 4.10　具有一维梯子状结构的铅配位聚合物 $\{[\mathrm{Pb}(\mathrm{bimb})_{1.5}(\mathrm{NO}_3)_2](\mathrm{DMF})\}_n$

单齿端基配位，另一种是利用其 S 和 N 原子连接两个铅原子，起到桥联的作用，因此配合物[Pb(dimb)₂(SCN)₂]ₙ的结构是二维网格状（见图 4.11），而不是一维梯子状。

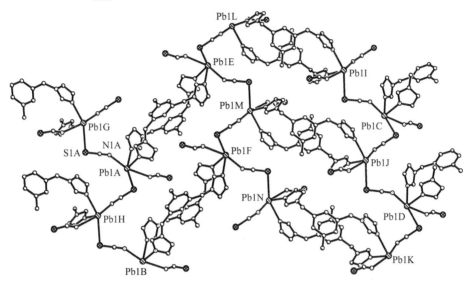

图 4.11　具有二维网格状结构的铅配位聚合物 [Pb(dimb)₂(SCN)₂]ₙ

利用 Z-扫描技术研究了以上两个铅配位聚合物的三阶非线性光学性质，其中在 DMF 溶液中的非线性光学折射数据示于图 4.12 中。从中可以看出，尽管这两个配位聚合物的结构相差悬殊，但是它们的三阶非线性光学性质却比较相近，都显示出很弱的非线性光学吸收和较强的非线性光学折射。它们的三阶非线性光学折射

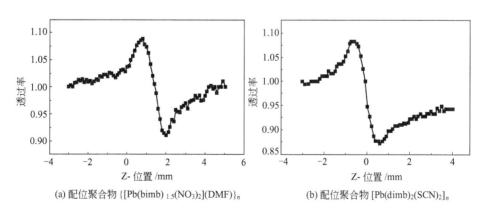

(a) 配位聚合物 {[Pb(bimb)₁.₅(NO₃)₂](DMF)}ₙ　　　(b) 配位聚合物 [Pb(dimb)₂(SCN)₂]ₙ

图 4.12　Z-扫描图

率 n_2 分别为 $-7.15 \times 10^{-19}\,\mathrm{m}^2 \cdot \mathrm{W}^{-1}$ 和 $-8.34 \times 10^{-19}\,\mathrm{m}^2 \cdot \mathrm{W}^{-1}$，$n_2$ 均小于零，表明都显示出自散焦效应。计算得到它们的三阶非线性光学系数 χ^3 分别为 $5.42 \times 10^{-13}\,\mathrm{esu}$ 和 $6.25 \times 10^{-13}\,\mathrm{esu}$。配位聚合物的三阶非线性光学性质，以及结构与性质之间的关系等还有待于进一步系统而深入的研究。

4.2 稀土配合物发光与材料

稀土元素由于含有 f 电子而使得含有稀土原子或离子的化合物具有很多独特的物理和化学性质。因此，稀土元素虽然发现比较晚，但是稀土元素化学的发展非常快。我国稀土资源丰富，广大科学工作者们在稀土的萃取、分离、纯化以及稀土金属配合物的制备、结构、催化性能等方面开展了一系列系统而深入的研究工作，取得了许多得到国际同行认可和赞许的成果。稀土配位化学是 20 世纪兴起并逐步发展起来的一个分支学科。近年来稀土配合物以及稀土-过渡金属配合物由于在配位催化、发光材料、磁性材料等方面有着广阔的应用前景，因而相关研究工作已经引起了人们的极大兴趣。这一节中我们着重介绍近年来国内外在稀土配合物发光性能方面的研究工作。

当分子或固体材料从外界接收一定的能量（外界刺激）之后，发射出一定波长和能量的光的现象称之为发光（luminescence）。根据外界刺激（激发源）的方式可以将发光分为光致发光（photoluminescence，简称 PL）、电致发光（electroluminescence，简称 EL）等（见表 4.1）。下面我们将主要介绍研究较多的金属配合物的光致发光和电致发光。实际上从发光原理来讲，无论是何种外界刺激都是使分子从基态激发到激发态，而这种激发态不是一种稳定的状态，需要通过某种途径释放出多余的能量后回到稳定的状态。如果这个释放能量的途径是以辐射光子的形式来实现的话就会产生发光现象，这一过程一般称为辐射跃迁。除了发光的辐射跃迁

表 4.1 常见的几种发光类型

发光类型	激发源	应 用
光致发光(photoluminescence)	光子	等离子体显示器
电致发光(electroluminescence)	电场	发光二极管(LED)、电致发光显示器(ELD)
阴极发光(cathodoluminescence)	电子流	彩色电视机、监测器材
摩擦发光(triboluminescence)	机械能	
化学发光(chemiluminescence)	化学反应能	分析化学
生物发光(bioluminescence)	生物化学反应能	
X 射线发光(X-ray luminescence)	X 射线	X 射线放大器
声致发光(sonoluminescence)	超声波	
热致发光(thermoluminescence)	热能	
溶剂发光(solvatoluminescence)	光子	检测器

之外，还有振动弛豫、电子转移、系间窜跃等方式释放多余的能量，这些途径释放能量都不伴随发光现象。这就说明了在受到光照等外界刺激时，为什么有些分子、固体材料会发光，而有的则不发光。因此，为了提高分子的发光效率一方面要增强分子的辐射跃迁，另一方面要尽可能减少辐射跃迁之外的其他可能释放能量的途径。

金属配合物由于其特定的组成和结构，使其可能具有很好的发光性能而成为人们研究的热点。而稀土金属离子由于激发态的寿命相对较长（$10^{-2} \sim 10^{-6}$ s），从而使得含有稀土金属离子的配合物作为发光材料具有诱人的应用前景。

4.2.1 光致发光

通常情况下，分子或固体材料发出的光有 2 种：荧光（fluorescence）和磷光（phosphorescence）。其中主要的是荧光，一般所说的发光都是指荧光，有时甚至将发光和荧光互为通用。荧光和磷光的区别以前是根据发光时间的长短（寿命）来判断。荧光的寿命很短，当外界刺激（光照）停止后，发光现象就随之消失；而磷光的寿命则较长，即使外界刺激停止后发出的光仍然能够维持一定的时间，因此根据寿命的不同从现象上可以区分发出的光是荧光还是磷光。当然，这种发光寿命的长短实际上是由于两者辐射跃迁方式不同造成的，因此现在是从发光机理上来区分荧光和磷光。亦即从第一激发单线态回到基态的辐射跃迁产生的光为荧光，而从三线态回到基态时辐射跃迁发出的光为磷光。

根据发光时辐射跃迁的激发态是来源于配体还是来自金属离子可以分为配体发光配合物和金属离子发光配合物。当金属离子的最低激发态 m* 能级高于配体的最低激发单线态 S_1 时，辐射跃迁则不经过金属离子的最低激发态而直接发出荧光或磷光，成为配体发光配合物［见图 4.13(a)］。需要注意的是有些情况下金属离子对配体发光配合物的发光作用有重要影响。尽管金属离子的最低激发态没有直接参与发光的辐射跃迁过程，但是由于配体与金属离子间配位作用的存在，改变了配体中电子的分布（尤其是配位原子周围电子的分布）状况、配体的构象以及分子间相互作用等，从而改变了其发光性能。典型的例子有 8-羟基喹啉（Q-OH）本身没有

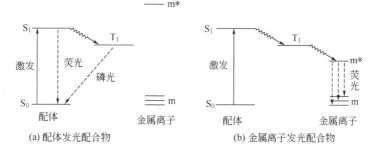

图 4.13　配体发光配合物及金属离子发光配合物的能级图

S_0 和 m 分别为配体和金属离子的基态；S_1、T_1 和 m* 分别代表配体的最低
激发单线态、最低激发三线态和金属离子的最低激发态

发光性能，但是当 8-羟基喹啉中的氧和氮原子与铝等金属离子作用形成配合物
[Al(Q-OH)₃] 后就可以发出绿色荧光。这一类配体发光配合物中的金属离子多为
非过渡金属离子，配体则多为含有芳香基团的有机配体。

相反，如果金属离子的最低激发态 m* 能级较低时，配体最低激发单线态 S₁ 不直
接发出荧光或磷光而回到基态，而是经过分子内能量传递（无辐射跃迁），经配体的最
低激发三线态 T₁ 后传递到金属离子的最低激发态 m*，再由 m* 以荧光的形式发生辐射
跃迁回到基态，因此最终表现为金属离子发光配合物 [见图 4.13(b)]。金属离子发光配
合物中的金属离子多为稀土金属离子，如 Eu^{3+}、Tb^{3+}、Sm^{3+}、Dy^{3+} 等。

影响配合物光致发光性能的因素有很多，主要有配合物自身的金属离子的电子
构型和能级、配位构型和配位环境、配体以及外界条件如溶剂（溶液荧光）、温度
等。对于三价稀土金属离子来说可根据其发光情况可以分为不发光、弱发光和强发
光 3 种。例如，没有 f 电子的 La^{3+}、f 轨道全充满的 Lu^{3+} 因为不能发生 f-f 跃迁而
成为不发光稀土离子，而 f 轨道为半充满的 Gd^{3+} 则因为激发态能级太高，所以在
可见区也不发光。除了上面提到的这些 f^0、f^7 和 f^{14} 电子构型的离子之外，其他的
稀土金属离子一般都有发光性质，但是由于激发态和基态之间能级差别大小的不
同，导致其发光有强弱不同。Pr^{3+}（$4f^2$）、Nd^{3+}（$4f^3$）、Ho^{3+}（$4f^{10}$）、Er^{3+}（$4f^{11}$）、
Tm^{3+}（$4f^{12}$）和 Yb^{3+}（$4f^{13}$）因为激发态和基态的能级相近，两者之间的差别较小，
从而使得非辐射跃迁途径释放能量的机会增多，因此这些离子只能观测到弱的发光
现象。相比之下，Sm^{3+}（$4f^5$）、Eu^{3+}（$4f^6$）、Tb^{3+}（$4f^8$）和 Dy^{3+}（$4f^9$）的激发态和
基态之间的能级差比较适中，因此可以发出强光。此外，稀土金属离子周围的配位
环境对配合物的发光性能也有很大影响。与过渡金属配合物中的过渡金属离子不一
样，稀土金属离子一般趋向于形成高配位数（大于 6）的配合物。当稀土金属离子
与有机配体作用形成配合物时由于电荷、立体位阻等原因，往往与稀土金属离子配
位原子并不是全部来自有机配体，而是其中的一部分来自配体，另一部分来自水
分子、溶剂分子等。研究结果表明这些与金属离子配位的水分子、溶剂分子等会削
弱稀土金属配合物的发光性能，原因可能是这些小分子参与了非辐射跃迁的能量传
递，消耗了部分能量，从而降低了稀土金属配合物的发光效率。如果加入与稀土金
属离子配位能力更强的较大配体或螯合配体以取代水分子或溶剂分子得到不含有水
分子或溶剂分子的稀土配合物，比较两者的发光性能发现取代后配合物的荧光强度
出现成倍增长。例如，图 4.14 中显示的两个 α-噻吩三氟乙酰丙酮（TTA)-Eu^{3+} 配

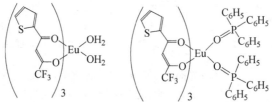

图 4.14 两种发光强度不同的 α-噻吩三氟乙酰丙酮（TTA)-Eu^{3+} 配合物

合物中一个以水为辅助配体，另一个以三苯基氧磷（TPPO）为辅助配体，两者的发光强度就相差很大，后者的发光效率要比前者强好多。

因此，在设计发光配合物时要尽可能地避免水分子或溶剂分子与稀土金属离子之间的直接配位作用。另外，在测定配合物的溶液荧光时要避免使用配位能力较强的溶剂，以免发生溶剂分子取代原有的配体而与金属离子配位。为此，要选择合适的有机配体以满足稀土金属离子的多配位特点，必要时要采用 2 种或 2 种以上的配体共同与稀土金属离子配位形成三元或多元稀土配合物。

现在一般认为稀土配合物的光致发光通常经过图 4.13(b) 所示的过程。即首先配体部分接受光照由基态到激发态，再经分子内能量传递（ET）到金属离子激发态，最后由稀土金属离子发出其特征荧光。理论上讲配体由基态到激发态的跃迁有 3 种：$\sigma \to \sigma^*$、$n \to \pi^*$ 和 $\pi \to \pi^*$。但是，实际上常见的多为 $\pi \to \pi^*$ 跃迁，主要来源于配体中不饱和双键上的 π 电子跃迁；只有少部分来自 $n \to \pi^*$ 跃迁，主要是含有杂原子的配体中杂原子上未参与成键的 p 电子跃迁所致；而 $\sigma \to \sigma^*$ 跃迁因为需要较高的能量，因此这种跃迁一般不易发生。目前报道的用于稀土配合物发光研究的有机配体种类很多，包括三苯基氧磷类单齿、联吡啶类和 β-二酮类双齿以及大环类、穴醚类多齿配体等。

利用稀土配合物的光致发光性质可以实现光转换的分子器件。这里介绍一个 Lehn 在他诺贝尔奖获奖报告中提到的利用稀土铕配合物将紫外光转换为可见光的研究例子。利用双大环穴醚配体与 Eu^{3+} 通过配位键合作用形成的配合物能够实现不同波长光之间的转换（见图 4.15）。这一过程可以分为吸收（A）、能量传递（ET）和发射（E）3 步。首先在紫外光（激发波长为 320nm）照射下配体联吡啶基团吸收紫外光产生 $\pi \to \pi^*$ 激发跃迁，然后通过系间窜越和分子内能量传递，将能量传递给中心金属离子 Eu^{3+}，最后再由 Eu^{3+} 发射出纯正红色的光（最大特征发射波长在 617nm 左右）。因此，该类双大环穴醚和 Eu^{3+} 的配合物可作为光转换分子器件的模型，可将紫外光转换为可见光。在这一过程中，配体联吡啶基团可看作

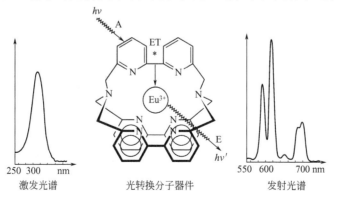

图 4.15　Eu^{3+}-穴醚配合物作为光转换分子器件模型

为一个光聚集器（天线），Eu^{3+} 则相当于光发射器。

4.2.2 电致发光

　　如前所述，如果物质不是在光照而是在外加电场的作用下发光的现象称为电致发光（EL）。从这个定义可以看出，实际上电致发光与光致发光之间没有本质的区别，只是激发的方式不同。理论上讲，电致发光和光致发光的发光机理以及发光光谱都很相似。但是，从实际应用发光材料的角度来讲，两者有很大的不同。作为发光材料中发光体的金属配合物的要求不一样。用于电致发光的配合物必须具有良好的光致发光性能，因此实际上是光致发光配合物在电致发光器件中的一种应用。除此之外，作为电致发光的配合物还必须具备足够的稳定性，能够满足在电致发光材料加工过程中不发生分解的条件；再者，用于电致发光的配合物还要具有良好的导电性和载流子传输能力。另外，配合物还要有可加工性，一般需要将配合物加工成薄膜后用作电致发光材料，这就要求配合物要有一定的成膜性。总之，电致发光对配合物的要求要比光致发光的高。

　　目前研究较多的是分子薄膜电致发光器件。该器件一般由阴极、发光层和阳极组成，其中阴极材料通常为镁、铝、银等金属，阳极材料为氧化铟-氧化锡（indium tin oxide，简称 ITO）玻璃，发光层则为具有良好发光性能的金属配合物。其结构如图 4.16(a) 所示，这是最简单的单层夹心式结构。如果在发光层与阴极或发光层与阳极之间加入一层所谓的传输层变为双层结构，或者是在发光层与阴极和发光层与阳极之间分别加入一层电子传输层（electron transport layer）和空穴传输层（hole transport layer）形成三层结构［见图 4.16(b)］的电致发光器件，研究发现这种双层或多层结构可以提高发光强度。电子传输层（材料）一般为共轭芳香族化合物，例如图 4.17 中噁二唑类化合物 PBD，前面提到的 8-羟基喹啉铝［$Al(Q-OH)_3$］也是一种常用的电子传输材料；而空穴传输层（材料）一般则为芳香多胺类化合物，如图 4.17 中的 TPD。这些电子传输材料和空穴传输材料又常被统称为载流子（carrier）传输材料。目前电致发光器件中使用较多的是三层结构。这一类器件一般用真空蒸镀（vacuum deposition）的方法加工而成，薄膜的厚度约为几十个纳米。

　　电致发光器件中的发光过程可以大概描述为：电致发光器件在电场作用下，阳

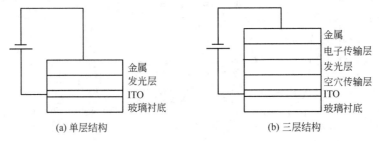

(a) 单层结构　　　　　　　　　　　　(b) 三层结构

图 4.16　薄膜电致发光器件

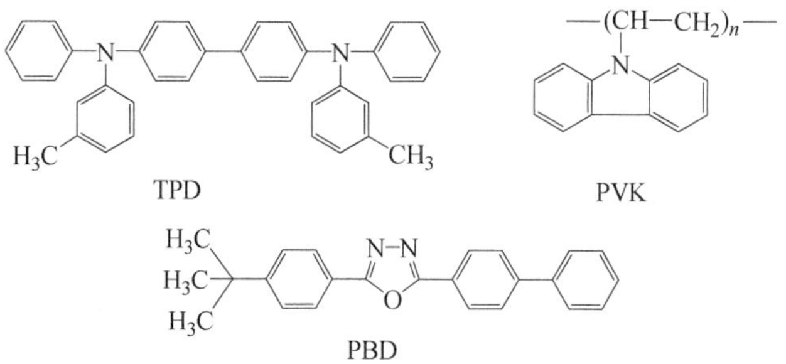

图 4.17 用作空穴传输材料的 TPD、PVK 和用作
电子传输材料的 PBD 的结构式

极向发光层输入空穴，阴极则向发光层输入电子，这样空穴和电子在发光层中结合
形成激子（exciton），激子如同光致发光中的光子一样激发发光层中金属配合物从
而产生发光现象。下面来看具体的例子。

日本科学家用 Al 作为阴极、ITO 玻璃作为阳极、TPD 作为空穴传输材料、稀
土配合物〔Tb（acac）$_3$〕（acac ＝ 乙酰丙酮）作为发光层制备了 ITO/TPD/
〔Tb(acac)$_3$〕/Al 双层结构薄膜电致发光器件见图 4.18，研究了铽配合物的电致发
光性能。结果显示该器件可以发出纯正绿色的光，亮度为 7cd·m^{-2}。其电致发光
光谱〔见图 4.19(a)〕表现为铽离子的特征发射谱带，其中最强发射谱带在 545nm 左
右。后来，他人通过加入第二配体以满足铽离子多配位数要求的方法，得到了稳定性
更好、发光亮度更大的电致发光器件。例如，在 ITO/PVK/PVK：〔Tb(TFacac)$_3$
(phen)〕：PBD/PBD/Al 三层结构薄膜电致发光器件中 25V 电压作用下，最大发光
亮度为 58cd·m^{-2}，用 PVK、〔Tb(TFacac)$_3$(phen)〕、PBD 三者混合物作为发光
层是为了提高发光层的成膜能力以及载流子传输能力；在 ITO/PVK/〔Tb(acac)$_3$
(phen)〕/Al 的双层结构器件中最大发光亮度为 210cd·m^{-2}。

我国科学家在稀土配合物的电致发光器件研究方面开展了大量的工作，作
出了重要贡献。例如，北京大学课题组合成了一系列含有不同取代基的吡唑酮
配体和各种不同第二配体的铽配合物，系统研究了它们的电致发光性能，探讨

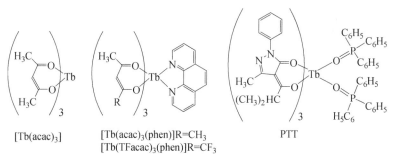

[Tb(acac)$_3$] [Tb(acac)$_3$(phen)]R=CH$_3$ PTT
[Tb(TFacac)$_3$(phen)]R=CF$_3$

图 4.18 用于薄膜电致发光器件研究的铽配合物的结构

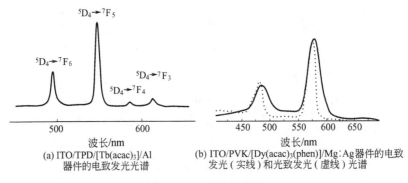

(a) ITO/TPD/[Tb(acac)₃]/Al
器件的电致发光光谱

(b) ITO/PVK/[Dy(acac)₃(phen)]/Mg：Ag 器件的电致
发光（实线）和光致发光（虚线）光谱

图 4.19　电致发光光谱

了取代基和第二配体结构对稀土配合物发光性能的影响。发现 ITO/TPD（42nm）/PTT（42nm）/[Al(Q-OH)₃]（42nm）/Al(50nm) 器件在 18V 电压驱动下，最大发光亮度为 920cd·m⁻²，是目前稀土金属配合物作为发光层的电致发光器件中发光亮度最大的器件。从其电致发光光谱中可以看出，该器件也显示出铽离子的特征发射光谱。

除了发绿色光的铽配合物之外，还有发红色光的铕配合物、发蓝色光的铥配合物等方面的研究报道。利用 Dy^{3+} 配合物制成的 ITO/PVK/[Dy(acac)₃(phen)]/Mg：Ag 器件由于发出黄色（发射波长约 580nm）和蓝色（发射波长约 480nm）2 种光［见图 4.19(b)］而表现为白色发光器件。

稀土配合物的发光特点是谱带窄、颜色纯正、发光颜色和发光强度可以通过选择不同的稀土离子、选择不同结构的配体以及添加第二、第三配体形成二元或多元配合物等方法来进行调节。因此，在高色纯的显示器件方面具有广阔的应用前景。但是，要将稀土配合物真正应用到电致发光器件上还有很多问题需要解决，其中最为关键的就是器件的稳定性和发光效率问题。为此，目前众多科学家们正在进行相关研究，努力早日解决这些问题，期望在不久的将来能够成功地将稀土配合物应用到电致发光器件中去。

4.3　分子基磁性材料

与传统的铁氧体、合金类无机磁性材料相比，分子基磁性材料由于具有结构多样、密度小、可塑性和透光性好、易于加工成型等许多更优越的性能而受到人们的重视。自 20 世纪 80 年代以来，设计合成新型分子基磁体、研究其磁性能、探索结构与磁性之间的关系一直是化学（尤其是配位化学）、材料科学等领域科技工作者们非常热衷的课题。所谓分子基磁性材料是指由分子磁体（molecular magnet，也称分子基磁体，molecular-based magnet）构成的磁性材料，而传统的无机磁性材料则是由离子或原子组成的。分子磁体是一类像磁铁一样的化合物,在临界温度(T_c)以下能够自发磁化的分子或分子聚集体。

目前,分子基磁体根据不同的方式有各种不同的分类方法。如果按照磁性来源分有多自由基体系、顺磁性金属离子体系以及自由基-顺磁性金属离子复合体系;若按磁性质来分可以分为:顺磁体(paramagnet)、铁磁体(ferromagnet)、亚铁磁体(ferrimagnet)、反铁磁体(antiferromagnet)、变磁体(metamagnet)等;按组成来分类,分子基磁体主要有:有机分子、有机聚合物分子磁体,典型的例子是由氮氧有机自由基组成的分子基磁体;有机金属分子磁体;配合物分子磁体等。下面我们将举例介绍与配合物有关的分子基磁体的设计、合成及磁性研究。此外,近年来,自旋交叉磁性配合物、单分子磁体和单链磁体也是分子基磁性材料研究中的热点课题,我们将分别在 4.3.4 和 4.3.5 中作简单介绍。

根据配合物构筑方式和组成,可以将配合物类分子磁体分为基于六氰金属盐 $[M(CN)_6]^{(6-n)-}$ 类分子磁体、基于八氰金属盐 $[M(CN)_8]^{(8-n)-}$ 类分子磁体以及其他桥联多核配合物分子磁体等。

4.3.1 六氰金属盐类分子磁体

本书一开始 1.1 提到的普鲁士蓝 $Fe_4[Fe(CN)_6]_3 \cdot nH_2O$ 实际上就是一个分子磁体。其骨架结构为 Fe(Ⅲ)-N-C-Fe(Ⅱ)-C-N-Fe(Ⅲ),尽管其中的 Fe(Ⅱ) 为抗磁性(S=0),但是,相邻的两个顺磁性 Fe(Ⅲ) 离子通过-N-C-Fe(Ⅱ)-C-N-桥提供的电子离域通道而发生弱相互作用,从而使得普鲁士蓝显示出磁行为。研究结果表明氰根(—C≡N—)基团能够很好地传递顺磁离子间的相互作用,因此,近十多年来人们已经在基于六氰金属盐 $[M(CN)_6]^{(6-n)-}$ [M=Cr(Ⅲ)、Mn(Ⅲ)、Fe(Ⅲ)、Co(Ⅲ)、Fe(Ⅱ),$n=2$、3]的普鲁士蓝类分子磁体方面开展了大量的研究工作,对它们的磁行为进行了较为详尽的研究,取得了可喜的进展。其中在国际上,日本九州大学的 $\overline{O}$kawa 和 Ohba 课题组,在国内南开大学等单位在这一领域都做出了非常出色的工作。

设计合成高 T_c 的分子磁体配合物是分子基磁性材料研究工作者们努力的目标之一。已有的研究结果显示,在低维 [一维(1D)或二维(2D)] 磁性配合物中,由于链间或层间的氢键、范德华力等相互作用通常是反铁磁性的,从而导致配合物的 T_c 降低。因此,设计合成高维数而且具有强的顺磁性金属离子间相互作用的配合物是提高分子磁体 T_c 的手段之一。而六氰金属盐 $[M(CN)_6]^{(6-n)-}$ 因为具有对称的八面体几何构型,因此作为构筑单元在形成 $M'[M(CN)_6]$ [M′=V(Ⅱ)、Cr(Ⅱ)、Mn(Ⅱ)、Ni(Ⅱ)、Cu(Ⅱ)、Mn(Ⅲ)、Fe(Ⅲ)] 类双金属配合物时能够同时在 x、y、z 3 个方向上扩展延伸,从而得到多维配位化合物,实验结果也表明该类配合物可以形成一维、二维和三维结构。除此之外,基于六氰金属盐类的分子磁体还有以下特点:原料廉价易得;M′-N-C-M-C-N-M′ 是一种对称的线性排列,有利于磁相互作用的进行和调控;

M、M′等金属离子可以是相同也可以是不相同的金属离子，而且还可以有不同的价态，因此有多种选择和组合，而且 M′可以是单纯的金属离子，也可以是配位不饱和的配离子 M′L_a(L 为乙二胺、丙二胺等二胺类以及席夫碱类等有机配体)，从而可以形成结构和性能多样的配合物；该类配合物一般刚性较大，易于结晶，因而有利于探讨结构与磁性能之间的关系，即所谓的磁构关系，进而为设计合成理想的分子磁体配合物提供依据。部分报道的有晶体结构表征的基于六氰金属盐的普鲁士蓝类分子磁体配合物列于表 4.2 中。

表 4.2　部分有晶体结构表征的基于六氰金属盐的普鲁士蓝类分子磁体配合物

配　合　物	结构	T_c/K	磁　性
$[Ni(en)_2]_3[Fe(CN)_6]_2 \cdot 2H_2O$	1D	18.6	铁磁体
$PPh_4[Ni(pn)_2][Cr(CN)_6] \cdot H_2O$	1D		顺磁性
$[Ni(dmha)]_3[Fe(CN)_6]_2 \cdot 9H_2O$	2D	5	变磁体
$[Ni(chxn)_2]_3[Fe(CN)_6]_2 \cdot 2H_2O$	2D	13.1	铁磁体
$[Ni(N\text{-}men)_2]_3[Fe(CN)_6]_2 \cdot 12H_2O$	2D	10.8	铁磁体
$[Ni(1,1\text{-}dmen)_2]_2[Fe(CN)_6]CF_3SO_3 \cdot 2H_2O$	2D	9.5	铁磁体
$K[Mn(MeO\text{-}salen)]_2[Mn(CN)_6]$	2D	16	变磁体
$\{[Cr(CN)_6][Mn(S\text{-}pnH(H_2O))]\}(H_2O)$	2D	38	亚铁磁体
$[Mn(en)]_3[Cr(CN)_2]_2 \cdot 4H_2O$	3D	69	亚铁磁体
$[Ni(dipn)]_2[Ni(dipn)(H_2O)][Fe(CN)_6]_2 \cdot 6H_2O$	3D	7.8	铁磁体
$[Ni(tren)]_3[Fe(CN)_6]_2 \cdot 2H_2O$	3D	8	亚铁磁体
$[Ni(L)_2]_3[Fe(CN)_6]X_2(L=en,tn;X=PF_6{}^-,ClO_4{}^-)$	3D		铁磁体
$[Ni(tn)_2]_5[Fe(CN)_6]_3ClO_4 \cdot 2.5H_2O$	3D	10	铁磁体
$K_{0.4}[Cr(CN)_6][Mn(S\text{-}pn)](S)\text{-}pnH_{0.6}$	3D	53	亚铁磁体

注：en=乙二胺；pn=1,2-丙二胺；dmha=3,10-二甲基-1,3,5,8,10,12-六氮杂环十四烷；chxn=1,2-反式环己二胺；N-men=N-甲基乙二胺；1,1-dmen=1,1-二甲基乙二胺；MeO-salen=N,N'-二(3-甲氧基水杨醛亚氨基)乙烷；(S)-pn=(S)-1,2-丙二胺；dipn=二(1,3-丙烯)三胺；tren=三(2-氨乙基)胺 $N(CH_2CH_2NH_2)_3$；tn=1,3-丙二胺

　　1996 年，Hashimoto 等人报道了普鲁士蓝类分子磁体配合物的光磁效应，观测到光照前后分子磁体配合物相转变温度的变化，从而引起了人们对分子磁体配合物光学性能方面的兴趣。最近，人们开始了手性分子磁体配合物设计与合成方面的研究工作，这一方面源于人们对手性配合物的浓厚兴趣，另一方面手性分子磁体配合物在磁各向异性等方面可以具有广阔的前景。这里介绍一个最近报道的非常有趣的体系，利用 $K_3[Cr(CN)_6]$、$Mn(ClO_4)_2$ 和手性 (S)-1,2-丙二胺构筑了两个结构和磁性质不同的手性配合物 $\{[Cr(CN)_6][Mn(S\text{-}pnH(H_2O))]\}(H_2O)$ 和 $K_{0.4}[Cr(CN)_6][Mn(S\text{-}pn)](S)\text{-}pnH_{0.6}$。反应起始物及合成方法都相同，只是反应物的摩尔比和 pH 值不同，结果前者为二维结构，而后者为三维结构（见图 4.20）。磁性方面，尽管两者都是亚铁磁体，但是从图 4.21 中可以清楚地看出，两者的磁行为有着明显的差别，具有二维结构配合物的 $T_c=38K$，而具有三维结构配合物

$K_3[Cr(CN)_6] + Mn(ClO_4)_2 + HCl \cdot H_2N \overset{S}{\underset{\hspace{1em}}{\diagup}} NH_2 \cdot HCl$

1:1:1 $\left|\ \begin{array}{l}CH_3OH/H_2O(1:1)\\ KOH\ pH\ 6\sim7\end{array}\right.$

$\{[Cr(CN)_6][Mn(S)\text{-}pnH(H_2O)]\}(H_2O)$
2D

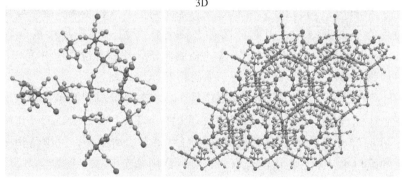

(a) $\{[Cr(CN)_6][Mn(S)\text{-}pnH(H_2O)]\}(H_2O)$

$K_3[Cr(CN)_6] + Mn(ClO_4)_2 + HCl \cdot H_2N \overset{S}{\underset{\hspace{1em}}{\diagup}} NH_2 \cdot HCl$

2:3:3 $\left|\ \begin{array}{l}CH_3OH/H_2O(1:1)\\ KOH\ pH7\sim8\end{array}\right.$

$K_{0.4}[Cr(CN)_6][Mn(S)\text{-}pn](S)\text{-}pnH_{0.6}$
3D

(b) $K_{0.4}[Cr(CN)_6][Mn(S)\text{-}pn](S)\text{-}pnH_{0.6}$

图 4.20 手性亚铁磁体配合物的 X 衍射晶体结构

的 $T_c = 53K$。

从表 4.2 中可以看出到目前为止有晶体结构表征的分子磁体配合物的 T_c 一般都比较低。而已经报道的少数几个 T_c 接近或超过室温的分子磁体（例如有报道称 $KV^{II}[Cr(CN)_6] \cdot 2H_2O$ 的 T_c 超过 $100^{\circ}C$）又都没有确切的结构信息，因此难以从理论上来阐明其磁行为以及磁构关系。为此，人们正在努力解决这个矛盾，希望合成出既有确切结构表征，又具有接近或超过室温 T_c 的分子磁体配合物，为建立高 T_c 分子磁体的预测模型提供基础。

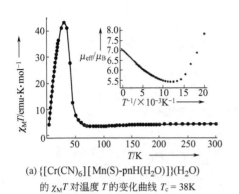 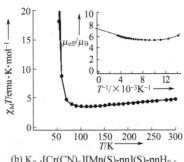

(a) {[Cr(CN)₆][Mn(S)-pnH(H₂O)]}(H₂O)
的 $\chi_M T$ 对温度 T 的变化曲线 $T_c = 38K$

(b) K₀.₄[Cr(CN)₆][Mn(S)-pn](S)-pnH₀.₆
的 $\chi_M T$ 对温度 T 的变化曲线 $T_c = 53K$

图 4.21　$\chi_M T$ 对温度 T 的变化曲线

4.3.2　八氰金属盐类分子磁体

在基于六氰金属盐 $[M(CN)_6]^{(6-n)-}$ 普鲁士蓝类分子磁体研究基础上,自 20 世纪末人们又开始了基于八氰金属盐 $[M(CN)_8]^{(8-n)-}$(M=Mo、W、Nb 等)类分子磁体方面的研究工作,并在近几年中得到了迅猛发展。利用八氰金属盐构筑分子磁体的特点有:八氰金属盐可以有十二面体、四方反棱柱、双冠三棱柱等多种不同结构类型,而六氰金属盐一般都为八面体构型,因此前者具有结构多样性,从而增加其磁性质的可调性;由六氰金属盐构筑而成的配合物多为立方晶系,对称性高,因此作为分子磁体其磁行为一般表现为各向同性,八氰金属盐配合物由于结构多样、而且为非立方结构,因而可能存在磁各向异性;另外,八氰金属盐中的Mo、W、Nb 等都是含有 4d 或 5d 轨道的金属离子,比六氰金属盐中的 3d 金属离子具有更加弥散的轨道,从而更有利于强磁相互作用的发生。

由 Na₃[W(CN)₈]·3H₂O 和 Mn(ClO₄)₂·6H₂O 反应得到了一个具有三维结构的分子磁体配合物 $[Mn^{II}(H_2O)]_3[Mn^{II}(H_2O)_2]_3[W^V(CN)_8]_4$,其结构和磁性质示于图 4.22 中,为清楚起见结构单元图中省略了结晶水,三维结构图中省略了结晶水和配位水分子。在该配合物的不对称结构单元中有 4 个 W(V),其中 W1 为十二面体形,与 W1 配位的 8 个 CN 中有 6 个是桥联配体,连接 6 个 Mn(II),另外两个 CN 则是端基配体;W2、W3 和 W4 呈双冠三棱柱形,与每个 W 配位的 8 个 CN 中有 7 个是桥联配体,分别连接 7 个 Mn(II),只有一个 CN 充当端基配体。6 个 Mn(II) 都是变形八面体配位构型,但是也有两种不同的配位环境,Mn1、Mn2 和 Mn3 是 N₅O₁,而 Mn4、Mn5 和 Mn6 是 N₄O₂,N 来自桥联 CN 配体,O 来自配位水分子。这种配位方式构成三维网状结构 [见图 4.22(a)]。磁性研究结果显示该配合物为亚铁磁体,$T_c = 54K$ [见图 4.22(b)]。

与六氰金属盐体系一样,通过引入有机多胺等辅助配体,可以组装得到结构和性能多样的配合物。例如,利用 H 管扩散法 (2.1.5) 由 Na₃[W(CN)₈]·4H₂O 和 [Cu(tetren)](ClO₄)₂(tetren=四乙烯五胺) 的 HClO₄ 溶液 (pH 值为 1.5) 扩

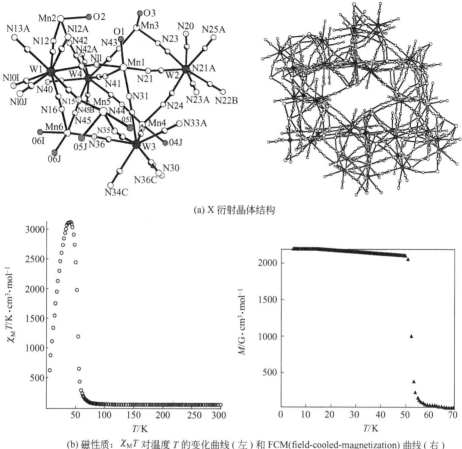

(a) X 衍射晶体结构

(b) 磁性质: $\chi_M T$ 对温度 T 的变化曲线 (左) 和 FCM(field-cooled-magnetization) 曲线 (右)

图 4.22　$[Mn^{II}\ (H_2O)]_3\ [Mn^{II}\ (H_2O)_2]_3\ [W^{V}\ (CN)_8]_4$
X 衍射晶体结构及磁性质

散反应得到配合物 $(tetrenH_5)_{0.8}Cu^{II}[W^{V}(CN)_8]_4 \cdot 7.2H_2O$。该配合物具有双层二维网格状结构，磁性研究表明是一个 $T_c=34K$ 的软铁磁体。

　　在国内也有多家单位开展了基于八氰金属盐类分子磁体方面的研究工作。利用高氯酸铜、1,3-丙二胺、$K_3[W(CN)_8] \cdot H_2O$ 组装得到的 $[Cu(tn)]_3[W(CN)_8]_2 \cdot 3H_2O$ 具有二维网状结构，图 4.23 的磁性研究表明这是一个 $T_N=10.7K$ 的变磁体。

$$K_3[W(CN)_8] \cdot H_2O + Cu(ClO_4)_2 \cdot 6H_2O + \underset{tn}{H_2N \overset{\frown}{\ \ } NH_2} \xrightarrow{H_2O} \underset{\text{2D 网状结构}}{[Cu(tn)]_3[W(CN)_8]_2 \cdot 3H_2O}$$

4.3.3　其他桥联多核分子磁体配合物

　　除了上面介绍的利用六氰金属盐和八氰金属盐构建分子磁体之外，还有用 $[M(CN)_7]$、$[M(CN)_4]$ 等单元组建分子磁体配合物方面的研究工作，这里不再介绍。除此之外，人们也进行了利用其他种类的有机桥联配体构筑分子磁体配合物方面的研究，其中报道较多的是含有草酸根及其衍生物、叠氮根体系。草酸根离子

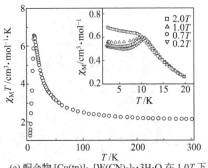

(a) 配合物 [Cu(tn)]₃[W(CN)₈]₂·3H₂O 在 1.0T 下 χ_MT 对温度 T 的变化曲线。右上方的插入图：分别在 0.2T,0.7T,1.0T 和 2.0 T 下配合物的 χ_M 对温度 T 的变化曲线

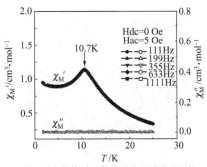

(b) 配合物的零场交流磁化率对温度 T 的变化曲线

图 4.23　配合物 [Cu(tn)]₃[W(CN)₈]₂·3H₂O 的磁性质

[oxalate，一般简写 ox，见图 4.24(a)] 与金属离子作用可以形成多种配位方式的草酸配合物（oxalato complex）[见图 4.24(b)～图 4.24(f)]。研究表明配位方式 f 可以有效地传递 M 和 M′（M、M′可以相同，也可以不相同）之间的磁相互作用，形成草酸根桥联的多核分子磁体配合物。例如，由 $K_3Fe(ox)_3·3H_2O$、$FeSO_4·7H_2O$ 和 PPh_4X（X：卤化物）反应制得的具有二维网状结构的配合物 $PPh_4[Fe^{II}Fe^{III}(ox)_3]$ 是 $T_c=37K$ 的亚铁磁体。

(a)　　(b)　　(c)　　(d)　　(e)　　(f)

图 4.24　(a) 草酸根离子；(b)～(f) 常见的草酸根离子与金属离子的配位方式

草酸衍生物体系中的草胺酸根 [见图 4.25(a)、图 4.25(b)]、草酰胺类 [见图 4.25(c)～图 4.25(f)] 结构单元，以及含有肟基 [见图 4.25(g)～图 4.25(i)] 的结构单元都可以用来构建分子磁体配合物。这里介绍一个利用草酰胺类桥联配体形成"磁性海绵"（magnetic sponges）的研究工作。

由草酰胺铜前体配合物 $Na_2[Cu(obze)]·4H_2O${$[Cu(obze)]^{2-}$ 结构式见图 4.25(f)} 与六水合硝酸钴反应得到双核配合物 $[CoCu(obze)(H_2O)_4]·2H_2O$ [见图 4.26(a)]，其结构如图 4.26(b) 所示。有趣的是该配合物的磁性质与配合物中所含水分子的数目密切相关。双核配合物 $[CoCu(obze)(H_2O)_4]·2H_2O$ 中含有 4 个配位水和两个结晶水，呈现简单的 Cu(II) 和 Co(II) 之间的反铁磁性偶合，无长程磁有序；在 120℃ 下脱去 3 分子水后形成的 $[CoCu(obze)(H_2O)_3]$ 为一维亚铁磁链，但是仍然无长程磁有序；当进一步脱水后形成的配合物 $[CoCu(obze)(H_2O)]$ 则是 1 个亚铁磁体，在 $T_c=20K$ 发生长程磁有序。脱水后的配合物如果重新吸水其

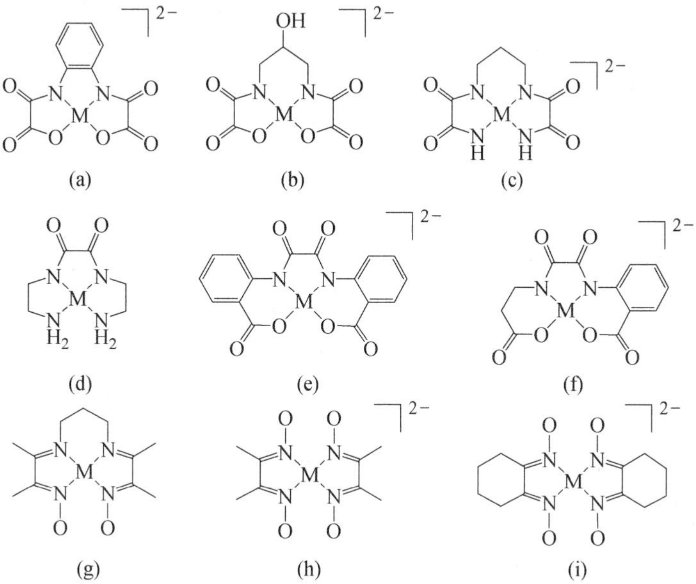

(a)　　　　　　　　(b)　　　　　　　　(c)

(d)　　　　　　　　(e)　　　　　　　　(f)

(g)　　　　　　　　(h)　　　　　　　　(i)

图 4.25　已经报道的几种用于构筑多核分子磁体配合物的结构单元

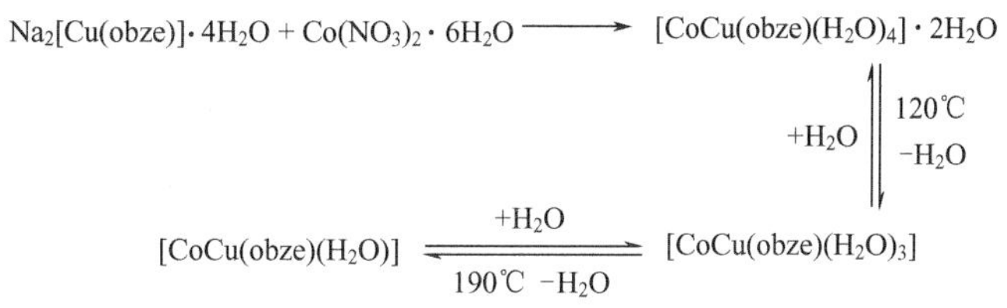

$$Na_2[Cu(obze)]\cdot 4H_2O + Co(NO_3)_2\cdot 6H_2O \longrightarrow [CoCu(obze)(H_2O)_4]\cdot 2H_2O$$

$$+H_2O \quad \begin{matrix} 120℃ \\ \end{matrix} \quad -H_2O$$

$$[CoCu(obze)(H_2O)] \quad \underset{190℃\ -H_2O}{\overset{+H_2O}{\rightleftharpoons}} \quad [CoCu(obze)(H_2O)_3]$$

(a) [CoCu(obze)(H₂O)₄]·2H₂O 的合成反应式及脱水过程

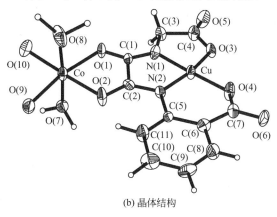

(b) 晶体结构

图 4.26　[CoCu(obze)(H₂O)₄]·2H₂O 的合成、脱水过程以及结构

组成和磁行为又都回到原来的状态，也就是说脱水、吸水和磁性质变化是完全可逆的过程，因此称之为"磁性海绵"。其实这种磁性质的变化是由其结构变化决定的。可以解释如下：第一步当双核配合物脱去 3 分子水时，其中有 1 个是与钴配位的水

分子，从而使得钴空出一个配位位置用以结合相邻分子的羧酸基团上的氧原子，即由脱水前的双核结构变化到脱水后的一维链状结构，并由此结构变化导致了配合物磁性质的变化。当配合物进一步脱水形成 [CoCu(obze)(H₂O)] 时，与每个钴配位的水分子只有 1 个，而谱学数据显示此时钴的配位数仍然是 6 而不是 4，这就说明 [CoCu(obze)(H₂O)] 中每个钴结合了 3 个来自相邻分子的羧酸基团上的氧原子，从而形成了具有二维或三维结构的配位聚合物，是一个分子基亚铁磁体。

同样，叠氮根离子（azide，N_3^-）也可以采用不同的桥联配位模式（图 4.27），从而可以得到从零维的配位化合物（簇合物）到具有一维、二维、三维结构的配位聚合物。而且，不同的桥联配位模式可以传递不同的磁相互作用。例如，常见的 μ_2-1,1-N_3（EO）（end-on）传递的一般是铁磁相互作用，而 μ_2-1,3-N_3（EE）（end-end）则传递反铁磁相互作用。由于同一化合物中可能有多种不同桥联配位模式的叠氮根存在，从而使得通过金属盐与叠氮/有机配体的组装反应可以得到铁磁、反铁磁、亚铁磁以及变磁体等不同磁性质的配位化合物。例如，具有三维结构的 $[Cu_6(N_3)_{12}(N\text{-Eten})_2]_n$ 和 $[Cu_9(N_3)_{18}(1,2\text{-pn})_4]_n \cdot nH_2O$ 是由硝酸铜、叠氮化钠分别与 N-乙基乙二胺（N-Eten）、1,2-丙二胺（1,2-pn）反应得到的，其中叠氮根就有不同的桥联配位模式（图 4.28）。磁性研究结果显示 $[Cu_6(N_3)_{12}(N\text{-Eten})_2]_n$ 在 3.5K 呈现铁磁有序，而配合物 $[Cu_9(N_3)_{18}(1,2\text{-pn})_4]_n \cdot nH_2O$ 中没有观测到磁有序，$[Cu_8(N_3)_{12}(1,2\text{-pn})_2]^{2-}$ 簇内传递的是铁磁相互作用、簇间则是反铁磁相互作用，

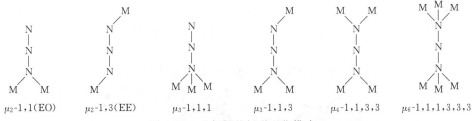

μ_2-1,1(EO) μ_2-1,3(EE) μ_3-1,1,1 μ_3-1,1,3 μ_4-1,1,3,3 μ_6-1,1,1,3,3,3

图 4.27 叠氮根的桥联配位模式

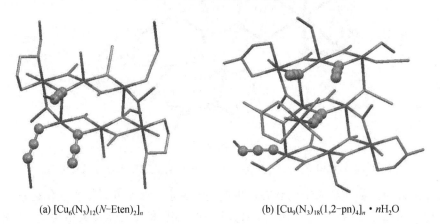

(a) $[Cu_6(N_3)_{12}(N\text{-Eten})_2]_n$ (b) $[Cu_9(N_3)_{18}(1,2\text{-pn})_4]_n \cdot nH_2O$

图 4.28 叠氮根桥联铜配合物的结构，其中球形代表不同配位模式的叠氮根

4.3.4 自旋交叉磁性配合物

所谓的自旋交叉（spin-crossover，简称为 SCO）配合物就是在一定的条件（外界作用）下可以发生高自旋和低自旋之间相互变换的配合物，这种自旋状态的变化必然伴随配合物磁性质的变化。目前研究较多的是由热、光或压力而引起的自旋交叉现象。另外，高低自旋的变换实际上是由于轨道电子重新排布而导致的，因此，只有那些由合适的金属离子和配体结合而成的配合物才能够产生自旋交叉现象。首先，金属离子是具有 $3d^4 \sim 3d^7$ 电子结构的能够形成高自旋和低自旋配合物的金属离子，研究报道较多的是 Fe(Ⅲ)($3d^5$)、Fe(Ⅱ)($3d^6$) 和 Co(Ⅱ)($3d^7$) 配合物；另外，配体的强弱要适中，主要是光谱化学序（见 1.3.2）中强场配体和弱场配体交界处的一些配体，只有这类配体与金属离子结合形成的配合物中成对能 P 和分裂能 Δ 才比较接近，从而能够发生轨道电子的重新排布而产生高低自旋之间的变换。因此，设计合成自旋交叉配合物时，配体的选择至关重要、也很微妙，目前还没有理论可以指导该类配合物的设计与合成。自旋交叉配合物因为在光开关（光诱导产生的自旋交叉）、快速热敏开关（热致自旋交叉）、信息储存材料等方面具有广阔的应用前景而引起人们的兴趣。

人们在几十年前就已经观测到了自旋交叉现象。从目前已有的报道来看具有自旋交叉性质的 Fe(Ⅱ) 配合物多为 [FeN$_6$] 的六配位八面体配位构型，而且多为由 2 种或 2 种以上配体组成的多元配合物。图 4.29 中给出了 4 个具有代表性的单核 Fe(Ⅱ) 自旋交叉配合物，从它们的磁行为与温度的关系中可以清楚地看出这 4 个配合物实际上代表了不同的类型：[Fe(bipy)$_2$(NCS)$_2$]的突变型，配合物在很窄

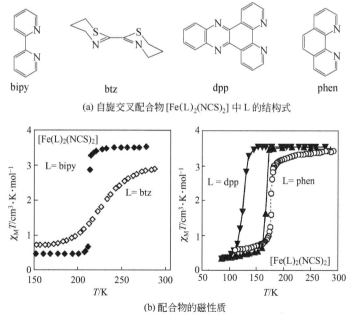

(a) 自旋交叉配合物 [Fe(L)$_2$(NCS)$_2$] 中 L 的结构式

(b) 配合物的磁性质

图 4.29　[Fe(L)$_2$(NCS)$_2$] 中 L 的结构式及磁性质

的温度范围内发生了高低自旋之间的变换；[Fe(btz)$_2$(NCS)$_2$]的渐变型，即随着温度的降低配合物缓慢地由高自旋转变为低自旋，变换过程的温度范围比较宽；[Fe(phen)$_2$(NCS)$_2$]的变换过程则介于 bipy 和 btz 两个配合物之间；[Fe(dpp)$_2$(NCS)$_2$]代表了回滞型自旋交叉现象，这种情况下由升温和由降温引发的高低自旋变换过程的转变温度不一样，[Fe(dpp)$_2$(NCS)$_2$]中两者相差约 40K。

值得一提的是低自旋的六配位 Fe(II) 配合物的 $S=0$，因此理论上讲 $\chi_M T$ 应该等于零。但是，从图 4.29 中可以看到配合物由高自旋到低自旋的转换并不完全，变换后 χ_M 并不等于零，而是有一定的残留。研究发现这种顺磁性残留与样品的形貌、制备方法等有关。

除了单核配合物之外，具有一维、二维和三维结构的配位聚合物中也有自旋交叉现象。例如，最近报道的由下面的反应得到了一个具有热致自旋交叉性质的配合物 {Fe(3CNpy)$_2$[Ag(CN)$_2$]$_2$}·2/3H$_2$O(3CNpy=3-氰基吡啶)。

Fe(BF$_4$)$_2$·6H$_2$O+3CNpy+K[Ag(CN)$_2$] ⟶ {Fe(3CNpy)$_2$[Ag(CN)$_2$]$_2$}·2/3H$_2$O

晶体结构分析结果表明该配合物中 Fe(II) 为 [FeN$_6$] 配位构型，其中 4 个氮原子来自桥联氰根基团，另外两个轴向氮原子来源于 3-氰基吡啶的吡啶氮原子，氰基的氮原子没有参与配位，Ag(I) 为二配位的直线型配位构型，这样就形成了一个具有 NbO 结构类型的三维网状结构，3 个相互贯穿的三维网状结构之间存在 Ag⋯Ag 相互作用，其 {Fe[Ag(CN)$_2$]$_2$}$_n$ 骨架结构示于图 4.30(a) 中。磁性研究发现该配合物的 $\chi_M T$(χ_M 为摩尔磁化率) 在 187K 附近发生急剧变化 [见图 4.30(b)]，表明在 220K 以上为高自旋型配合物，而在 150K 以下则为低自旋型配合物，亦即由于温度的变化导致了配合物的高低自旋之间的转变，因此是一个热致自旋交叉配合物。

自旋交叉配合物中高自旋→低自旋的变化不仅仅导致配合物磁性质的变化，实际上，由于中心金属离子自旋状态的变化还将直接导致金属离子半径、Fe-N 键长等一系列变化，Fe-N$_{HS}$≈Fe-N$_{LS}$+0.02nm(HS 和 LS 分别代表高自旋和低自旋)，从而使得配合物的晶胞体积也随之发生变化。从上述配合物的晶胞体积与温度之间的关系 [见图 4.30(c)] 图中可以看出在 190K 附近晶胞体积也发生急剧变化，表明配合物在该温度附近发生了自旋状态的变化，与磁性质结果一致。

4.3.5 单分子磁体和单链磁体

1993 年，Gatteschi 及其合作者们报道具有 Mn$_{12}$O$_{12}$ 簇结构 （S=10） 的单分子 [Mn$_{12}$O$_{12}$(CH$_3$COO)$_{16}$(H$_2$O)$_4$]·2CH$_3$COOH·4H$_2$O 可以作为磁体，因此被称为单分子磁体 （Single-Molecule Magnets，简称 SMMs）。前面介绍的分子基磁体一般具有扩展的多维结构，其磁性主要来源于大量自旋载体（spin carriers）间的相互作用而产生的长程磁有序。单分子磁体则与此不同，它们是由从磁性角度来讲没有相互作用的分立的分子单元构成，其磁性来源于分子本身，是真正意义上的

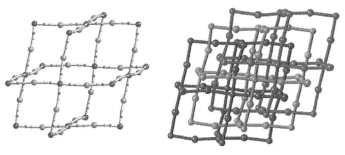

(a) 自旋交叉配合物 $\{Fe(3CNpy)_2[Ag(CN)_2]_2\} \cdot 2/3H_2O$ 的骨架结构

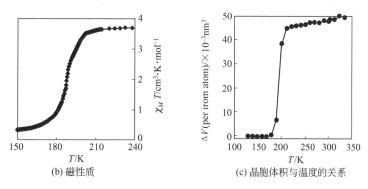

(b) 磁性质

(c) 晶胞体积与温度的关系

图 4.30 $\{Fe(3CNpy)_2 [Ag(CN)_2]_2\}_n$ 的骨架结构、
磁性质及晶胞体积与温度的关系

分子磁体。单分子磁体由于具有独特的磁性质以及将来可能在高密度信息储存材料等方面的应用而受到化学、物理学、材料科学等领域的专家们越来越多的关注，并已经成为分子基磁性材料研究中的一个新领域。

目前，对单分子磁体还没有一个确切的、统一的定义。从文献报道来看除了其结构必须是有限、独立的分子之外，主要是根据其磁性质来确定是不是单分子磁体。一般认为如果在交流磁化率（ac susceptibility）中其虚部（χ_M''，imaginary 或 out-of-phase）磁化率有与频率相关的最大值出现，或者是低温磁化后出现磁滞回线（magnetic hysteresis）的分子化合物为单分子磁体。研究表明只有那些具有大的基态自旋和负的各向异性（negative anisotropy）的分子才可能成为单分子磁体。因此，目前已经报道的单分子磁体都是含有多个金属离子的簇合物，金属离子之间通过氧桥（O^{2-}）、羟桥（OH^-、RO^-）以及羧酸基团上的氧等连接而形成的簇合物。例如一开始提到的单分子磁体就是一个 12 核锰簇合物，现在已经知道有多种 Mn 簇合物是单分子磁体。此外，还有 V 和 Fe 簇合物的单分子磁体报道。

例如，由 $FeCl_2 \cdot 4H_2O$ 和 H_2sae（H_2sae 由水杨醛和 2-氨基乙醇反应得到）在甲醇中严格无氧的条件下反应得到簇合物 $[Fe_4(sae)_4(CH_3OH)_4]$，其结构如图 4.31 所示，这是一个具有类立方烷结构由烷氧基桥联而形成的四核铁簇合物。从 $\chi_M T$ 随温度 T 变化曲线 [见图 4.32(a)] 中可以看出该簇合物在室温下的 $\chi_M T$ 值

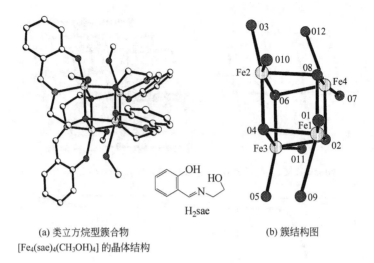

(a) 类立方烷型簇合物
[Fe₄(sae)₄(CH₃OH)₄] 的晶体结构

(b) 簇结构图

图 4.31　　[Fe₄(sae)₄(CH₃OH)₄] 的晶体结构及簇结构图

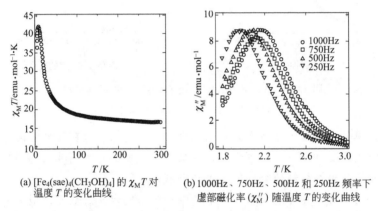

(a) [Fe₄(sae)₄(CH₃OH)₄] 的 $\chi_M T$ 对
温度 T 的变化曲线

(b) 1000Hz、750Hz、500Hz 和 250Hz 频率下
虚部磁化率（χ_M''）随温度 T 的变化曲线

图 4.32　$\chi_M T$ 与 χ_M'' 随温度 T 的变化曲线

为 $16.57\text{emu} \cdot \text{mol}^{-1} \cdot \text{K}$，随着温度的降低 $\chi_M T$ 值逐渐增大，并在 6K 时达到最大值 $42.19\text{emu} \cdot \text{mol}^{-1} \cdot \text{K}$，之后又急剧下降。这种磁行为表明该簇合物具有较高的自旋基态（$S=8$）。在 1000Hz、750Hz、500Hz 和 250Hz 频率下交流磁化率测定结果显示虚部磁化率（χ_M''）有最大值出现，并且表现出外场频率相关性 [见图 4.32(b)]。这些磁性质研究结果表明该四核铁簇合物是一个单分子磁体。

　　与单分子磁体一样，单链磁体（Single-Chain Magnets，简称 SCMs）也是近年来分子基磁性材料研究领域中的热门课题。在设计合成单链磁体时需要考虑：自旋载体必须有强的单一方向上的各向异性（uniaxial anisotropy），使之能够在某一方向上进行磁化；从磁学意义上讲链必须是独立的，即链与链之间不能有磁相互作用。与单分子磁体相比，目前已经报道的单链磁体的例子并不是很多。这里介绍一个异核单链磁体和一个同核单链磁体的研究。

以双核锰配合物 [Mn$_2$(saltmen)$_2$(H$_2$O)$_2$](ClO$_4$)$_2$ 和单核镍配合物 [Ni(pao)$_2$(py)$_2$] 为原料在甲醇和水体系中反应得到配合物 [Mn$_2^{III}$(saltmen)$_2$Ni(pao)$_2$(py)$_2$](ClO$_4$)$_2$（见图 4.33）。晶体结构分析结果显示该配合物具有由 $-$Mn-(O)$_2$-Mn-O-N-Ni-N-O$-$ 构成的一维链状结构，链与链之间的最短 Mn-Ni 距离为 1.039nm，而且链与链之间没有配体芳香环间的 π-π 堆积作用存在。因此，可以认为在该配合物中一维链之间没有磁相互作用。

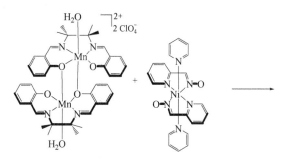

[Mn$_2$(saltmen)$_2$(H$_2$O)$_2$](ClO$_4$)$_2$ [Ni(pao)$_2$(py)$_2$]

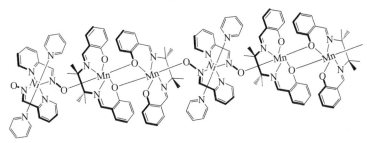

[Mn$_2$(saltmen)$_2$ Ni(pao)$_2$(py)$_2$] (ClO$_4$)$_2$

图 4.33　单链磁体配合物 [Mn$_2^{III}$(saltmen)$_2$Ni(pao)$_2$(py)$_2$](ClO$_4$)$_2$ 的合成

磁性研究发现在温度 3.5K 以下观测到磁滞回线，表明该配合物具有分子磁体行为。交流磁化率测定结果也显示其虚部磁化率（χ_M''）有频率相关的最大值出现（见图 4.34）。详细的磁性研究结果证实配合物 [Mn$_2^{III}$(saltmen)$_2$Ni(pao)$_2$(py)$_2$](ClO$_4$)$_2$ 是一个单链磁体。

国内北京大学的课题组在单链磁体研究中做出了非常出色的工作。例如，利用 NaN$_3$、Co(NO$_3$)$_2$ 和 bt(bt=2,2′-bisthiazoline，2,2′-二噻唑啉）反应得到由叠氮根桥联的一维链状配合物 [Co(bt)(N$_3$)$_2$]（见图 4.35）。磁性研究表明该配合物也是一个单链磁体。与上面介绍的含有 Mn、Ni 异核金属离子的单链磁体不同，这是一个同核单链磁体。

以上简单地介绍了分子基磁性材料方面的研究，列举的例子都是含过渡金属离子的配合物。实际上，近年来含稀土以及含稀土-过渡金属离子配合物的合成、结构、磁性方面的研究发展也很快，有不少很好的工作报道，限于篇幅，这里不再介绍。

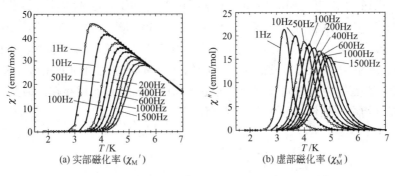

图 4.34　单链磁体配合物 $[Mn_2^{\mathrm{III}}(saltmen)_2Ni(pao)_2(py)_2](ClO_4)_2$
的交流磁化率与温度和频率之间的关系

(a) 实部磁化率 (χ_M')　　　(b) 虚部磁化率 (χ_M'')

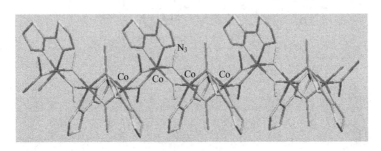

图 4.35　同核单链磁体配合物 $[Co(bt)(N_3)_2]$ 的结构

4.4　配位聚合物与多孔材料

　　前面几节中我们介绍了配合物在非线性光学、发光以及磁性等方面的研究，这些性质基本上都是起源于配合物中的金属离子或配体，或者是金属离子与配体间相互作用的体现。配合物中还有一些性质并不直接来源于金属离子和配体，而是由配合物中空腔的大小、形状等因素决定的，这种空腔可以是配合物分子内的空腔，也可以是分子间堆积而产生的空腔。例如，人们所熟悉的分子识别就是利用配合物的空腔对客体分子的识别。

　　利用分子组装和晶体工程的方法可以得到不同大小和形状空腔的配位化合物。通过选择合适的金属离子和有机配体使得空腔的大小和形状在一定程度上可以人为地进行调控。因此，该类化合物在催化、分子/离子识别和交换、气体和有机溶剂分子的可逆吸附等方面具有广阔的应用前景，相关研究也越来越受到人们的重视。这一节中我们将着重介绍具有多孔结构配位聚合物的合成和性能（潜在的应用）研究。具有笼状、管状等其他结构的配合物及其性能研究我们将在下一章的分子组装和分子器件中介绍。

4.4.1 多孔配位聚合物的设计与合成

我们知道配合物是由配体和金属离子通过配位作用连接而形成的分子，其中金属离子可以看作结点，配体看作间隔基团。因此，如果选择合适的双齿或多齿配体与具有一定配位构型的金属离子作用就可能形成具有无限结构的配位聚合物（coordination polymer）。但是，要得到多孔，特别是孔径较大的配位聚合物一般需要选择具有一定刚性的有机配体，例如常用的 4,4-联吡啶及其衍生物，还例如在 2.2.2 提到的 $4,4'$-二（4-吡啶基）联苯（pyPh$_2$py）都是直线型双齿刚性配体。另外，由于相互贯穿会导致孔径的大幅度减小甚至完全消失，因此在设计合成多孔配合物时要尽可能避免贯穿结构的形成。为此，可以通过在配体中引入位阻足够大的取代基团（substituent）或间隔基（spacer）来阻止贯穿的发生；另外一种较为常用的做法是在反应中添加合适的模板剂（2.1.3）用以占据孔道使之不能发生贯穿，在配合物形成之后除去模板剂从而得到多孔配合物。

目前报道较多的是含有吡啶、咪唑基团的含氮有机配体，此外还有羧酸类的含氧配体、有机膦类的含磷配体等。多用含有两个配位基团的双齿配体、含有 3 个配位基团的三齿配体等多齿配体用以连接多个金属离子。得到的配位聚合物有一维、二维和三维结构，其中多孔配合物中以二维和三维结构居多。另外，这些配位聚合物的一个特点就是溶解度较差，一般不溶于常规的有机和无机溶剂，作为材料来讲这是有利的。但是，从合成的角度来讲，由于难溶或不溶使得该类配合物不能用重结晶等溶液方法来进行纯化和培养晶体，因此这一类配合物主要是通过分层、H管扩散以及水热/溶剂热（见 2.1 和 2.2 有关内容）等方法进行合成和单晶培养。

Bunz 和 zur Loye 等人报道的通过在两个吡啶基团之间引入刚性且位阻较大的基团而得到的配体 L（见图 4.36），实际上可以看作类似 $4,4'$-联吡啶的近似直线型的双齿刚性有机配体。利用配体 L 与硝酸铜通过分层扩散缓慢反应的方法得到配合物 $[Cu(L)_2(NO_3)_2]$。X 衍射晶体结构分析结果显示这是一个具有二维方格状

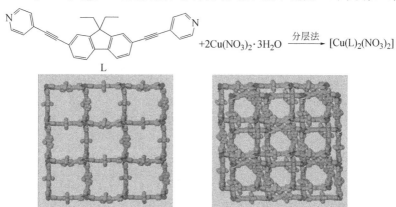

图 4.36　具有二维网状结构的多孔配位聚合物 $[Cu(L)_2(NO_3)_2]$ 的合成及结构

结构的配位聚合物，其中每个方格的大小为 $2.5 \times 2.5 nm^2$。但是，从图 4.36 右边的堆积图中可以清楚地看出，由于二维层状结构并不是完全对齐的排列，而是以ABAB 方式堆积，因此堆积之后形成的孔道结构的孔径是 $1.6 \times 1.6 nm^2$。也就是说，晶体堆积使其孔道大小减小了许多。

在配位原子周围引入较大基团也可以有效地防止贯穿结构的形成。例如，James 及其合作者们利用 1,3,5-三（二苯基膦）苯（triphos，见图 4.37）与三氟甲基磺酸银反应得到了一个具有纳米孔径的多孔配位聚合物 $[Ag_4(triphos)_3(CF_3SO_3)_4]$。在该配合物中每个配体通过 Ag-P 键连接 3 个金属离子，而每个 Ag 周围有的有两个 P 配位，有的则有 3 个 P 配位 [见图 4.37(b)]，这样就形成了由 18 个 Ag 和 12 个 triphos 组成的六边形孔洞的二维网状结构，虽

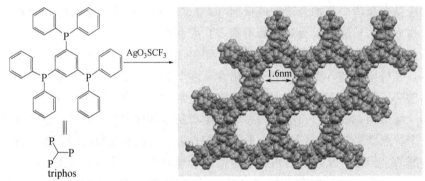

(a) 具有纳米孔径的多孔配位聚合物 [Ag₄(triphos)₃(CF₃SO₃)₄] 的结构

(b) 配位方式

图 4.37　[Ag₄(triphos)₃(CF₃SO₃)₄] 的结构及配位方式

然 Ag 周围有阴离子存在，通过 Ag-O 弱配位作用与 Ag 相连，从而占据了孔洞的部分空间，但是孔洞的有效孔径仍有 1.6nm。尽管孔洞的直径如此大，由于配位 P 原子周围有苯环存在，因而并没有形成贯穿结构。而且，该二维网状结构通过重叠式堆积，所以也没有出现配合物 $[Cu(L)_2(NO_3)_2]$ 中因为交错排列而造成孔道减小的现象。研究发现该配合物的孔道中可以填充水、乙醇、乙醚等溶剂分子，而且这些客体分子在减压或加热条件下可以部分或全部地被除去，粉末衍射等测试证实其骨架结构保持不变。表明由刚性配体构筑的多孔配位聚合物 $[Ag_4(triphos)_3(CF_3SO_3)_4]$ 具有相当好的稳定性。

除了配位作用之外，氢键、π-π 堆积等弱相互作用在多孔配位聚合物的形成、结构乃至性能方面都有很重要的作用。研究表明这些多孔配位聚合物在分子/离子的识别和交换、催化、气体分子的存储等方面具有潜在的应用价值。

4.4.2 分子识别与催化

分子识别（molecular recognition）是当今超分子化学中人们研究的热点问题之一。所谓分子识别就是底物或客体分子存储和受体分子读取分子信息的过程。从前面的介绍中我们可以看出多孔配位聚合物中的空腔是有一定大小和形状的，只有那些立体（形状和尺寸大小）和作用力（静电、氢键、疏水作用等）互补的底物分子才能结合到空腔中。因此，该类多孔配合物具有分子识别的功能。这种识别将会在分子探针、分子器件和手性分离等方面得到应用。

由 4,4'-联吡啶（4,4'-bipy）与硝酸镉反应得到的具有二维方格状结构的配位聚合物 $[Cd(4,4'\text{-}bipy)_2(NO_3)_2]$ 对底物分子就具有识别作用。例如，该配位聚合物可以选择性地结合 $1,2\text{-}C_6H_4Br_2$ 生成 $[Cd(4,4'\text{-}bipy)_2(NO_3)_2](1,2\text{-}C_6H_4Br_2)_2$，而与 $1,3\text{-}C_6H_4Br_2$ 和 $1,4\text{-}C_6H_4Br_2$ 则不能结合 [见图 4.38(a)]，对 $1,2\text{-}C_6H_4Cl_2$、$1,3\text{-}C_6H_4Cl_2$、$1,4\text{-}C_6H_4Cl_2$ 也具有同样的选择性。该研究结果表明利用二维方格状配位聚合物 $[Cd(4,4'\text{-}bipy)_2(NO_3)_2]$ 对底物分子的识别作用，可以用于二取代卤代烃的分离。图 4.38(b) 中显示的催化反应以及对不同底物分子的催化反应效率也同样说明了配位聚合物对底物分子的识别，对同样含有萘环的底物分子由于反应基团的位置不同而导致反应产率有较大的差别，而对于体积更大的底物分子则由于不能进入配位聚合物的空腔而几乎不发生反应。对照实验发现在 4,4'-联吡啶或者是硝酸镉存在条件下图 4.38(b) 中的反应不能发生，说明配合物在该反应中起到了催化作用。

由于手性识别在手性催化、手性合成、手性分离等方面有重要的意义而成为人们尤为感兴趣的课题。例如，韩国的 Kim 等人在 2000 年报道了利用手性配体 pyCOO 和硝酸锌反应得到了具有单一手性（homochiral）的配位聚合物 $[Zn_3(\mu_3\text{-}O)(pyCOO)_6](H_3O)_2 \cdot 12H_2O$ [见图 4.39(a)]。该配合物由 $[Zn_3(\mu_3\text{-}O)]$ 三核结构单元（即超分子化学中常说的二级构筑单元 secondary building unit，简写 SBU）通过配体 pyCOO 的吡啶和羧酸根基团与锌的配位连接形成二维网状结构，

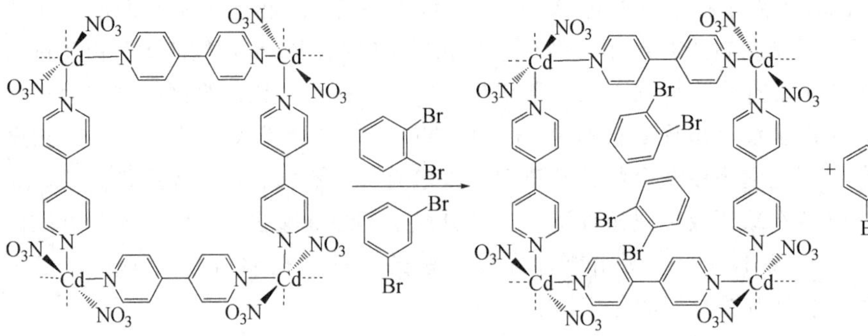

$[Cd(4,4'\text{-}bipy)_2(NO_3)_2]$ $[Cd(4,4'\text{-}bipy)_2(NO_3)_2](1,2\text{-}C_6H_4Br_2)_2$

(a) 二维网状配位聚合物 $[Cd(4,4'\text{-}bipy)_2(NO_3)_2]$ 对底物分子的选择性识别与结合

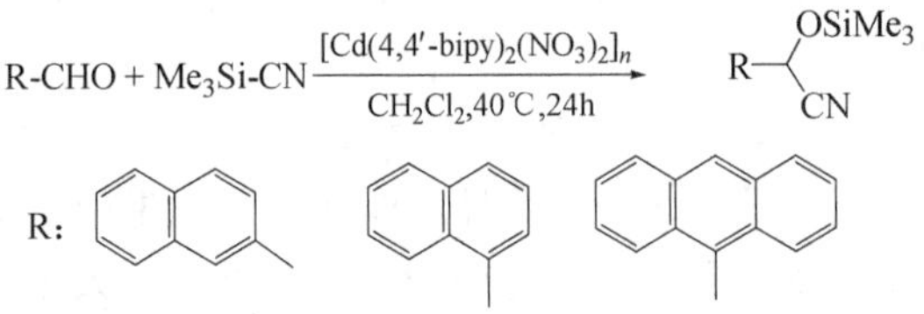

催化反应产率：84% 62% 微量

(b) 催化反应式及对不同底物分子的催化反应效率

图 4.38 $[Cd(4,4'\text{-}bipy)_2(NO_3)_2]$ 对底物分子的识别与结合及催化不同底物分子的反应效率

这些二维网状结构沿着 c 轴方向堆积，并形成边长约为 1.34nm 的具有三角形状的一维手性孔道［见图 4.39(b)］。孔道体积约占聚合物分子总体积的 47%，主要被结晶水分子所占据。该配合物在一般的有机溶剂中能够稳定存在，微溶于水和 DMSO。粉末衍射结果显示脱去孔道中的溶剂分子之后配合物就失去了结晶性，但是在吸入水、乙醇等溶剂分子之后又得到恢复。

值得注意的是在 $[Zn_3(\mu_3\text{-}O)(pyCOO)_6]$ 配位结构单元中 6 个羧酸根基团均参与与锌的配位，但是 6 个吡啶基团中只有 3 个参与与锌的配位，另外 3 个则未参与配位，而是指向三角形孔道内部［见图 4.39(a) 和图 4.39(b)］。这些未参与配位的吡啶基团被认为有利于分子识别，并可能具有催化化学反应性能。图 4.39(c) 和图 4.39(d) 所示的催化酯交换反应结果证实了这一观点。在没有配位聚合物 $[Zn_3(\mu_3\text{-}O)(pyCOO)_6](H_3O)_2 \cdot 12H_2O$ 存在条件下，酯交换反应几乎不能发生，表明在该反应中配位聚合物起到了催化剂作用，而且催化反应效率与底物分子的大小有关，说明该类催化反应发生在配位聚合物的一维孔道内，而且一维孔道结构对底物分子具有识别功能。

由于上述手性配位聚合物中拥有手性孔道，因此在催化具有手性的底物分子时可能产生对映体选择性。为此，Kim 等人研究了手性配位聚合物 D-或 L-$[Zn_3(\mu_3\text{-}O)(pyCOO)_6](H_3O)_2 \cdot 12H_2O$ 催化过量的外消旋 1-苯基-2-丙醇为底物的反应，

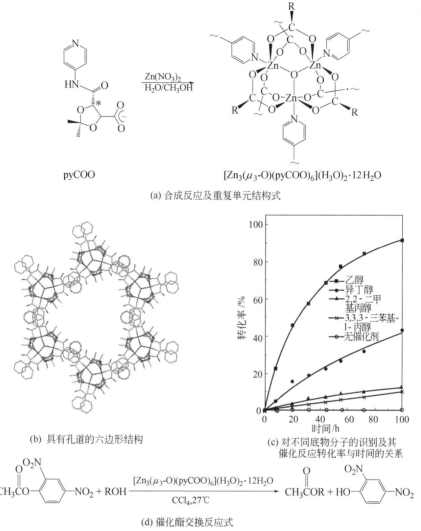

(a) 合成反应及重复单元结构式

pyCOO

$[Zn_3(\mu_3\text{-}O)(pyCOO)_6](H_3O)_2 \cdot 12H_2O$

(b) 具有孔道的六边形结构

(c) 对不同底物分子的识别及其催化反应转化率与时间的关系

乙醇
异丁醇
2,2-二甲基丙醇
3,3,3-三苯基-1-丙醇
无催化剂

转化率 /%
时间/h

$CH_3C\overset{O}{\underset{}{||}}O\text{-}C_6H_3(NO_2)_2 + ROH \xrightarrow[\text{CCl}_4,27℃]{[Zn_3(\mu_3\text{-}O)(pyCOO)_6](H_3O)_2 \cdot 12H_2O} CH_3COR + HO\text{-}C_6H_3(NO_2)_2$

(d) 催化酯交换反应式

图 4.39　二维网状配位聚合物 $[Zn_3(\mu_3\text{-}O)(pyCOO)_6](H_3O)_2 \cdot 12H_2O$ 的合成反应、结构及催化反应

结果得到了约 8% ee 的对映体选择性。从这一结果可以看出该催化反应的对映体选择性虽然并不是很高，但是它为人们提供了思路和方法。现在已经有利用手性配体构筑手性多孔配位聚合物，并进行对映体拆分的研究报道。相信手性识别、手性催化等方面的研究将会大有作为。

4.4.3　离子识别与离子交换

与客体分子一样，不同的离子也具有不同的尺寸和形状。例如，最常见的 PF_6^- 为八面体形，ClO_4^-、BF_4^-、SO_4^{2-} 为四面体形，NO_3^-、NO_2^- 为平面形等。因此，配位聚合物的孔道（洞）结构对离子同样可能具有识别作用。另外，这些阴离子通常情况下都存在于配位聚合物的孔道（洞）中，并通过氢键等弱相互作用与骨架相连接。这些通过非共价键性弱相互作用结合的阴离子可能能够被其他阴离子交换。也就是说，这一类配位聚合物可能具有离子交换的性能。这里主要介绍近几年来我们在这方面所开展的一些工作。

利用我们在 2.1.4 提到的 1,3,5-三咪唑基苯（L2）与高氯酸锰、硝酸锰反应得到了两个结构相似的配位聚合物 $[Mn(L2)_2(H_2O)_2](ClO_4)_2$ 和 $[Mn(L2)_2(H_2O)_2](NO_3)_2$。在其骨架结构中每个 L2 与两个 Mn(II) 配位，而每个 Mn(II) 连接 4 个 L2 配体，从而形成了二维网状结构 {见图 2.9 中的 $[Ni(L2)_2(N_3)_2]$·$4H_2O$}。高氯酸根和硝酸根离子分别位于层与层之间形成的孔道中 [见图 4.40(a)]，并通过氢键将相邻两个二维层连接在一起，另外，这两个配合物不溶于一般常规的有机溶剂和水。因此，它们可能具有离子交换性能。

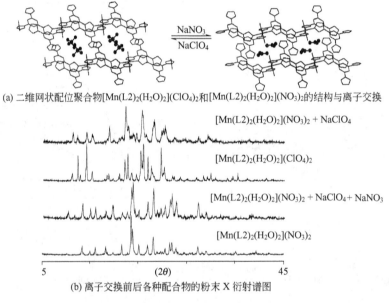

(a) 二维网状配位聚合物[Mn(L2)₂(H₂O)₂](ClO₄)₂和[Mn(L2)₂(H₂O)₂](NO₃)₂的结构与离子交换

[Mn(L2)₂(H₂O)₂](NO₃)₂ + NaClO₄

[Mn(L2)₂(H₂O)₂](ClO₄)₂

[Mn(L2)₂(H₂O)₂](NO₃)₂ + NaClO₄+ NaNO₃

[Mn(L2)₂(H₂O)₂](NO₃)₂

5   (2θ)   45

(b) 离子交换前后各种配合物的粉末 X 衍射谱图

图 4.40 二维网状配位聚合物及其离子交换

将配合物 $[Mn(L2)_2(H_2O)_2](NO_3)_2$ 与 NaClO₄ 进行离子交换后，得到离子交换产物。元素分析、粉末 X 衍射 [见图 4.40(b)]、红外光谱（见图 4.41）等方法表征结果证实离子交换后的产物为 $[Mn(L2)_2(H_2O)_2](ClO_4)_2$，即发生了完全的离子交换。如果将交换后的产物再与 NaNO₃ 进行再次交换，用同样的操作处理、表征后发现产物为 $[Mn(L2)_2(H_2O)_2](NO_3)_2$。这就说明该配合物具有可逆离子交换性能。更为详细的研究结果证实该类离子交换为固相交换过程，而不是溶解、再结晶过程。

在上面的离子交换体系中，尽管高氯酸根和硝酸根离子的几何形状相差很大，但是，两者之间仍然能够发生可逆交换。这是由于层与层之间形成的孔道较大，这样高氯酸根和硝酸根离子都可以进出，因此有离子交换发生。但是，对于孔道较小的配位聚合物，只能与那些形状、大小相近的离子发生交换。例如，利用 L2′ 与硝

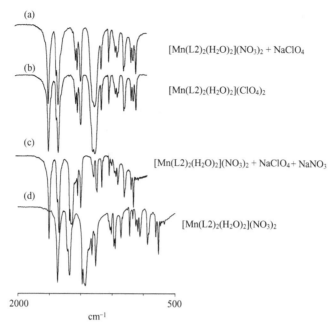

图 4.41　离子交换前后各种配合物的红外光谱

酸锌反应得到二维网状配位聚合物 $[Zn(L2')_2(H_2O)_2](NO_3)_2 \cdot 2H_2O$ [见图 4.42(a)]，其中硝酸根离子也是位于层与层之间形成的孔道中。但是，如果用 NaClO₄ 进行离子交换，实验结果表明配合物的硝酸根离子并没有与高氯酸根离子发生交换。原因就在于高氯酸根离子与硝酸根离子的几何形状相差太大，高氯酸根离子不能进入配合物的孔道。若用 NaNO₂ 进行离子交换，红外光谱 [见图 4.42(b)] 等数据证实发生了亚硝酸根离子与硝酸根离子之间的交换，因为亚硝酸根离子也是平面形，与硝酸根离子的相似。因此，二维网状配位聚合物 $[Zn(L2')_2(H_2O)_2]$ $(NO_3)_2 \cdot 2H_2O$ 具有阴离子识别和选择性离子交换性能。

4.4.4　吸附和脱附——气体储藏与分离材料

能源匮乏和环境污染是 21 世纪人类面临的几大难题之一。氢气的燃烧热很高，是汽油热值的 3 倍，煤热值的 4 倍。而且更为重要的是氢气燃烧的产物为水，不会给环境带来任何污染，因此氢气是一种理想的高效清洁能源。但是，储藏、运输等问题一直制约着氢能的利用。为此科学家们一直在努力寻找能够储藏包括氢气在内的气体储藏（gas storage）材料。多孔配位聚合物由于具有比表面积大、孔洞大小和体积可调控等特点而引起了人们的关注。近年来，设计合成具有气体吸附（储藏）性能的多孔配位聚合物已经成为超分子化学研究中的一个热点领域。在国际上美国的 Yaghi、日本的 Kitagawa 等课题组在这一方面开展了系统而深入的研究工作，得到了一系列结构稳定，具有可逆吸附 H_2、O_2、N_2、Ar、CH_4 等气体分子以及 CCl_4、CH_2Cl_2、C_6H_6 等有机溶剂蒸汽分子的多孔配位聚合物。

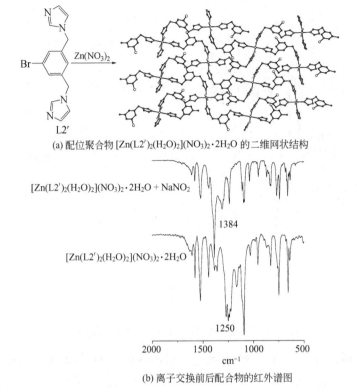

(a) 配位聚合物 [Zn(L2′)₂(H₂O)₂](NO₃)₂·2H₂O 的二维网状结构

$[Zn(L2')_2(H_2O)_2](NO_3)_2·2H_2O + NaNO_2$

1384

$[Zn(L2')_2(H_2O)](NO_3)_2·2H_2O$

1250

2000   1500   1000   500

cm⁻¹

(b) 离子交换前后配合物的红外谱图

图 4.42 $[Zn(L2')_2(H_2O)_2](NO_3)_2·2H_2O$ 的二维网状结构及离子交换前后的红外光谱

　　羧酸根离子与金属离子作用时有多种不同的配位方式，而且能够形成结构稳定的配位化合物，因此羧酸类有机配体是很好的多孔配位聚合物的构筑单元。Yaghi及其合作者们利用含有两个或两个以上羧酸根离子的有机羧酸类配体与过渡金属盐作用，组装得到了孔径大小在 0.38～2.88nm 的多孔配位聚合物。他们将该类多孔配位聚合物称为金属-有机框架结构（metal-organic frameworks，简称 MOFs）。

　　例如，利用图 4.43 中所示的对苯二甲酸（BDC）及其衍生物或类似物与锌盐反应得到了一系列具有三维网状结构的配位聚合物。其中每个羧酸根离子中的两个

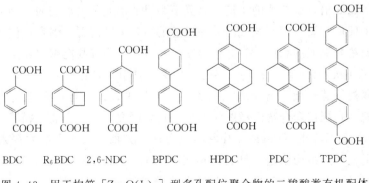

BDC   R₆BDC   2,6-NDC   BPDC   HPDC   PDC   TPDC

图 4.43   用于构筑 $[Zn_4O(L)_3]$ 型多孔配位聚合物的二羧酸类有机配体

氧原子各与 1 个锌配位，而每个锌与来自 3 个羧酸根离子的 3 个氧配位，另外 4 个锌共用 1 个氧（O^{2-}），从而形成 $[Zn_4O(COO)_6]$ 结构单元，每个锌为四配位的四面体构型，而每个 $[Zn_4O(COO)_6]$ 结构单元构成 1 个八面体构型的二级构筑单元 SBU［见图 4.44(a)］。这些结构单元通过有机配体中两个羧酸根离子间的间隔基团连接起来，形成具有单一孔径的近似立方体构型的配位聚合物［见图 4.44(b)］。

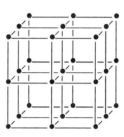

(a)［$Zn_4O(COO)_6$］结构单元图，每个四面体代表 1 个 ZnO_4（上），1 个［$Zn_4O(COO)_6$］构成 1 个八面体构型的二级构筑单元 SBU（下）

(b) 具有近似立方体构型的配位聚合物三维网状结构

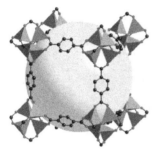

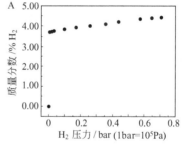

(c) 配合物［$Zn_4O(BDC)_3$］的晶体结构，图中只显示了一个立方形内部空腔（用球表示）单元

(d) 78K 温度下配合物［$Zn_4O(BDC)_3$］对 H_2 的吸收曲线

图 4.44　多孔配合物的结构及性能

从图 4.44(c) 的晶体结构图中可以清楚地看出，配合物［$Zn_4O(BDC)_3$］具有较大的空腔。储氢实验研究结果显示在 78K 温度下该配合物可以吸收质量 4.5%（即每克配合物可吸收 45mg）的氢气［见图 4.44(d)］，相当于每个配合物分子可以吸收 17.2 个氢气分子。在室温 20bar 压力下，则可吸收质量 1.0% 的氢气。表明该配合物具有较好的储氢性能。中子非弹性散射（inelastic neutron scattering，简写 INS）研究结果显示被吸收的氢分子与配合物之间有 2 种不同的结合模式，一种是结合于锌的部位，另一种结合于配体部位。除了氢气之外，该类多孔配位聚合物还可以吸附甲烷等分子。另外通过改变有机配体可以调节孔径的大小，从而可以调节多孔配位聚合物的比表面积、对气体分子的吸附量等性能。例如，［Zn_4O（BDC）$_3$］中孔洞的体积约占总体积的 79.2%，而在［$Zn_4O(TPDC)_3$］中孔洞的

体积则占到总体积的 91.1%。

　　Kitagawa 等人利用 4,4′-联吡啶、吡嗪及其衍生物等作为配体与金属盐反应得到了具有气体吸附功能的多孔配位聚合物。例如，由 Cu(ClO₄)₂·6H₂O、Na₂pzdc(pzdc²⁻＝pyrazine-2,3-dicarboxylate，2,3-二羧基吡嗪) 和吡嗪 (pyz) 在水中反应合成了具有三维网状结构的配位聚合物 {[Cu₂(pzdc)₂(pyz)]·2H₂O}ₙ。该配合物可以看作 Cu 与 pzdc 通过配位作用形成了{[Cu(pzdc)ₙ]}二维网状结构，再由吡嗪通过与 Cu 的配位连接而得三维结构，很显然，该配合物中具有一维孔道结构 (见图 4.45 左)。差热-热重分析以及粉末 X 衍射结果显示该配合物在 100℃之前失去结晶水分子，其骨架结构可稳定至 260℃。气体吸附实验证实每克无水的配合物可吸收 0.8mmol(31atm 下) 的甲烷气体。另外，利用高分辨率的同步加速器 X 射线粉末衍射 (high-resolution synchrotron X-ray powder diffraction) 现场观测到了被吸附的氧气分子呈线性方式排列在配合物的一维孔道中，每个一维孔道中有两列氧分子 (见图 4.45 右)。

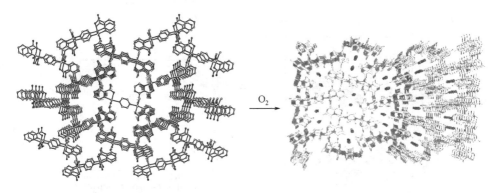

图 4.45　多孔配位聚合物 {[Cu₂(pzdc)₂(pyz)]·2H₂O}ₙ 结构及对氧分子的吸附

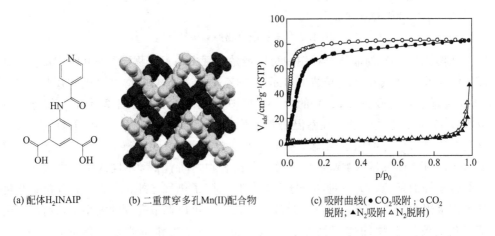

(a) 配体 H₂INAIP　　　(b) 二重贯穿多孔 Mn(II)配合物　　　(c) 吸附曲线(● CO₂吸附；○ CO₂脱附；▲N₂吸附 △ N₂脱附)

图 4.46　三维二重贯穿配位聚合物 {[Mn(INAIP)(DMF)]·0.5DMF}ₙ 及其选择性吸附

近来的研究表明，通过配体的设计、金属盐（离子）的选择以及反应条件的控制等手段来调控多孔配合物中孔道（孔洞）的大小、形状以及疏水/亲水等微环境，从而达到对气体/溶剂分子的选择性吸附，进而在气体/溶剂分子的分离、纯化等方面有潜在的应用。例如，我们利用含羧基和吡啶配位基团的有机配体 5-异烟酰胺基异酞酸 [H_2INAIP，图 4.46(a)] 在 140℃溶剂（DMF）热条件下与氯化锰反应 5 天，得到具有三维二重贯穿结构的配位聚合物 {[Mn(INAIP)(DMF)]·0.5DMF}$_n$，有趣的是尽管发生了贯穿，配合物中仍存在着孔道 [图 4.46(b)]，由 Platon 程序计算得到除去 DMF 分子后的孔道体积占晶胞体积的 13.7%。热重分析以及 X 射线粉末衍射等结果证实该配合物在除去未配位和配位的 DMF 分子后其骨架未发生坍塌，表明该配合物有可能作为气体吸附材料。体积法测得该配合物的 N_2 和 CO_2 等温吸附曲线如图 4.46(c) 所示，很显然在 1atm 下配合物对 N_2 的吸附很小，属于 H-3 型吸附曲线。然而从 CO_2 等温吸附曲线可以看出，该配合物对二氧化碳有明显的吸附，属于 I 型吸附曲线，这是典型的微孔材料吸附，吸附量为 81.74cm^3 (STP)·g^{-1}，相当于每一个配合物分子单元吸附 1.49 个二氧化碳分子。结果证明该配合物具有微孔特征，同时显示对二氧化碳的选择性吸附。这种选择性主要源于配合物中孔道（孔洞）的大小、形状与气体分子的动力学直径（N_2：0.364nm、CO_2：0.33nm）之间的匹配关系。

利用多孔配位聚合物对气体分子的选择性吸附，吉林大学研究组在铜网上制备了铜-1,3,5-苯三甲酸（1,3,5-H_3BTC）膜，即 [Cu_3(1,3,5-BTC)$_2$(H_2O)$_3$] (HKUST-1)，并成功地用于分离 H_2/CO_2、H_2/N_2、H_2/CH_4 混合气体，分离系数达 5.92～7.04，而且制备的膜具有很好的稳定性，可以多次使用而分离系数不发生明显变化。

以上结果表明多孔配位聚合物在气体分子的吸附、储藏以及分离等方面具有良好的性能和潜在的应用价值。除了吸附（adsorption）之外，人们还开展了脱附（desorption）以及重复使用性能等方面的研究工作，为研究开发具有实用价值的气体储藏材料提供基础。

上面只是简单地介绍了金属配合物在非线性光学、发光、磁、多孔材料等方面的性能及其潜在的应用。除此之外，近年来有关配合物的电性质方面的研究也有不少报道，导电配合物、分子导线等方面的研究也已经取得了可喜的进展。我们相信通过广大科学工作者们的不断努力和探索，在不远的将来光、电、磁功能配合物方面的研究一定会有新的突破。

参 考 文 献

1　游效曾著．分子材料：光电功能化合物．上海：上海科学技术出版社，2001
2　申泮文主编．无机化学．北京：化学工业出版社，2002
3　游效曾，孟庆金，韩万书主编．配位化学进展．北京：高等教育出版社，2000
4　O. R. Evans, W. B. Lin, Acc. Chem. Res.，2002，35，511～522

5　S. Di Bella，Chem Soc. Rev.，2001，**30**，355～366

6　P. G. Lacroix，Eur. J. Inorg. Chem.，2001，339～348

7　张弛，金国成，忻新泉. 无机化学学报，2000，**16**，229～240

8　C. Zhang, Y. Song, Y. Xu, H. Fun, G. Fang, Y. Wang, X. Xin. J. Chem. Soc.，Dalton Trans.，2000，2823～2829

9　孟祥茹，赵金安，侯红卫，米立伟. 无机化学学报，2003，**19**，15～19

10　杨宏秀，谷云骊，傅希贤，宋宽秀编著. 化学与社会发展. 北京：化学工业出版社，2002

11　黄春辉著. 稀土配位化学. 北京：科学出版社，1997

12　J. M. Lehn. Angew. Chem. Int. Ed. Engl.，1988，**27**，89～112

13　黄玲，黄春辉. 化学学报，2000，**58**，1493～1498

14　B. Alpha, J. M. Lehn, G. Mathis. Angew. Chem. Int. Ed. Engl.，1987，**26**，266～267

15　J. Kido, K. Nagai, Y. Ohashi. Chem. Lett.，1990，657～660

16　X. C. Gao, H. Cao, C. H. Huang, B. G. Li. Appl. Phys. Lett.，1998，**72**，2217～2219

17　Y. X. Zheng, J. Lin, Y. J. Liang, Q. Lin, Y. N. Yu, Q. G. Meng, Y. H. Zhou, S. B. Wang, H. Y. Wang. H. J. Zhang, J. Mater. Chem.，2001，**11**，2615～2619

18　Z. Hong, W. L. Li, D. Zhao, C. Liang, X. Liu, J. Peng, D. Zhao. Synth. Met.，2000，**111～112**，43～45

19　[美] R. L. Carlin 著. 磁化学. 万纯娣，臧焰，胡永珠，万春华译. 南京：南京大学出版社，1990

20　高恩庆，廖代正. 高等学校化学学报，1999，**20**，1179～1185

21　司书峰，廖代正. 结构化学，2001，**20**，233～240

22　王庆伦，廖代正. 化学进展，2003，**15**，161～169

23　M. Ohba，H. Ōkawa. 2000，**198**，313～328

24　H. Ōkawa，M. Ohba. Bull. Chem. Soc. Jpn.，2002，**75**，1191～1203

25　K. Inoue, H. Imai, P. S. Ghalsasi, K. Kikuchi, M. Ohba, H. Ōkawa, J. V. Yakhmi, Angew. Chem. Int. Ed. Engl.，2001，**40**，4242～4245

26　K. Inoue, K. Kikuchi, M. Ohba, H. Ōkawa, Angew. Chem. Int. Ed. Engl.，2003，**42**，4810～4813

27　J. Z. Zhuang, H. Seino, Y. Mizobe, M. Hidai, M. Verdaguer, S. Ohkoshi, K. Hashimoto. Inorg. Chem.，2000，**39**，5095～5101

28　R. Podgajny, T. Korzeniak, M. Balanda, T. Wasiutynski, W. Errington, T. J. Kemp, N. W. Alcock, B. Sieklucka. Chem. Commun. 2002，1138～1139

29　D. F. Li, L. M. Zheng, X. Y. Wang, J. Huang, S. Gao, W. X. Tang. Chem. Mater.，2003，**15**，2094～2098

30　D. F. Li, L. M. Zheng, Y. Z. Zhang, J. Huang, S. Gao, W. X. Tang. Inorg. Chem.，2003，**42**，6123～6129

31　C. Mathonière, C. J. Nuttall, S. G. Carling, P. Day. Inorg. Chem. 1996，**35**，1201～1206

32　R. Pellaux, H. W. Schmalle, R. Huber, P. Fischer, T. Hauss, B. Ouladdiaf, S. Decurtins. Inorg. Chem.，1997，**36**，2301～2308

33　J. Larionova, S. A. Chavan, J. V. Yakhmi, A. G. Frøystein, J. Sletten, C. Sourisseau, O. Kahn. Inorg. Chem.，1997，**36**，6374～6381

34　D. Burdinski, F. Birkelbach, T. Weyhermüller, U. Flo1rke, H. J. Haupt, M. Lengen, A. X. Trautwein, E. Bill, K. Wieghardt, P. Chaudhuri. Inorg. Chem.，1998，**37**，1009～1020

35　J. A. Real, A. B. Gaspar, V. Niel, M. C. Muňoz. Coor. Chem. Rev.，2003，**236**，121～141

36　A. Galet, V. Niel, M. C. Muňoz, J. A. Real. J. Am. Chem. Soc.，2003，**125**，14224～14225

37　C. Boskovic, E. K. Brechin, W. E. Streib, K. Folting, J. C. Bollinger, D. N. Hendrickson, G. Christou. J. Am. Chem. Soc.，2002，**124**，3725～3736

38　H. Oshio, N. Hoshino, T. Ito. J. Am. Chem. Soc. 2000，**122**，12602～12603

39　R. Clérac, H. Miyasaka, M. Yamashita, C. Coulon. J. Am. Chem. Soc.，2002，**124**，12837～12844

40　T. F. Liu, D. Fu, S. Gao, Y. Z. Zhang, H. L. Sun, G. Su, Y. J. Liu. J. Am. Chem. Soc.，2003，**125**，13976～13977

41　C. Janiak. Dalton Trans.，2003，2781～2804

42　B. Moulton, M. J. Zaworotko. Curr. Opin. Solid State Mater. Sci.，2002，**6**，117～123

43　N. G. Pschirer, D. M. Ciurtin, M. D. Smith, U. H. F. Bunz, H. C. zur Loye. Angew. Chem. Int. Ed. Engl.，2002，**41**，583～585

44　X. Xu, M. Nieuwenhuyzen, S. L. James. Angew. Chem. Int. Ed. Engl.，2002，**41**，764～767

45　[法] J. M. Lehn 著. 超分子化学——概念和展望. 沈兴海等译. 北京：北京大学出版社，2002

46　M. Fujita, Y. J. Kwon, S. Washizu, K. Ogura. J. Am. Chem. Soc.，1994，**116**，1151～1152

47　J. S. Seo, D. Whang, H. Lee, S. I. Jun, J. Oh, Y. J. Jeon, K. Kim. Nature，2000，**404**，982～986

48 J. Fan，L. Gan，H. Kawaguchi，W. Y. Sun，K. B. Yu，W. X. Tang. Chem. Eur. J.，2003，**9**，3965~3973

49 J. Fan，W. Y. Sun，T. Okamura，Y. Q. Zheng，B. Sui，W. X. Tang，N. Ueyama. Crystal Growth&. Design，2004

50 O. M. Yaghi，M. O'Keeffe，N. W. Ockwig，H. K. Chae，M. Eddaoudi，J. Kim. Nature，2003，**423**，705~714

51 N. L. Rosi，J. Eckert，M. Eddaoudi，D. T. Vodak，J. Kim，M. O'Keeffe，O. M. Yaghi. Science，2003，**300**，1127~1129

52 M. Eddaoudi，J. Kim，N. Rosi，D. Vodak，J. Wachter，M. O'Keeffe，O. M. Yaghi. Science，2002，**295**，469~472

53 M. Kondo，T. Okubo，A. Asami，S. Noro，T. Yoshitomi，S. Kitagawa，T. Ishii，H. Matsuzaka，K. Seki. Angew. Chem. Int. Ed. Engl.，1999，**38**，140~143

54 R. Kitaura，S. Kitagawa，Y. Kubota，T. C. Kobayashi，K. Kindo，Y. Mita，A. Matsuo，M. Kobayashi，H. C. Chang，T. C. Ozawa，M. Suzuki，M. Sakata，M. Takata. Science，2002，**298**，2358~2361

55 Z. G. Gu，J. L. Zuo，X. Z. You，Dalton Trans.，2007，4067~4072

56 白士强，房晨婕，严纯华，无机化学学报，2006，**22**，2123~2134

57 Y. F. Zeng，X. Hu，F. C. Liu，X. H. Bu，Chem. Soc. Rev.，2009，**38**，469~480

58 M. S. Chen，Z. S. Bai，T. A. Okamura，Z. Su，S. S. Chen，W. Y. Sun，N. Ueyama，CrystEngComm，2010，**12**，1935~1944

59 H. L. Guo，G. S. Zhu，I. J. Hewitt，S. L. Qiu，J. Am. Chem. Soc.，2009，**131**，1646~1647

第 5 章　分子组装与器件

从前面几章的介绍中可以看出今日的配位化学已经呈现出日新月异、迅猛发展的势头。配体已不再是单纯的有机分子或离子，分子氢（H_2）、氮（N_2）、氧（O_2）、二氧化碳（CO_2）等都可以作为配体与金属离子或原子作用形成相应的配合物；中心原子也由过渡金属、稀土金属元素发展到主族甚至非金属元素。配位化学研究对象和研究内容已经由简单的配合物发展到复杂的配合物；由简单的配合物合成、结构研究发展到更加注重配合物功能和应用方面的研究。尤其是自 1987 年 Lehn 等人获得诺贝尔化学奖以来，超分子化学得到了长足的发展。化学也因此从分子化学逐步发展到超分子化学，并进入了一个新的时代。由研究共价作用形成的分子化合物发展到由非共价相互作用结合形成的超分子化合物。超分子化学的产生和发展不但扩展了配位化学的内涵，也为未来配位化学研究注入了新的活力和生长点。利用分子组装的原理，设计合成具有新型结构和功能的配位化合物、从分子水平上研究制造分子电子器件等已经成为配位化学研究中新的发展趋势。

5.1　分子组装

在自然界及生物体系中有许多具有某种特定结构的物种完成着某些特定的功能，研究发现这些物种往往是由一系列简单的分子（或碎片）按照一定的方式结合之后形成的。受此启发，科学家们期望通过 2 种或 2 种以上的分子（物种）通过一定的组装过程形成超分子功能体系。分子组装一般是通过自组装（self-assembly）、自组织（self-organization）、模板效应等方式来实现的。所谓的自组装就是由多个组分自发联合形成有限的或无限的分子有序体；而自组织则可以认为是一组相互交叉有序的自组装过程。目前，通过分子组装已经得到具有各种特定结构和性能的分子化合物或分子聚集体，我们前面介绍的化合物中有许多就是通过分子组装形成的。这一节中我们将着重介绍近年来报道较多的笼状、管状、索烃、轮烷等各种拓扑结构化合物的设计合成、结构和性能方面的研究工作。

5.1.1　笼状化合物

沸石由于有较大的内部空间而有许多实际的应用。上一章（见 4.4）中我们介绍的多孔配位聚合物就是因为有一定的内部空间，而使之具有分子/离子识别和交换、催化、气体分子的吸附/储藏等性能。因此通常又称这一类多孔配位聚合物为类沸石型（zeolite-like）化合物。与多孔配位聚合物一样，具有一定内部空间的分子化合物也因为具有特定的结构和性能而引起了人们的广泛兴趣。这些化合物由于具有内部空间大小、环境（疏水性、极性等）可以人为地调节等特点而具有潜在的应用价值。因此，利用分子组装的方法设计合成具有一定内部空间分子化合物方面的研究也越来越受到人们的重视，相关研究近年来报道很多。例如，笼状（cage-like）化合物就是一类具有内部空腔的分子化合物。

目前，含有金属离子笼状化合物的构筑方法主要是以合适的有机配体为间隔基团，一定配位构型的金属离子或配位不饱和的配合物作为连接基团进行组装反应来得到。有的体系中还需要有合适的分子或离子作为模板剂以促使笼状化合物的形成。Seidel 和 Stang 在 2002 年的综述中介绍了边导向（edge-directed）和面导向（face-directed）的自组装方法合成笼状配合物。实际上两者是同一回事，关键是选择或设计什么样的构筑单元。因为笼状配合物是一个封闭的独立的分子，因此作为构筑笼状配合物的结构单元必须有合适的拐角，而且相互之间必须匹配，否则要么不能形成笼状配合物，要么形成的配合物中张力太大，结合不牢固，形成的笼状配合物不稳定。

金属离子尤其是过渡金属离子与配体作用时一般都有比较固定的配位构型，因此其拐角一般也是大致固定的，可以根据需要选择合适的配位构型的金属离子。如平面四边形配位构型的拐角约为 $90°$，四面体配位构型的拐角约为 $109°$ 等。值得一提的是除了二配位的直线型金属离子 [例如 Ag（I）参见下面的例子] 以外，其他配位构型的金属离子中由于有多个可配位点存在，因此需要进行一定的修饰和保护或使用阴离子可以配位的金属盐，否则容易形成配位聚合物而不是笼状配合物。

到目前为止含金属构筑单元部分研究报道最多的是钯和铂的金属盐及其配合物。这主要有下面两方面的原因：钯和铂配合物的配位活性较小，尤其是铂配合物是配位惰性的，配合物形成之后不易解离，这样有利于笼状配合物的性能研究；钯和铂具有平面四边形配位构型，拐角为 $90°$，进行适当的修饰和保护后可以与不同形状的有机配体作用形成大小和结构不同的笼状配合物。常用的方法是将钯和铂的 4 个配位点中的两个用乙二胺、2,2′-联吡啶以及有机膦配体等进行顺式保护，见图 5.1(a)，使之只有两个顺式配位点与有机配体作用形成笼状配合物。近来，Stang 等人将反式保护的 trans-Pt（PR$_3$）$_2$ 接到具有一定拐角的有机基团上，只留有 1 个可配位点 [见图 5.1(b)，OTf 为容易离去的保护基团]，再与有机配体作用，合成了多个笼状配合物。

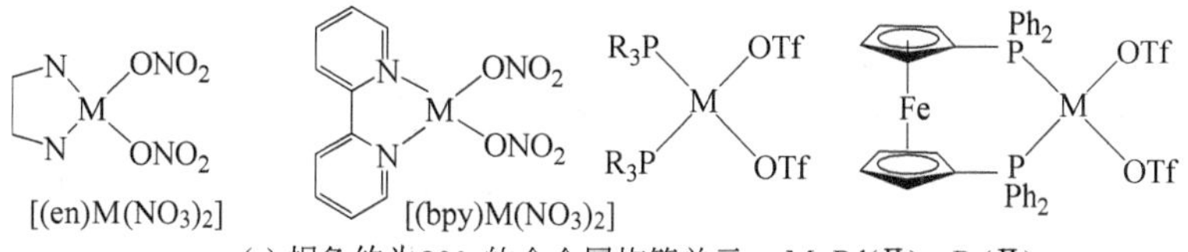

[(en)M(NO₃)₂]   [(bpy)M(NO₃)₂]

(a) 拐角约为 $90°$ 的含金属构筑单元，M=Pd（II）、Pt（II）

图 5.1

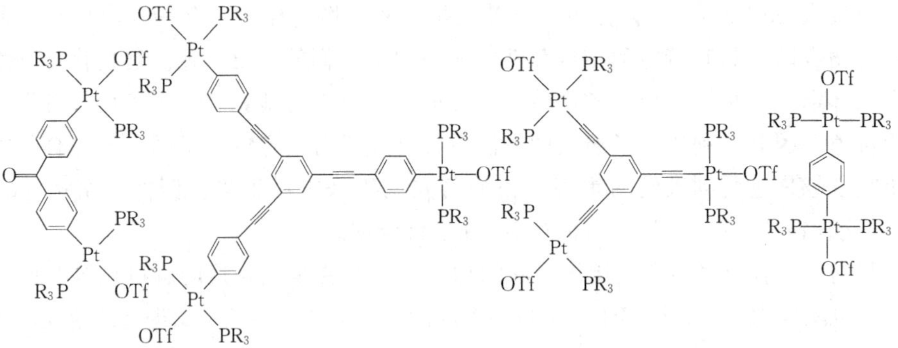

(b) 拐角约为 109°、120° 和 180° 的含金属构筑单元，R=CH₃、CH₃CH₂、Ph 等

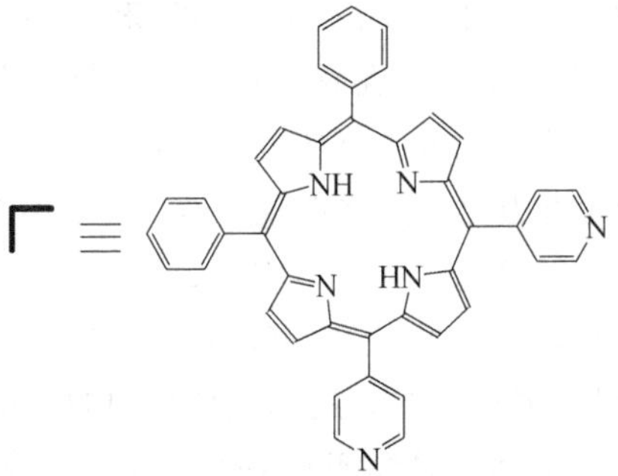

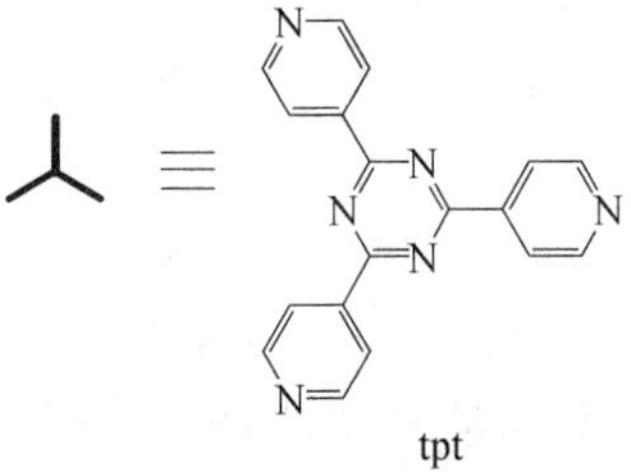

(c) 拐角约为90° 的配体

(d) 拐角约为120° 的配体

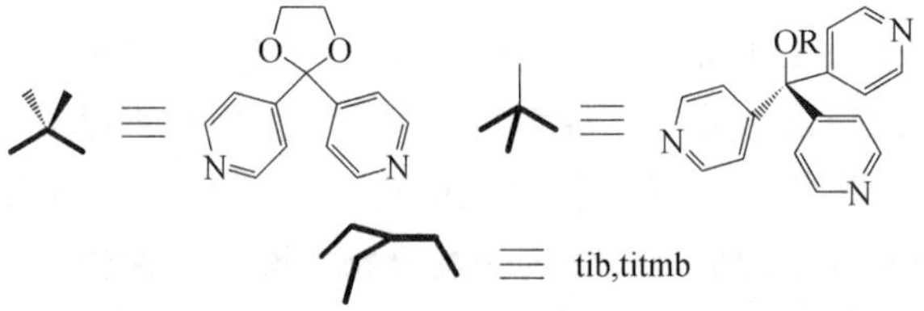

≡ tib,titmb

(e) 拐角约为109° 的配体 (tib和titmb的结构见图5.2)

图 5.1　具有不同拐角的笼状配合物构筑单元：（a）、（b）为含金属
离子单元；（c）、（d）和（e）为有机配体

　　与含金属构筑单元一样，用于构建笼状配合物的有机配体部分也可以设计成一定的形状（拐角）。目前报道的绝大多数是以吡啶为配位基团的刚性多齿配体。图5.1(c)、图5.1(d) 和图5.1(e) 中显示了几种不同拐角的有代表性的有机配体。

　　图5.2(a) 中的有机配体 tib 和 titmb 与其他报道的用于构筑笼状配合物的有机配体有较大不同。首先这是含有 3 个咪唑基团的配体，而其他的基本上都是含吡啶的配体；由于咪唑基团和中心苯环之间有亚甲基存在，因此是柔性配体。这类柔性配体与金属离子作用时可采用不同的构象［见图5.2(b) 和图5.2(c)］。当配体 tib 或 titmb 采用顺式、顺式、顺式构象时，即可看作为拐角约为 109°的三齿配体，如果与具有一定配位构型和拐角的金属离子作用就有可能形成笼状配合物。例如，tib 配体与具有四面体配位构型的乙酸锌反应分离得到了化合物 [Zn₃（tib)₂]

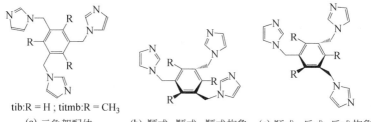

tib:R = H；titmb:R = CH₃

(a) 三角架配体　　(b) 顺式、顺式、顺式构象　(c) 顺式、反式、反式构象

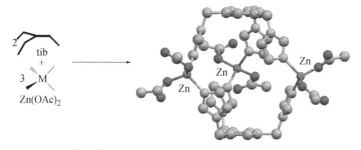

(d) 笼状化合物 [Zn₃(tib)₂](OAc)₆ 的合成及结构

图 5.2　三角架配体构象及笼状化合物 ［Zn₃（tib）₂］（OAc）₆ 的合成和结构

(OAc)₆·4H₂O，其晶体结构分析结果表明这是一个 M₃L₂ 型笼状化合物，其中 Zn 为四面体配位构型，除了与来自两个不同 tib 配体的两个氮原子配位之外，另外两个位置被两个乙酸根离子的两个氧原子所占据。两个 tib 配体采用顺式、顺式、顺式构象，而且是面对面的方式通过 3 个锌连接在一起，从而形成了 1 个中性笼状化合物 ［见图 5.2(d)］。在该配合物中上下两个苯环之间的距离约为 0.9nm，相邻两个锌之间的距离也接近 1nm，表明该笼状化合物具有较大的内部空腔。利用核磁共振（NMR）等方法研究结果显示该笼状化合物可以包裹樟脑、甲苯、环己烷等有机小分子，而对乙醚、乙酸乙酯等线性分子则没有包合作用。

　　利用 titmb 配体与各种银盐组装反应基本上都得到了 M₃L₂ 型笼状化合物（见图 5.3）。配体 titmb 的构象及配位方式与 ［Zn₃（tib）₂］（OAc）₆ 中的 tib 配体基本相同，但是由于银为二配位的近似直线形配位构型，因此得到的是柱形或称胶囊状

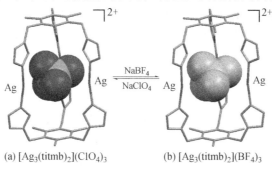

(a) [Ag₃(titmb)₂](ClO₄)₃　　　(b) [Ag₃(titmb)₂](BF₄)₃

图 5.3　M₃L₂ 型笼状化合物

(capsule-like) 的离子型化合物。有趣的是该柱形笼状物可以包合一个高氯酸根或四氟硼酸根阴离子，像一个笼中之鸟，另外两个阴离子位于笼子的外面。进一步研究证实这些笼状化合物具有离子交换的性能（见图 5.3）。

应该指出的是上述笼状化合物对阴离子的包合、交换等过程实际上也是对阴离子的识别过程。例如，三氟甲基磺酸银与 titmb 组装反应得到的也是柱形笼状物，但是三氟甲基磺酸根阴离子则位于笼子的外面。这主要是由阴离子（客体）与笼状物内部空腔（主体）之间的大小、形状等匹配关系决定的。研究发现 titmb 配体与不同银盐反应都可以形成 M_3L_2 型笼状化合物，有趣的是不同的阴离子导致形成的笼状化合物内部空腔填充不同的物种，有的是空的，有的填有阴离子、水或溶剂分子 [见图 5.4(a)]。在含有对苯二甲酸根离子的笼状化合物中由一个对苯二甲酸根离子通过氢键连接两个 M_3L_2 型笼子，从而形成一个哑铃状的化合物 [图 5.4(b)]。

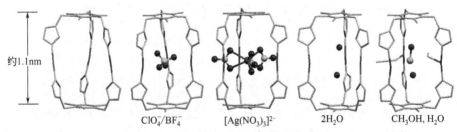

约1.1nm

ClO_4^-/BF_4^- $[Ag(NO_3)_3]^{2-}$ $2H_2O$ CH_3OH, H_2O

(a) 空腔内为空、阴离子、水、溶剂分子的笼状化合物

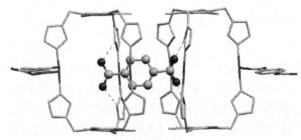

(b) 哑铃形化合物

图 5.4   填充有不同物种和不同形状的笼状化合物

上面的 tib 和 titmb 均为柔性三齿配体，因此与 109°拐角的锌和 180°拐角的银离子均可形成笼状配合物，而且只要两个配体和 3 个金属离子组成 M_3L_2 型笼状物。但是，对于刚性配体来说，与金属离子作用时其构象变化很小或没有，因此只有与具有合适拐角的金属离子作用才能形成笼状配合物。一个非常成功的例子就是利用拐角约为 120°的 tpt 三齿配体 [见图 5.1(d)] 与 90°拐角的顺式保护的 [(en)M (NO_3)_2] 或 [(bpy) M(NO_3)_2] [M＝Pd (Ⅱ)、Pt(Ⅱ)，见图 5.1 (a)] 进行组装得到的 M_6L_4 型笼状化合物 [见图 5.5(a)]。该笼状物的对称性非常高，具有近似的八面体形状 [图 5.5(b)]，其中有 4 个面被 tpt 配体占据，另外 4 个面则是空的，相当于 4 个窗口。这些窗口在客体分子的进出等决定笼状化

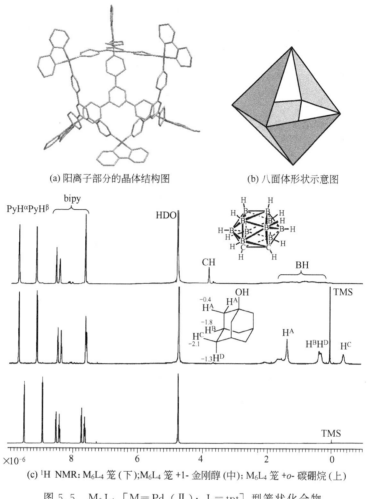

(a) 阳离子部分的晶体结构图   (b) 八面体形状示意图

(c) ^{1}H NMR: M_6L_4 笼(下);M_6L_4 笼 +1- 金刚醇 (中);M_6L_4 笼 +o- 碳硼烷(上)

图 5.5 M_6L_4 [M＝Pd（Ⅱ）；L＝tpt] 型笼状化合物

合物性质方面具有非常重要的作用。

    Fujita 课题组对该类 M_6L_4 [M＝Pd（Ⅱ）；L＝tpt] 型笼状化合物进行了详细的研究，发现该类配合物具有很好的性能。例如，可以有效地包裹中性有机分子 [图 5.5(c)]，而且根据客体分子的大小和形状的不同，一个 M_6L_4 笼子的空腔中可以容纳 1～4 个客体分子（见图 5.6）。对于近似球形的客体分子（G）如果直径大于 0.8nm 就只能结合一个 G，形成 $M_6L_4 \cdot$ G；相反如果 G 的直径小于 0.8nm 则形成 $M_6L_4 \cdot$ (G)$_4$，而且在形成 $M_6L_4 \cdot$(G)$_4$ 时没有观测到 $M_6L_4 \cdot$(G)$_2$、$M_6L_4 \cdot$(G)$_3$ 等物种的出现，表明客体分子间有较强的协同作用存在；对于中等大小的链状分子则形成 $M_6L_4 \cdot$(G)$_2$。

    由于 M_6L_4 笼状物具有纳米级的空腔，因此可以看作为一个分子反应器。例如，将含有合适双键的底物分子作为客体分子与笼状物形成 $M_6L_4 \cdot$ (G)$_2$ 包合物，

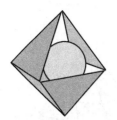

(a) $M_6L_4·G$,G=1,3,5- 三叔
丁基苯；四苄基硅烷等

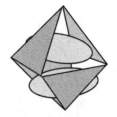

(b) $M_6L_4·(G)_2$,G= 二苯甲烷、
1,2- 二 (4- 甲氧基苯)-1,
2- 乙二酮等

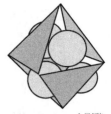

(c) $M_6L_4·(G)_4$,G=1- 金刚醇、
o- 碳硼烷、二茂铁等

图 5.6　M_6L_4 型笼状化合物包裹性能示意

然后在光照条件下，底物分子在笼状物空腔内发生 2＋2 反应得到 98％以上的顺式头对尾 (HT-syn) 产物，而没有其他的顺式头对头 (HH-syn)、反式头对尾 (HT-anti)、反式头对头 (HH-anti) 等异构体生成 (见图 5.7)。表明该反应具有很高的选择性，而且对比实验发现在没有 M_6L_4 笼状物存在条件下，光照不能发生 2＋2 反应。

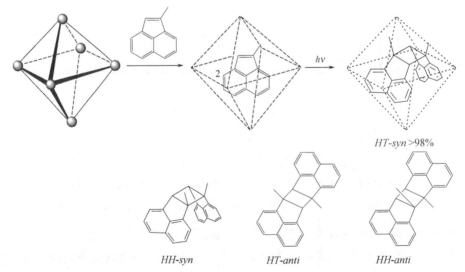

HT-syn >98%

HH-syn   HT-anti   HH-anti

图 5.7　M_6L_4 笼状物内的光照 2＋2 反应示意

5.1.2　管状化合物

　　管状 (tube-like) 化合物也因为其特殊的结构和具有一定的内部空腔而引起人们的广泛兴趣。利用柔性三齿配体 titmb 与乙酸锌反应得到了具有纳米孔径的一维管状化合物 { [Zn(titmb)(OAc)](OH)·8.5H$_2$O}$_n$ (见图 5.8)。其中每个锌的配位环境为 N$_3$O 的四面体配位构型，3 个氮来源于 3 个不同的 titmb 配体，氧来自配位乙酸根离子，而前面提到的笼状化合物 [Zn$_3$(tib)$_2$](OAc)$_6$ 中锌为 N$_2$O$_2$ 配位环境；另外管状化合物中的 titmb 配体为顺式、反式、反式构象 [见图 5.2(c)]，而笼状物中的 tib 配体为顺式、顺式、顺式构象。从而导致两者的结构完全不同。

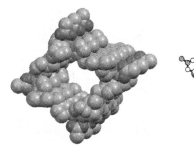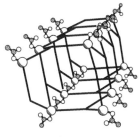

图 5.8　具有纳米孔径的一维管状化合物
$\{[\text{Zn}(\text{titmb})(\text{OAc})](\text{OH}) \cdot 8.5\text{H}_2\text{O}\}_n$

最近，Fujita 课题组设计了一个新型有机配体 ttpy，该配体以一个苯环为中心，1,2,4,5-位上接有 4 个各含有 1 个三联吡啶的支链 [见图 5.9(a)]。核磁共振（NMR）研究发现当 ttpy 配体在 D_2O 中与 $[(en)Pd(NO_3)_2]$ 反应时生成多种物种共存的混合物，难以鉴别和表征。但是，在合适的客体分子（G）存在条件下，ttpy 与 $[(en)Pd(NO_3)_2]$ 反应则生成单一的产物 $[(en)_6Pd_6(ttpy)](NO_3)_{12} \cdot G$，这种情况下客体分子起着模板剂的作用（见 2.1.3 和图 2.5）。根据核磁共振、电喷雾质谱等研究结果推测这是一个一端封口的管状化合物 [见图 5.9(b)]。例如，如果用 4,4'-二甲基联苯（$CH_3PhPhCH_3$）作为客体分子，$[(en)_6Pd_6(ttpy)](NO_3)_{12} \cdot (CH_3PhPhCH_3)$ 的 ^1H NMR 谱中，两个甲基谱峰分别出现在 -0.25×10^{-6} 和 1.83×10^{-6}，说明 4,4'-二甲基联苯位于管中，接近封口一端的甲基谱峰向高场移动很多，出现在 -0.25×10^{-6}，而位于开口一端的甲基谱峰的化学位移变化不大，出现在 1.83×10^{-6}。另外，含有 1 个羧酸根基团的联苯（$PhPhCOO^-$）可以作为客体分子，诱导一端封口管状化合物的形成，而且联苯基团位于管中。但是，两端都有羧酸根基团的联苯（$^-OOCPhPhCOO^-$）则不能有效地诱导一端封口管状化合物的形成。

有趣的是在浓度较高时，或者是在缓慢结晶时发现有另外一种物种存在。经过 X 衍射单晶结构分析得知这是一个由两个 ttpy 配体和 12 个 $Pd(en)$ 组成的两端开口的管状化合物 $[(en)_{12}Pd_{12}(ttpy)_2](NO_3)_{24}$ [见图 5.9(c)]。上下两端管口之间的距离约为 3nm，是目前有晶体结构表征的管状化合物中最长的一个（除了一维无限配位聚合管状物）。而且，两端开口的管状化合物一旦被分离出来之后，即使是在较低浓度时也不会回到一端封口的管状化合物。

由图 5.9 的结果也可以看出，利用多联吡啶配体在合适的模板剂存在条件下与 $[(en)Pd(NO_3)_2]$ 反应即可形成管状化合物。系统研究发现从三联吡啶到五联吡啶配体与 $[(en)Pd(NO_3)_2]$ 反应可以形成 1.5～2.3nm 的长短不同的管状化合物（见图 5.10）。这些管状化合物由于有较大的内部空腔而使之具有分子/离子识别、包合等性能。这里介绍一个利用管状及笼状化合物空腔大小的不同，从而可以用于

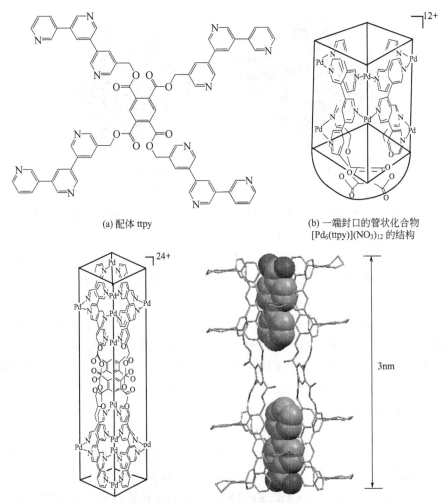

(a) 配体 ttpy

(b) 一端封口的管状化合物
[Pd₆(ttpy)](NO₃)₁₂ 的结构

(c) 两端开口的管状化合物[Pd$_{12}$(ttpy)$_2$](NO$_3$)$_{24}$
的结构和 {[Pd$_{12}$(ttpy)$_2$]·(G)$_2$}$^{22+}$的晶体结构

图 5.9　配体 ttpy 在合适模板剂下反应形成管状化合物

硅醇单聚体和三聚体合成方面的研究。如图 5.11 所示，三联吡啶在三甲氧基硅烷
存在下与[(en)Pd(NO$_3$)$_2$]反应得到包合有客体分子的管状化合物，然后通过加
热等方法脱去甲醇得到含有三个羟基的硅醇单聚体。这种硅醇单聚体一般情况下是
不能稳定存在的，会很快发生聚合反应生成聚合物。但是，在管状化合物存在条件
下成功地合成得到了硅醇单聚体，这是由于硅醇单聚体位于管状化合物的空腔中，
受到保护，使之不能发生聚合。同样利用前面介绍的具有更大空腔的 M$_6$L$_4$ 笼状化
合物进行硅醇合成反应，结果得到的是硅醇的三聚体。另外，利用具有空腔大小介
于管状和笼状化合物之间的配合物结果得到了硅醇的二聚体。这些结果表明通过选
择空腔大小不同的配合物可以稳定不同的硅醇寡聚体。

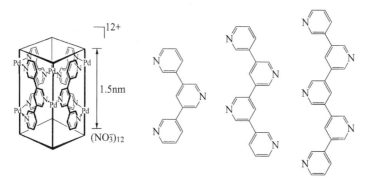

图 5.10 纳米管状化合物及其多联吡啶配体

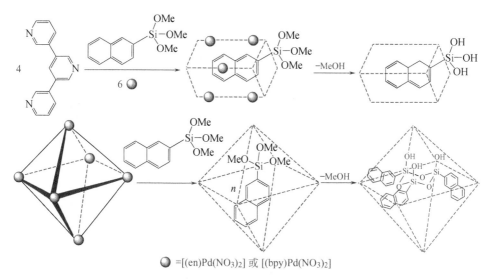

=[(en)Pd(NO₃)₂] 或 [(bpy)Pd(NO₃)₂]

图 5.11 利用管状及笼状化合物空腔合成硅醇的单聚体和三聚体的反应

5.1.3 索烃型化合物

索烃（catenane）是由联索环组成的分子。简单地讲就是环套环的分子，即环与环之间没有直接的化学键连接，但是如果不断裂化学键又不能将它们彻底地分开的分子。最简单的是由两个环组成的［2］-索烃，括号中的数字代表联索环的数目。图 5.12 中的索烃是最常见的含有两个交叉点的［2］-索烃。另外还有一种是含有 4 个交叉点的双联索［2］-索烃。

索烃由于其拓扑学上的新颖性、复杂性以及潜在的应用价值（见 5.2 的分子器件）而引起化学家们的浓厚兴趣。早期的索烃合成是通过经典的分步合成的方法，其结果是合成路线长，产率低。例如，Wassermann 在 1960 年报道的第一个索烃是用统计学的方法（statistical methods）让一个环状分子穿过一个线性分子，然后再通过闭环来形成

图 5.12 ［2］-索烃
的结构

索烃，所以得到索烃的效率非常低。后来人们采用模板法合成索烃，利用有机分子或金属离子作为模板剂大大提高了生成索烃的几率。现在最有效的方法是利用分子组装的方法通过氢键、π-π 等分子间相互作用来合成索烃。这里主要介绍含有过渡金属离子的索烃型配合物。

(1) 金属离子模板剂 金属离子因为具有特定的配位几何构型而能够按预先指定的几何形状集结和配置有机配体，从而产生模板效应。利用金属离子模板剂合成索烃是法国的 Sauvage 在 1983 年提出并发展起来的，该课题组后来在这一研究领域开展了一系列的研究工作。例如，常用作模板剂的一价铜离子具有四面体配位构型，能够将预先设计好的具有配位能力的两个线形分子聚集到一起，并以交叉方式排列，线形分子环合之后即得到结合有一价铜离子的索烃分子前体物，再用 KCN 等试剂脱去铜离子即可得到索烃分子（见图 5.13）。该方法中金属离子起到使线性配体分子聚集和定向排列，从而促进索烃分子形成的作用。除了一价铜离子之外，还有具有八面体配位构型的二价钌等。

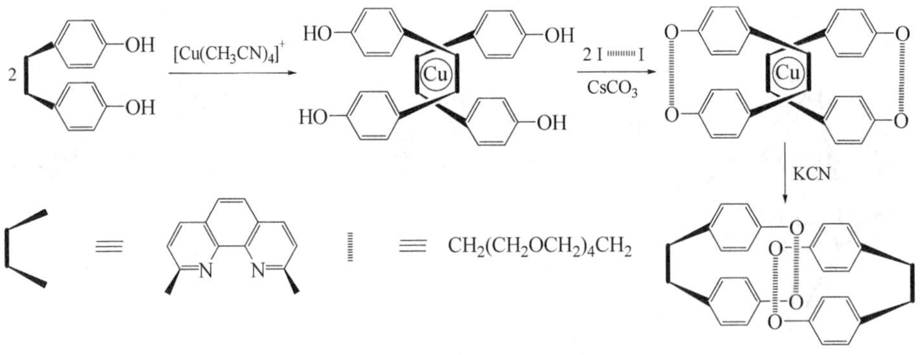

图 5.13 一价铜离子模板剂合成 [2]-索烃

(2) 分子组装 利用分子组装的方法合成索烃型化合物的关键是要设计或选择合适的建筑块（building blocks）。首先，要注意构成索烃的环的空腔大小、环的刚柔性、空间位阻等要适中。若环太小或刚性太大则无法形成环套环的索烃结构；相反，如果环太大又有一定的柔性，环则容易发生扭曲，从而减小环的有效空腔大小，导致不能形成索烃。另外，要考虑形成索烃结构的驱动力，分子间氢键、芳香环间、金属离子间 [例如 Ag(Ⅰ) ⋯Ag(Ⅰ)、Au(Ⅰ) ⋯Au(Ⅰ)] 的作用等都可以有效地诱导索烃的形成。

最近，Puddephatt 等人详细研究了含有不同间隔基团（E）的双膦配体 Ph_2P (E) PPh_2 与一价金配合物 {$[4-BrC_6H_4CH(4-C_6H_4OCH_2C \equiv CAu)_2]_n$} 之间的组装反应。结果发现当 E——C≡C— 、—HC=CH— 、—CH_2CH_2— 时，由于间隔基团不够长，形成的环太小，所以只能形成简单的环状化合物，而不能形成索烃。当用二茂铁作为间隔基团时，则因为基团的位阻太大，也不能形成索烃。当 E=—CH_2CH_2CH_2— 时，开始有 [2]-索烃形成，然而反应产物是简单环状化合

物和 [2]-索烃的混合物。当 E＝—CH$_2$CH$_2$CH$_2$CH$_2$—时，可以高产率的得到 [2]-索烃，其晶体结构如图 5.14 所示。该体系中形成 [2]-索烃的驱动力是芳香环之间的相互作用。

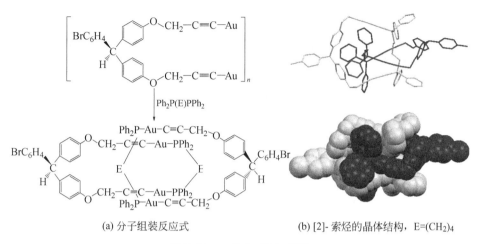

(a) 分子组装反应式   (b) [2]- 索烃的晶体结构，E=(CH$_2$)$_4$

图 5.14　一价金 [2]-索烃

(3) 分子锁　Fujita 等人研究了多种含吡啶和芳香环的有机配体（见图 5.15）与[(en)M(NO$_3$)$_2$][M＝Pd(Ⅱ)、Pt(Ⅱ)] 的组装反应，提出在由过渡金属离子和含芳香环有机配体组成的直角型分子盒中，如果含有平面间隔约为 0.35nm 的平行芳香环，那么由于有芳香环之间相互作用作为驱动力，该盒子就可以自组装形成索烃。由此合成了多个通过两个直角形分子盒自组装形成的 [2]-索烃，其中有的只含有 1 种有机配体 [见图 5.15(a) 和图 5.16(a)]，而有的则含有两种有机配体 [见图 5.15(b) 和图 5.16(b)]。

研究还发现，在溶液中上述 [2]-索烃生成之后还会解离成两个独立存在的大环，即 [2]-索烃和独立大环之间存在着平衡，而且这种平衡与溶液温度、浓度、

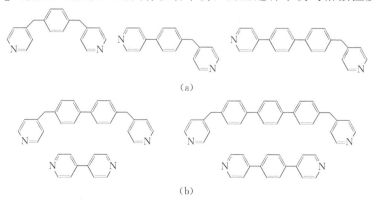

(a)

(b)

图 5.15　可以与[(en) M (NO$_3$)$_2$][M＝Pd (Ⅱ)、Pt (Ⅱ)]
反应生成 [2]-索烃的有机配体

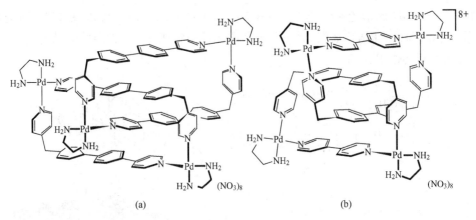

(a)　　　　　　　　　　　　　　(b)

图 5.16　两种［2］-索烃的结构

离子强度等密切相关。例如，［(en)M(NO₃)₂］与 1,4-二（4-甲基吡啶）苯反应首先生成一个由两个配体和两个［(en)M］构成的大环分子，然后随着溶液浓度的增加和温度的升高［2］-索烃就会生成。在 Pd(Ⅱ) 体系中可观察到两者之间可逆地生成，在低浓度时主要以独立大环的形式存在，而在浓度较高（＞50 mM）时，则主要以［2］-索烃形式存在。这主要是因为 Pd—N 键是配位活性键（labile coordination bond）而引起的。

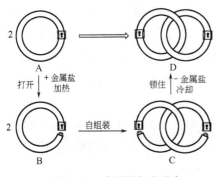

图 5.17　分子锁概念示意

因此人们设想，如果能够在索烃形成之后将配位活性的键锁住或冻结住，就可以使形成的索烃能够稳定地存在而不发生解离。利用分子锁（molecular lock）的概念，成功地合成了不能解离的 Pt（Ⅱ）［2］-索烃。如图 5.17 所示，Pt-吡啶配位键具有双重性质，即在通常情况下是惰性的，一旦形成之后不会发生解离，因此没有平衡结构存在。但是，如果提高溶液的离子强度和升高温度，Pt-N 就变为配位活性的，即有平衡结构存在。例如，当有 NaNO₃ 存在并加热到 100℃ 时 Pt-N 键就会打开（见图 5.17B），这样两个大环分子就可以自组装形成一个［2］-索烃（见图 5.17C）。在 C 形成之后通过除去 NaNO₃ 及降低溶液温度的方法，使Pt-N键又回到惰性状态。因此结构（见图 5.17D）就被锁定了，使得索烃（见图 5.17D）不会再解离为其组成的环（见图 5.17A）。

除了以上介绍的含有单一金属离子的［2］-索烃之外，还可以合成出含有不同金属离子的［n］-索烃，并可望通过控制金属间的距离以及各自的取向来研究索烃结构中金属离子间的电子转移、磁交换等相互作用。有关索烃型化合物的性质及其潜在的应用我们将在下一节中介绍。

5.1.4 轮烷型化合物

与索烃分子一样，轮烷（rotaxane）及类轮烷（pseudorotaxane）型化合物的设计与合成近年来也受到了人们的普遍关注。当线状片段（string）穿入到环状分子或离子后（bead）形成的化合物为类轮烷，如果线状片段的两端用具有较大立体位阻的基团塞住（stopper）就形成了轮烷型化合物（见图 5.18）。轮烷实际上就是环被穿到一个棒上，环相当于转子（rotor），因此，环可以以棒为轴发生旋转或平动，从而在分子机器和器件方面具有潜在的应用价值。

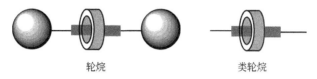

轮烷   类轮烷

图 5.18 轮烷和类轮烷

目前报道的用于构筑轮烷分子的代表性的环状构筑块主要有环糊精（CD），常见的 α-环糊精、β-环糊精和 γ-环糊精由于分别含有 6、7 和 8 个葡萄糖单元 [见图 5.19(a)]，而具有大小不同的内部空腔，另外环糊精分子的空腔内部是疏水的、而外壁则是亲水的，因此环糊精是很好的分子受体；吡啶鎓盐 CBPQT^{4+} [cyclobis (paraquat-p-phenylene)] 是带有正电荷的环状受体 [见图 5.19(b)]，它可以与富电子的客体组装成超分子化合物；瓜环或称葫芦脲（cucurbituril，简写为 CB）是近年来研究较多的一类主体分子，其中研究最多的是由 6 个二甲桥甘脲结构单元组成的 CB [6][见图 5.19(c)]。

轮烷型化合物中根据构成轮烷的环和棒的数目可以分为简单轮烷、寡聚轮烷和

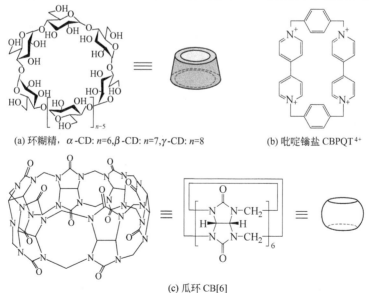

(a) 环糊精，α-CD: $n=6$,β-CD: $n=7$,γ-CD: $n=8$ (b) 吡啶鎓盐 CBPQT^{4+}

(c) 瓜环 CB[6]

图 5.19 用于构筑轮烷分子的环状构筑块

多聚轮烷等。除了由有机分子构成的轮烷之外，与金属配合物有关的轮烷中，含金属离子部分通常是作为结点，通过配位键连接类轮烷形成轮烷。而且，根据金属离子中留有与类轮烷线性片段连接点（配位点）的多少可以形成简单轮烷、寡聚轮烷和多聚轮烷等（见图5.20）。

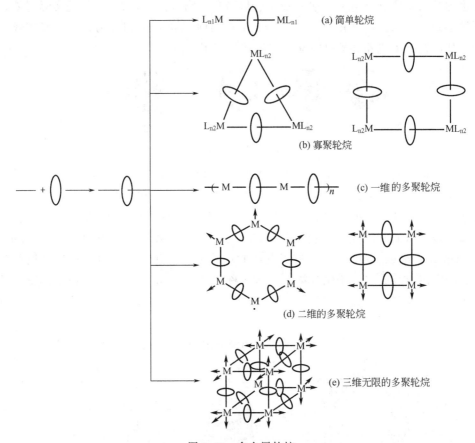

图 5.20　含金属轮烷

（1）简单轮烷　最简单的就是由1个环状分子或离子穿过1个线性的分子或离子而形成类轮烷，两端再加上合适的塞子就形成了轮烷。由图5.20(a)可以看出，如果用只留有1个空位的配位不饱和金属配合物与类轮烷中的线状片段结合就可以得到含有金属离子的简单轮烷。图5.21中显示的就是两个含有环糊精分子的简单轮烷。根据 α-环糊精、β-环糊精和 γ-环糊精空腔大小的不同可以穿入脂肪链和含有芳香基团的链状分子或离子。在这些简单轮烷中含有金属离子的配合物部分就是通过配位键与链状分子或离子的两端相连接，从而起到轮烷中塞子的作用。需要注意的是由于多数金属离子参与形成的配位键是活性、易变（labile）的，因此，在溶液中可能会发生不同程度的解离，导致部分的环糊精分子从轮烷中逃离出来。

（2）寡聚轮烷——分子项链　寡聚轮烷是由有限个环状分子或离子和有限个线状

片段组成的［见图5.20(b)］。从另一个角度来看，实际上是由线状片段连接而成的大环中套了几个小环，因此，这种寡聚轮烷也是一种索烃。例如，图5.20(b)中展示的既是寡聚轮烷，也分别是［4］-索烃和［5］-索烃。另外，由于这些寡聚轮烷中的环糊精、瓜环等环状分子穿入到由线性片段组成的大环中去以后很像项链中的珠子被线穿起来一样。因此，人们又形象地称之为分子项链（molecular necklaces，简称MN）。

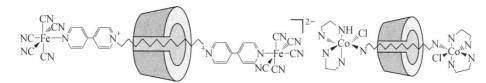

图5.21　含有环糊精分子的简单轮烷

日本的Harada、韩国的Kim等课题组在分子项链的设计和合成方面做出了非常出色的工作。如果用两端接有可以与金属离子配位的吡啶等基团的线状片段与环状分子或离子组成类轮烷，再与具有一定拐角的配位不饱和的金属盐（见笼状化合物的组装）反应，即可得到寡聚轮烷。如图5.22(a)所示，利用含有3-吡啶（3-py）的链状阳离子 3-pyCH$_2$NH$_2^+$（CH$_2$）$_4$NH$_2^+$CH$_2$-3-py 与 CB［6］反应得到类轮烷之后，再与［(en)Pt(NO$_3$)$_2$］反应生成了由4个CB［6］、4个链状配体和4

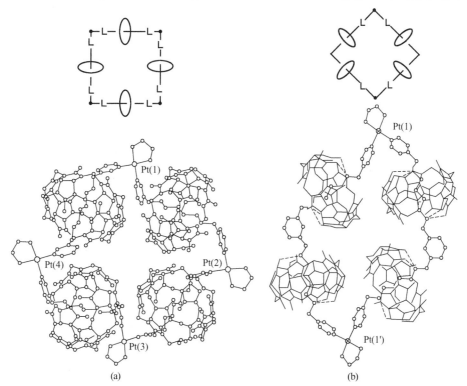

图5.22　分子项链的构成示意（上）和晶体结构（下）

个（en）Pt组成的分子项链。另外一种思路是在设计有机链状配体时，用有机基团将两个可以形成类轮烷的线状片段先连接在一起，然后再进行分子项链的组装和合成。图5.22(b)中显示的就是这样的一个例子。首先，设计合成了一个由间苯基连接并含有4-吡啶（4-py）配位基团的阳离子线状配体1,3-C$_6$H$_4$—［CH$_2$NH$_2$$^+$（CH$_2$）$_4NH_2$$^+CH_2$-4-py］$_2$，再与CB［6］、［(en)Pt(NO$_3$)$_2$］反应，结果得到了由4个CB［6］、两个链状配体和两个（en）Pt组成的分子项链。

（3）多聚轮烷　上述简单轮烷和寡聚轮烷中的金属离子周围都有保护性配体存在，仅留有1个或两个可配位点用于连接类轮烷。如果金属离子周围没有保护性配体存在，那么，根据金属离子的配位数和配位构型的不同就可能形成一维、二维和三维无限的多聚轮烷［见图5.20(c)、图5.20(d)和图5.20(e)］。

由于Ag（Ⅰ）具有多种配位数和配位构型，因此利用一价银盐与含有可配位基团的类轮烷反应可以得到结构多样的多聚轮烷型化合物。例如，用中间含有（CH$_2$）$_5$间隔基团、两端含有3-吡啶的链状阳离子与CB［6］反应形成类轮烷之后，用AgNO$_3$连接这些类轮烷得到了具有一维螺旋结构的多聚轮烷（见图5.23），其中Ag（Ⅰ）为二配位的近似直线形配位构型。但是，如果用以（CH$_2$）$_4$为间隔基团、两端含有4-吡啶的链状阳离子同样与CB［6］、AgNO$_3$反应，结果由于Ag（Ⅰ）采用了三配位的平面三角形配位构型，所以生成的是二维网状多聚轮烷（见图5.24），而不是一维螺旋状多聚轮烷。

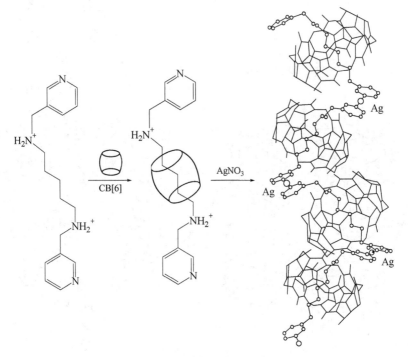

图5.23　一维螺旋状多聚轮烷

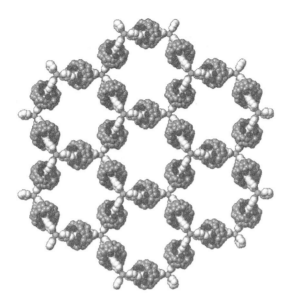

图 5.24　二维网状多聚轮烷

　　以上结果表明，组装反应中配体、金属盐（阴离子）或反应条件等某些微小的改变，可能导致生成结构完全不同的超分子化合物。这一方面说明可以通过改变某些因素组装出结构多样的超分子化合物，但是另一方面也说明目前人们还很难预测和控制组装反应。还需要进行大量的研究和积累，在此基础上，总结出组装规律，从而为预测和调控组装反应奠定基础。

5.1.5　树枝状化合物

　　树枝状化合物（dendrimers）顾名思义就是由 1 个核出发，经过有限次的重复以后得到的像树一样的分子（tree-like molecules）。这一类化合物一般由 3 部分组成：内核（interior core）；桥联层，即重复单元，重复一次称为一"代"（"generations"，简写 G），从内核开始第 1 个重复层为一代（1G），第二个重复层为二代（2G），依此类推；末端层，即树枝的最末端。这些结构单元将决定树枝状化合物的总体形状、大小以及物理和化学性质。因此，设计合成树枝状化合物时要根据需要选择合适的构筑单元和功能团。

　　树枝状化合物由于在分子识别、催化、磁共振造影以及化学和生物化学传感器、药学等方面具有广泛的应用前景而受到人们的关注。而含有金属离子的树枝状化合物的设计、合成及性能研究又是无机化学（配位化学）家们尤为感兴趣的课题。目前含金属树枝状化合物主要有 3 类：第一类是在末端层中含有金属离子（见图 5.25 和图 5.27），如果末端层中含有可与金属离子配位的基团则可以通过配位作用结合金属离子形成树枝状化合物的配合物；第二类是在整个树枝状化合物中都有金属离子参与（见图 5.28），包括有金属离子参与的内核以及通过配位作用组装起来的树枝状化合物；第三类则是在树枝状化合物中包合有金属离子，如果树枝状

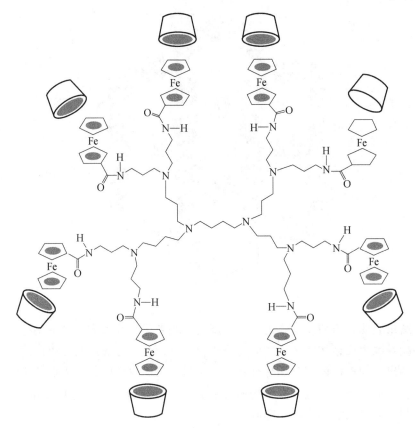

图 5.25　末端有二茂铁基团的树枝状化合物及与 β-环糊精分子的识别

化合物中含有可结合金属离子的官能团则可以结合金属离子。

　　图 5.25 中显示的是一个末端带有二茂铁基团的树枝状化合物，研究发现末端的二茂铁基团可以识别 β-环糊精（β-CD）分子，形成超分子化合物。而且结合 β-CD 之后由于 CD 分子外壁的亲水性而使树枝状化合物在水中的溶解度大为改善。并研究了结合 β-CD 之后树枝状化合物中二茂铁基团的电化学行为，为研究电化学驱动的分子器件提供基础（见 5.2.2）。

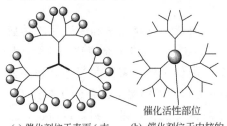

(a) 催化剂位于表面（末端）的树枝状化合物

(b) 催化位点于内核的树枝状化合物

图 5.26　催化剂位于表面或内核的树枝状化合物

　　我们在 2.3.2 中介绍了配合物的催化反应活性，如果将有催化活性的配合物单元嫁接到树枝状化合物中，由于其特殊的结构而使得含有催化活性部位的树枝状化合物在催化反应方面具有独特的优势和应用价值，从而引起了人们的极大兴趣。目前研究较多的是将含金属催化剂接到树枝状化合物的表面［见图 5.26（a）］。概括地讲这一类催化剂具有以下特点和优势：催化反应活性位点多，由于处于树枝的末端，因此一个树枝状化合物中可以接多个金属配合物，从而可以提高催化反应效率；结构确定、可调，树枝状化合物的结构、大小、形状等可以人为地控制，从而可以调节其催化反应活性，并有利于催化反应机理的研究；这一类催化剂一般是可溶的，因此是均相催化剂；树枝状化合物多为球形，因此特别适用于膜过滤（membrane filtration），这样有利于催化剂的回收和重复利用。另外还有一类含金属的催化反应活性中心位于树枝状化合物的内核 [见图 5.26(b)]。总的来说，催化剂位于内核的树枝状化合物的催化反应活性位点少，催化效率不如位于表面（末端）的高，因此，只适合于一些特殊的体系。例如，对于那些容易失活，不易重复使用的催化体系，使用催化剂位于内核的树枝状化合物，由于内核的催化剂受到周围树枝的保护，使其不易失活；另外，可以通过在金属离子周围引入特定的基团（树枝）而产生特殊的催化效应。下面我们来看具体的例子。

图 5.27 中给出的是目前已经商品化的树枝状化合物 DAB [DAB 来源于构筑单元 1,4-丁二胺（1,4-diaminobutane）的简写]，其末端接有—N—(CH$_2$-PPh$_2$)$_2$ 基

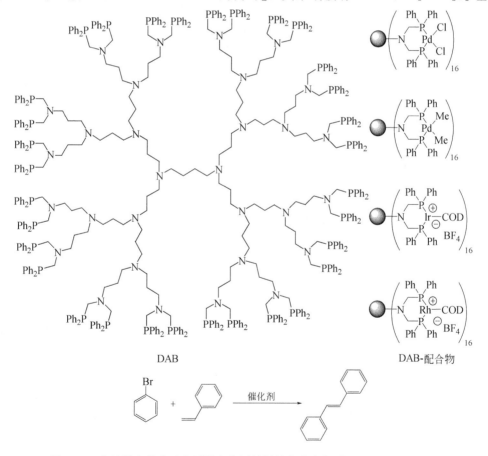

图 5.27　末端带有催化反应活性官能团的树枝状化合物 [COD=1,5-环辛二烯（1,5-cyclooctadiene）] 及催化反应式

团，因此可以与 Pd(Ⅱ)、Ir(Ⅰ)、Rh(Ⅰ) 等形成金属配合物。研究发现这些接在树枝状化合物中的金属配合物催化剂能够催化一系列的化学反应。例如，接有 Pd（Ⅱ）的树枝状化合物催化剂可以有效地催化苯乙烯与溴苯反应生成反式 1,2-二苯乙烯，而且催化活性要比未接入树枝状化合物的 Pd(Ⅱ) 催化剂的活性要高。

DuBois 等人合成了含有 15 个有机膦单元的配体，与 [Pd (CH$_3$CN)$_4$](BF$_4$)$_2$ 反应后得到了含有 5 个 Pd(Ⅱ) 的树枝状配合物（见图 5.28）。研究发现该配合物具有催化电化学还原 CO$_2$ 到 CO 的反应活性。

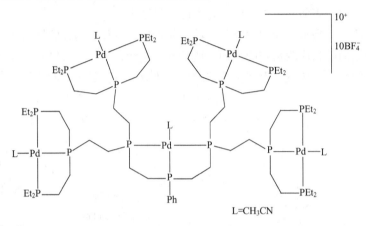

图 5.28　具有催化电化学还原 CO$_2$ 到 CO 反应活性的树枝状化合物

5.2　分子器件

科学技术的迅猛发展和社会的高度信息化需要超高密度储存、高速应答和传输的智能化计算机及其他器件，而以光刻技术为标志的半导体、集成电路的发展已经达到了技术上所能允许的极限，因此人们渴望在分子水平上来制造分子器件（molecular devices）和分子机器（molecular machines）。这就从客观上要求开展具有相关功能的化合物的设计、合成及性能方面的研究工作。因此，这方面的研究工作具有重要的理论和现实意义。自 20 世纪 90 年代初开始有关分子器件和机器方面的研究就受到了科学家们的重视。目前人们已经合成出了分子梭（molecular shuttle）、分子开关（molecular switch）、分子推进器（molecular propeller）、分子齿轮（molecular gear）、分子刹车（molecular brake）等具有特定功能的化合物。图 5.29 中给出了两种分子机器的示意图，其中一个是环状分子在链状分子上进行可控往返运动的分子梭；另外一个是通过外部刺激可以改变悬挂手臂的位置，以达到作为分子开关的目的。由于金属离子尤其是过渡金属和稀土金属离子具有丰富的氧化还原、光学等性质，而且可通过配位原子的个数（配位数）和种类以及金属离子

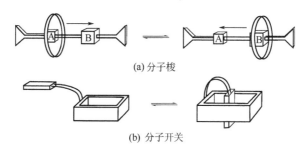

(a) 分子梭

(b) 分子开关

图 5.29　两种分子机器示意图

的配位构型来调控这些性质。因此，设计合成含有过渡金属或稀土金属离子的超分子化合物，从而实现某种特定功能方面的研究具有广阔的前景，为发展具有实用价值的分子器件提供基础。

从图 5.29 中可以看出，一般的分子机器是通过外界信号（刺激）来改变两个分子或者是 1 个分子中两个不同部位间的相对位置来实现的。例如，在前面介绍的索烃和轮烷分子中，1 个环能够在另 1 个环（索烃）或棒（轮烷）中进行滑动或转动。所以，如果在索烃或轮烷分子中引入特殊的功能团或识别位点，而且这些功能团或识别位点对外部光、电等信号的刺激有响应，使其内部发生相对位置的改变或机械运动，当外界信号的刺激停止之后，又可回到原来的索烃或轮烷状态的话，这些索烃或轮烷就可能具有分子机器的功能。下面简单介绍与金属配合物有关的化学、电化学、pH 值等驱动的分子机器。

5.2.1　化学驱动的分子机器

如果用化学的方法诱导分子间或分子内相对位置的变化，从而达到从一个态（state）到另一个态的转变，即为化学驱动的分子机器。例如，图 5.30 中显示了通过冠醚对碱金属离子的识别和静电排斥作用实现了两个类轮烷之间的转换。当链状分子 N 和 Q 与缺电子的环状吡啶鎓盐 $CBPQT^{4+}$ ［见图 5.19(b)］作用时，含有 1,5-二氧萘环的富电子链状分子 N 优先与 $CBPQT^{4+}$ 形成类轮烷 $N \cdot CBPQT^{4+}$，而含有 1,4-二氧苯环链状分子 Q 则游离在外面。由于链状分子 N 中有 18-冠-6 基团存在，该冠醚对碱金属离子有识别作用，因此，当在上述体系中加入 K^+ 离子时，K^+ 离子就结合到冠醚上形成 $(N \cdot K^+) \cdot CBPQT^{4+}$。但是，由于带正电荷的 K^+ 离子和带正电荷的 $CBPQT^{4+}$ 之间有静电排斥作用，从而导致 $N \cdot K^+$ 脱离 $CBPQT^{4+}$ 环。此时，游离的 $CBPQT^{4+}$ 环就会结合链状分子 Q 形成类轮烷 $Q \cdot CBPQT^{4+}$。也就是说，通过加入 K^+ 离子实现了由类轮烷 $N \cdot CBPQT^{4+}$ 到类轮烷 $Q \cdot CBPQT^{4+}$ 的转变。有趣的是类轮烷 $N \cdot CBPQT^{4+}$ 为紫色，而 $Q \cdot CBPQT^{4+}$ 为红色，因此，上述转变伴随着体系颜色的明显变化。

图 5.31 中给出的是一个分子刹车的例子，由 1 个 9-三蝶烯基（9-triptycyl）和 1 个取代的 2,2'-联吡啶通过 C—C 单键连接而成。在没有金属离子存在时，2,2'-联吡啶的两个吡啶环之间的 C-C 单键可以自由旋转，因此，含有 3 个苯环的三蝶烯

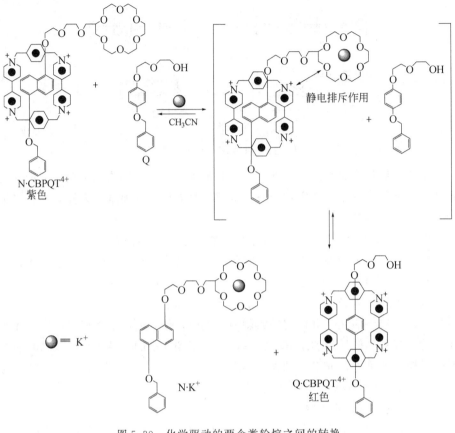

图 5.30　化学驱动的两个类轮烷之间的转换

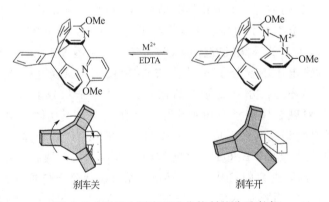

图 5.31　通过金属离子配位控制的分子刹车

基团能够像螺旋桨一样通过 C—C 单键自由地旋转。这可以从该化合物的核磁共振研究中得到证明，在 ^{1}H NMR 谱图（溶剂：氘代丙酮）中只观测到一组苯环的峰，表明三蝶烯基可以自由旋转，使得 3 个苯环的峰无法区分。但是，如果在该体系中加入适当的金属盐，如 Hg（OOCCF$_3$）$_2$，发现三蝶烯基中的 3 个苯环峰出现不等价，说明三蝶烯基的旋转受到限制或不能旋转。这是由于金属离子与 2,2'-联吡啶配位之后，使其构象被固定，从而阻碍了三蝶烯基的旋转。这一研究结果表明通过加入金属盐可以起到阻碍分子中基团旋转的作用，相当于一个刹车（刹车开）。因此，称该化合物为分子刹车。如果在体系中再加入适量的金属离子螯合剂 EDTA，结果发现该分子又回到原来的状态，三蝶烯基又可以自由地旋转。相当于解除了分子刹车（刹车关）。也就是说，可以通过化学的方法来控制刹车的开和关。

最近，Sauvage 等人设计合成了 1 个新型有机配体［见图 5.32(a)］。首先，该配体中含有 1 个环和 1 个长链；另外，该配体中同时含有 3 个可以与金属离子配位的结构单元，1 个是位于环中的 2,9-二苯基-1,10-菲咯啉（dpp）配位单元，另外两个是位于长链中的 1 个 2,2',6',2''-三联吡啶（terpy）配位单元和 1 个 2,9-二甲基-3,8-二苯基-1,10-菲咯啉（dpp'）配位单元。合成路线如图 5.32(b) 所示，首先合成出含有 dpp 和 dpp' 单元的配体，再利用一价铜离子的模板效应（见 5.1.3 和图 5.13）合成了一个二聚类轮烷分子，然后接上含有 terpy 和塞子的结构单元，得到所设计的二聚轮烷分子。由于配体的链状部分同时含有双齿的 dpp' 和三齿的 terpy配位单元，因此当用化学的方法将 Cu(Ⅰ) 置换为倾向于五配位的二价金属离子，就会发生两个配体之间的伸展运动。研究报道中使用 KCN 除去 Cu(Ⅰ) 后再加入

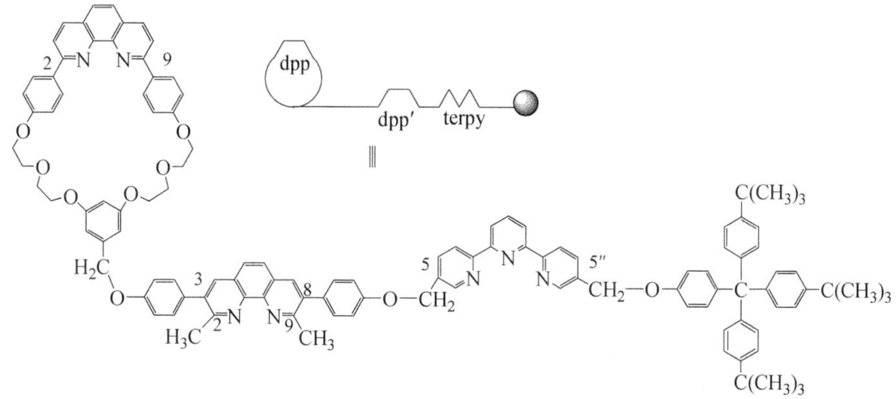

(a) 构成轮烷分子的配体结构

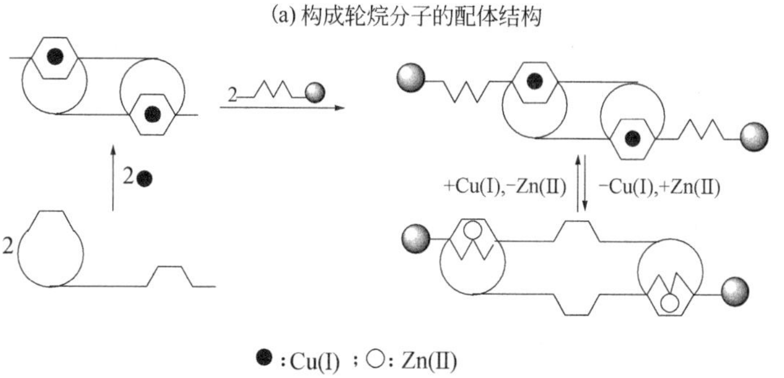

●:Cu(I)；○: Zn(II)

(b) 二聚轮烷的合成路线及其分子内伸展和收缩运动

图 5.32　化学方法触发的二聚轮烷分子的伸展和收缩运动

Zn（Ⅱ）盐，实现了上述运动。相反，如果除去 Zn（Ⅱ）离子，再加入 Cu（Ⅰ），就会发生收缩运动。因此，该设计实现了通过化学方法控制二聚轮烷分子中两个配体间的伸展和收缩运动。相当于肌肉的伸展和收缩运动，因此，称这类分子为 molecular muscles。

5.2.2　电化学驱动的分子机器

电化学方法是研究金属配合物氧化还原行为非常有效而又十分简便的方法，因此电化学驱动的分子或基团间的相对运动是目前分子机器和器件研究中报道最多的一种。在含有过渡金属离子的配合物中，铜、铁等金属离子都有不同的价态，可以通过氧化或还原的方法实现其价态之间的变换。另外，不同价态的金属离子，有不同的电荷和离子半径、不同的配位数和配位构型等。例如，一价铜多为四配位的四面体配位构型，而二价铜则为四配位的平面四边形、五配位的三角双锥或四方锥、六配位的八面体配位构型。因此，金属离子价态的变化可能引起配位构型的改变，从而导致配体之间相对位置发生变化。

例如，利用一价铜和二价铜配位数和配位构型的不同成功地实现了通过电化学方法控制索烃分子中两个环之间的相对运动。如图 5.33 所示，利用一价铜离子的模板效应合成得到了一种非对称性的 [2]-索烃 A。该 [2]-索烃的两个组成环中 1 个只含有 1 个 dpp 配位单元，而另外 1 个环则同时含有 1 个 terpy 和 1 个 dpp 配位单元。因此，可以想象当 [2]-索烃中含有 Cu（Ⅰ）时，四配位需求的 Cu（Ⅰ）与两个 dpp 单元配位，此时的 terpy 单元处于分子的外侧，不与 Cu（Ⅰ）作用；相反，当 [2]-索烃中含有 Cu（Ⅱ）时，倾向于五配位的 Cu（Ⅱ）则与 1 个 dpp 和 1 个 terpy 单元配位，此时另外一个 dpp 单元就处在分子的外侧，不与 Cu（Ⅱ）作用。也就是说，每一种配位模式稳定一种氧化态，配位模式的不同导致了分子中两个环之间相对位置的不同，因此产生了两个组成环之间的滑移运动。因此，当 [2]-索烃 A 被单电子氧化，由 Cu（Ⅰ）变为 Cu（Ⅱ）后，由于生成的 [2]-索烃 B 中含有近似四面体配位构型的 Cu（Ⅱ）而不能稳定存在，因此，会发生环的滑动，直至生成稳定的 [2]-索烃 C。同样，当 [2]-索烃 C 被单电子还原后，含有五配位 Cu（Ⅰ）的 [2]-索烃 D 也不稳定，从而发生环的滑动，并回到原来的 [2]-索烃 A。

上述过程可以通过单电子氧化还原以及溶剂的极性、阴离子的配位能力等条件来控制。有趣的是一旦稳定的四配位 Cu（Ⅰ）[2]-索烃 A 被氧化为热力学不稳定的假四面体 Cu（Ⅱ）[2]-索烃 B，就可以人为地控制环滑移到稳定的五配位 Cu（Ⅱ）[2]-索烃 C 的速率。研究发现在某些特定的条件下，该变化过程可以是相当缓慢的，在长达数周的时间内完成，表现为四配位物种被冻结了的现象。如果加入配位抗衡离子 Cl⁻，就会加快环滑移的速度，在几分钟内就会生成热力学稳定的五配位物种 B。

图 5.33 中的例子是在两种不同状态间的变换，只有一个环随着金属离子氧化和还原的发生而发生了位置的变化。如果构成 [2]-索烃的两个环相同，而且每个

环都含有 1 个 dpp 和 1 个 terpy 单元，那么，其单电子氧化和还原就会在三种不同状态之间发生相互转变，而且构成［2］-索烃的两个环都会发生滑动（见图 5.34）。这种环与环之间相对位置变化的驱动力仍然是 Cu(Ⅰ) 和 Cu(Ⅱ) 配位构型的差别。如从 Cu(Ⅰ) 的 $[CuN_4]^+$ 状态出发，进行单电子氧化后，产生热力学不稳定的 $[CuN_4]^{2+}$ 状态，经过一次环的滑动后形成 $[CuN_5]^{2+}$，再经过另外一个环的滑动最后到达热力学稳定的六配位 Cu(Ⅱ) 的 $[CuN_6]^{2+}$ 状态。同样 $[CuN_6]^{2+}$ 在进行单电子还原时，经过 $[CuN_6]^+$ 和 $[CuN_5]^+$ 两个热力学不稳定状态和两次环的滑动以后回到稳定的四配位 Cu(Ⅰ) 的 $[CuN_4]^+$ 状态。

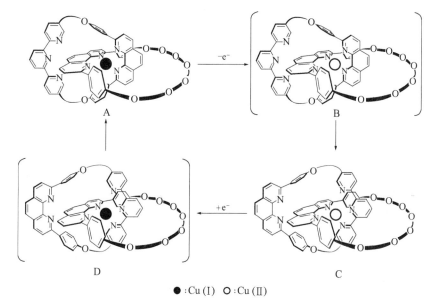

● :Cu(Ⅰ) ○ :Cu(Ⅱ)

图 5.33　电化学诱导的［2］-索烃分子中两个环之间的相互滑动

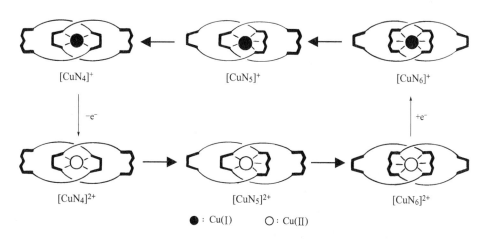

● : Cu(Ⅰ)　　　○ : Cu(Ⅱ)

图 5.34　电化学驱动的［2］-索烃分子中三个状态间的相互转变

根据同样的设计思路，也可以实现轮烷分子中环状分子在链状分子中的来回滑动，如图5.35所示。在构成轮烷的环状分子中含有1个dpp配位单元，而在链状分子中同时含有1个dpp和1个terpy单元。那么，当金属离子为Cu(Ⅰ)时，环就位于链状分子中的dpp单元处，形成四配位的[CuN₄]⁺；当Cu(Ⅰ)被氧化到Cu(Ⅱ)时，环则会滑向链状分子中的terpy单元处，形成五配位的[CuN₅]²⁺。反之，当由Cu(Ⅱ)被还原到Cu(Ⅰ)时，会发生相反方向的滑动。即通过氧化还原的方法可以控制环状分子在链状分子中的来回滑动。相当于一个电化学驱动的分子梭。另外，除了电化学方法之外，上述过程也可以通过加入氧化剂、还原剂的化学方法或者是光化学（光氧化-还原反应）的方法来实现。

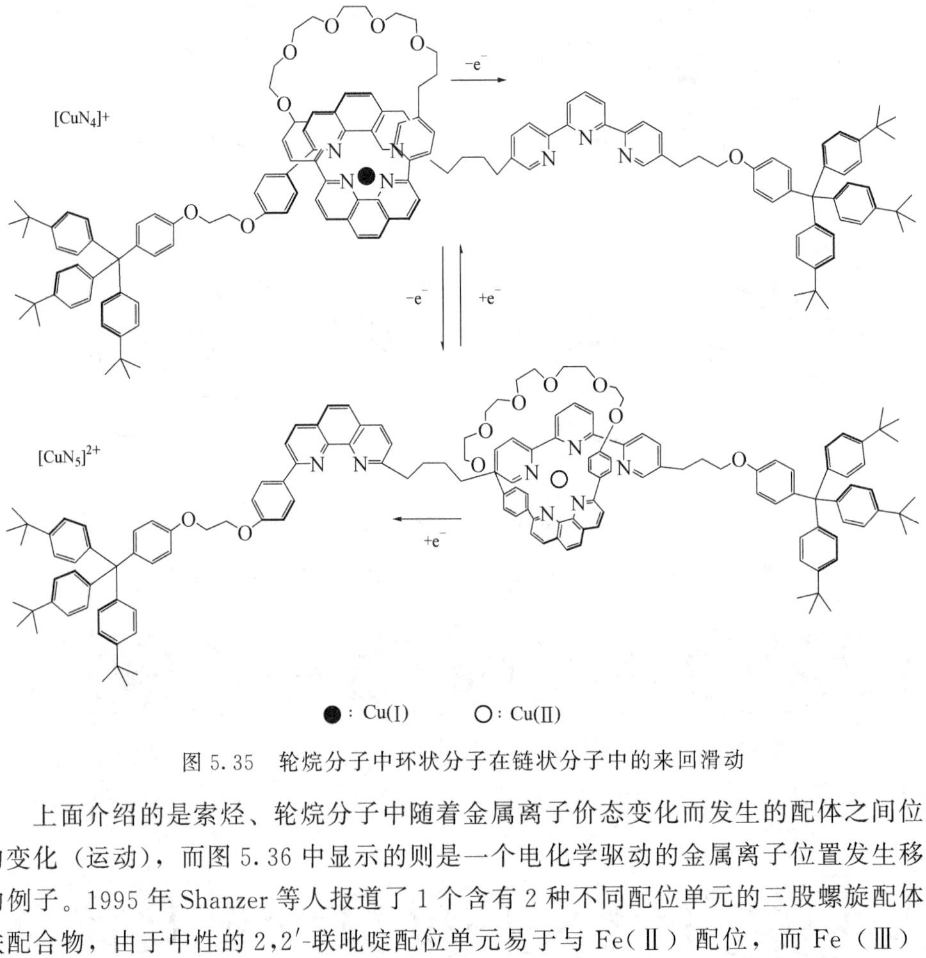

●: Cu(Ⅰ)   ○: Cu(Ⅱ)

图5.35 轮烷分子中环状分子在链状分子中的来回滑动

上面介绍的是索烃、轮烷分子中随着金属离子价态变化而发生的配体之间位置的变化（运动），而图5.36中显示的则是一个电化学驱动的金属离子位置发生移动的例子。1995年Shanzer等人报道了1个含有2种不同配位单元的三股螺旋配体的铁配合物，由于中性的2,2′-联吡啶配位单元易于与Fe(Ⅱ)配位，而Fe(Ⅲ)则容易结合于带有负电荷的配位单元[见图5.36(b)]。因此，当用电化学方法将该铁配合物从Fe(Ⅱ)氧化到Fe(Ⅲ)时，铁离子就从三股螺旋配体顶部的2,2′-联吡啶部位滑向中部的带负电荷的配位单元区；相反，如果从Fe(Ⅲ)还原到Fe(Ⅱ)时，铁离子则从中部滑向顶部，实现了金属离子的可逆移动。

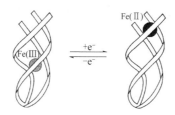

(a) 电化学驱动的铁离子的移动

(b) 配体的结构及 Fe(II)和 Fe(III)的结合位点

图 5.36　电化学驱动的金属离子移动

最后，介绍一个电化学驱动客体分子运动的研究。5.1.1 中我们介绍了 M_6L_4 型笼状化合物及其包合性能等。研究发现该笼状化合物还可以包合 4 个中性二茂铁分子，其晶体结构如图 5.37(a) 所示。循环伏安、电解等电化学研究结果显示，当包合于 M_6L_4 型笼状化合物中的二茂铁分子被单电子氧化到二茂铁阳离子时，就从笼状化合物的空腔中逃离出来。这主要是由于 M_6L_4 笼状化合物本身带有 12 个正电荷，因此与二茂铁阳离子之间有静电排斥作用，使之不能包合于笼状化合物的

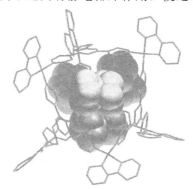

(a) 包合有 4 个二茂铁分子的 M_6L_4 笼状
化合物的晶体结构图 (阳离子部分)

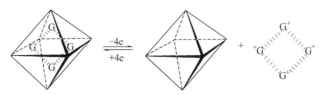

(b) 氧化还原驱动的客体分子运动

图 5.37　电化学驱动的客体分子运动

空腔中。但是，当二茂铁阳离子用电化学或化学的方法还原成二茂铁之后，又被笼状化合物的空腔所包合。结果表明可以用电化学或化学的方法实现客体分子在笼状化合物的空腔内外进行可控运动［见图 5.37(b)］。

5.2.3 pH 值驱动的分子机器

上面介绍的分子机器主要是由一个组分（分子、离子或基团）相对于另一个组分发生位置变化来实现的，即其中一个是相对静止的部分（the stationary part），一个是可运动的部分（the mobile part）。两者之间通过非共价键、配位键等方式结合在一起，并通过化学、电化学等外界刺激来产生分子间的相对运动［见图 5.29(a)］。另外一类分子机器是由单个分子组成，静止部分和可运动部分通过共价键连接在一起成为一个整体，在外界信号作用下，分子中某些基团、手臂的取向等发生改变，当外界信号撤除之后又恢复到原来的状态，从而实现可逆的运动。如图 5.29(b) 和图 5.31 的例子。

我们知道，酸碱（pH 值）对有机配体与金属离子间的配位作用有重要影响。例如，带有氨基手臂的大环配体与金属离子间的配位作用随体系 pH 值的不同而不同（见图 5.38）。利用这一点人们设计了 pH 值驱动的分子机器。手臂中含有荧光发射基团和磺酰氨基的大环四胺配体 L 与 Ni(ClO$_4$)$_2$ 反应生成的配合物在不同 pH 值时其组成和配位方式都不一样［见图 5.39(a)］。在 pH < 4.3 的酸性条件下，手臂不参与与金属离子的配位，Ni（II）除了与大环四胺配体 L 中的 4 个氮原子配位之外，还与两个水分子的氧原子配位，配合物组成为 ［Ni^{II}（L）（H$_2$O）$_2$］(ClO$_4$)$_2$；在 4.3 < pH < 7.5 时，手臂中的磺酰氨基脱去 1 个质子后参与与 Ni（II）的配位，形成配合物 ［Ni^{II}（L-H）］(ClO$_4$)，此时 Ni（II）为五配位的三角双锥配位构型；当 pH>7.5 时，除了手臂中脱质子的磺酰氨基配位之外，还有 1 个水分子也脱去 1 个质子以 OH$^-$ 形式参与配位，所以生成六配位的配合物 ［Ni^{II}（L-H）（OH）］。不同 pH 值条件下的不同配合物其发光性能也有较大差别。如图 5.39 (b) 所示，在手臂不参与配位的酸性条件下，配合物发出强的荧光，而手臂参与配位的配合物的荧光明显减弱。表明通过调节体系的 pH 值可以控制配合物的发光性能。从而为研究 pH 值驱动的发光分子器件提供基础。

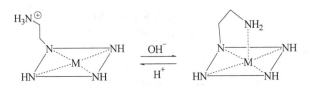

图 5.38　酸碱对带臂大环配体与金属离子配位作用的影响

5.2.4 光驱动的分子机器

另外一类研究较多的分子机器是光诱导产生的分子间或分子内相对运动。其中研究报道最多的就是含有取代偶氮苯（azobenzene）的体系，这是由于在光照条件

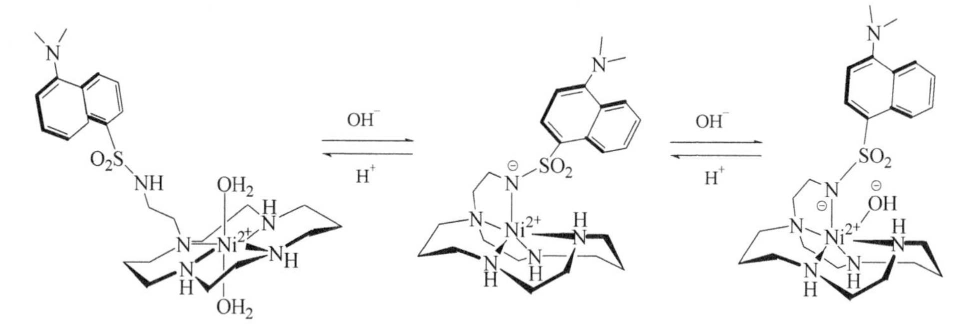

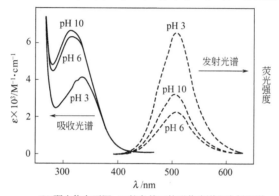

(a) 配合物 [Ni^{II}(L)(H$_2$O)$_2$]$^{2+}$、[Ni^{II}(L-H)]$^+$ 和 [Ni^{II}(L-H)(OH)] 的结构

(b) 配合物在不同 pH 值条件下的吸收光谱和发射光谱

图 5.39　配合物结构及在不同 pH 值下的吸收和发射光谱

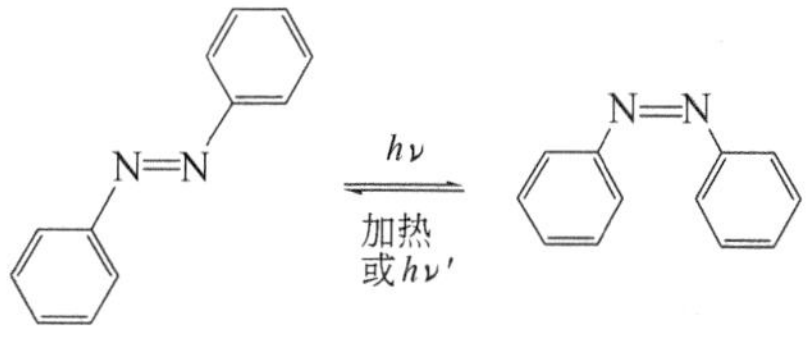

图 5.40　偶氮苯的顺反两种异构体之间的互变

下反式偶氮苯会转变为顺式偶氮苯，而顺式偶氮苯在加热或者在另一种波长的光照条件下又可以回到反式状态（见图 5.40），两者之间的变换是一个可逆过程，而且操作简单，容易控制。另外，偶氮苯的顺反两种异构体之间变化时将直接导致分子构象产生较大的变化，从而为研究光控制的分子、电子器件提供基础。除了偶氮苯体系之外，还有与偶氮苯类似的 1,2-二苯乙烯类化合物在光照条件下，也可以发生顺反异构体之间的变换。

　　例如，在偶氮苯的两端分别接上 1 个缺电子的八氟取代卟啉和 1 个富电子的卟啉，研究了光照前后该化合物的荧光性质。结果发现光照后化合物的荧光光谱中无论是荧光强度还是量子产率都比光照前的化合物有了明显减小。表明在光照后的顺式异构体中由于缺电子卟啉和富电子卟啉之间比较靠近，因此两个卟啉基团之间有相互作用存在，发生了电子传递，从而减小了其荧光强度和量子产率。而在光照前的反式异构体中由于两个卟啉基团之间相隔比较远（见图5.41），所以，不会有相互作用存在。

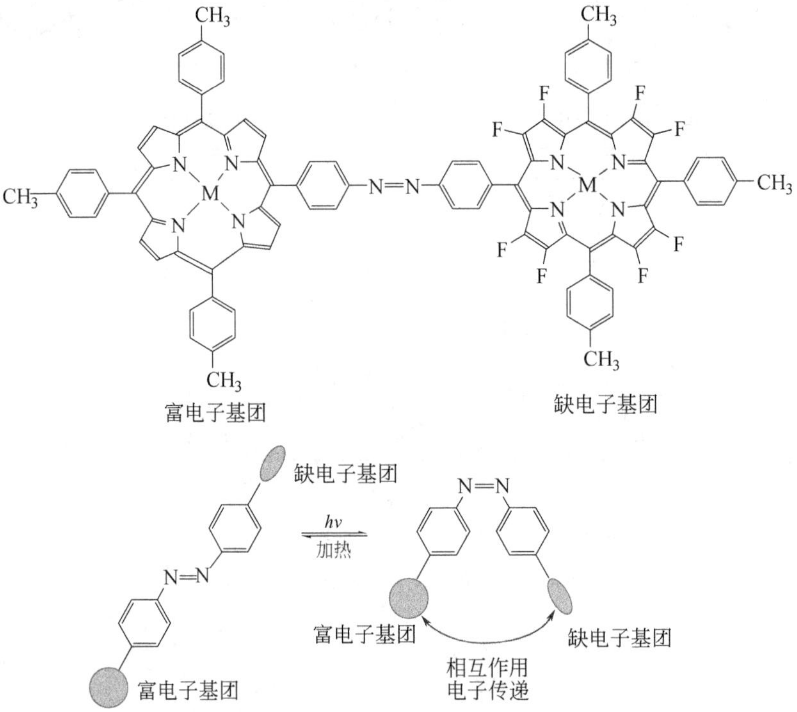

图 5.41　含缺电子卟啉和富电子卟啉的偶氮苯结构及
其光控制的顺反异构体之间的变换

通过将偶氮苯基团接入到环状冠醚中，Shinkai 等人设计合成了如图5.42所示的大环化合物。通过光照引发偶氮苯顺反异构体之间的变换从而可以控制冠醚空腔的大小。研究结果显示当用330～380nm的光照射反式异构体的邻二氯苯溶液时即可发生反式→顺式的异构化，而用波长大于460nm的光照射，又可以引发顺式→反式的异构化。表明用不同波长的光照射可以实现大环化合物中偶氮苯顺反异构体之间的相互转换。而这种变换的结果是使大环冠醚化合物的构象随之发生显著的变化。从图5.42可以看出，在顺式异构体中，大环冠醚具有较大的空腔，因此可以识别并结合碱金属离子。但是，在反式异构体中，则由于空腔太小而不能识别和结合碱金属离子。因此通过光可以控制冠醚类化合物对金属离子的结合能力。

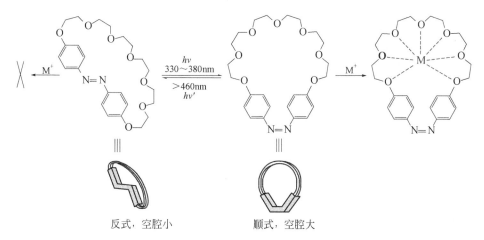

图 5.42　光诱导产生的顺反异构体之间的变换及冠醚对金属离子的识别

但是，相比之下目前光诱导或光控制的分子机器研究中，多数为有机化合物，含有金属离子的配合物仍然较少。例如，图 5.43 中的偶氮苯一端含有 1 个冠醚基团，另外一端则含有 1 个质子化的铵基 RNH_3^+。因此，在光照之后偶氮苯处于顺式状态，由于冠醚对 RNH_3^+ 的识别作用使之产生了分子内的结合。但是，在加热之后，由于在生成的反式异构体中冠醚和 RNH_3^+ 基团处于相对的位置，因此，不能产生分子内的结合。

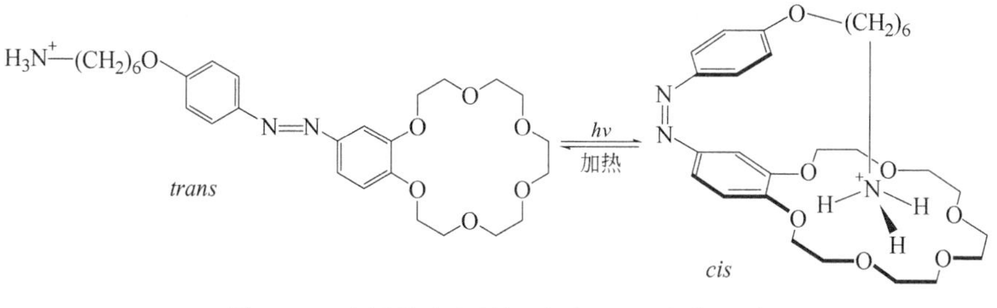

图 5.43　光诱导产生的冠醚对 RNH_3^+ 的识别

以上介绍了几种有代表性的分子机器。由于这些分子机器和器件可能在生物模拟、分子逻辑学、分子计算机以及各种传感、探针技术方面有重要的应用。因此，相关研究备受瞩目，目前众多科学工作者们正在开展这方面的研究工作。从近几年来在 Nature 和 Science 等杂志上发表的有关分子机器和器件方面的论文中也可以看出这一点。期待着经过科学家们的努力和探索，在不远的将来能够研制出具有实用价值的分子机器和器件。

参 考 文 献

1　［法］J. M. Lehn 著．超分子化学：概念和展望．沈兴海等译．北京：北京大学出版社，2002
2　S. R. Seidel，P. J. Stang. Acc. Chem. Res.，2002，**35**，972～983

3　S. Leininger，B. Olenyuk. P. J. Stang，Chem. Rev. 2000，**100**，853～908

4　W. Y. Sun，M. Yoshizawa，T. Kusukawa，M. Fujita. Curr. Opin. Chem. Biol.，2002，**6**，757～764

5　H. K. Liu，W. Y. Sun，D. J. Ma，K. B. Yu，W. X. Tang. Chem. Commun.，2000，591～592

6　W. Y. Sun，J. Fan，T. Okamura，J. Xie，K. -B. Yu，N. Ueyama. Chem. Eur. J.，2001，**7**，2557～2562

7　M. Fujita，K. Umemoto，M. Yoshizawa，N. Fujita，T. Kusukawa，K. Biradha. Chem. Commun.，2001，509～518

8　T. Kusukawa，M. Fujita，J. Am. Chem. Soc.，2002，**124**，13576～13582

9　J. Fan，H. F. Zhu，T. Okamura，W. Y. Sun，W. X. Tang，N. Ueyama. Inorg. Chem.，2003，**42**，158～162

10　S. Tashiro，M. Tominaga，T. Kusukawa，M. Kawano，S. Sakamoto，K. Yamaguchi，M. Fujita. Angew. Chem. Int. Ed.，2003，**42**，3267～3270

11　M. Yoshizawa，T. Kusukawa，M. Fujita，S. Sakamoto，K. Yamaguchi. J. Am. Chem. Soc.，2001，**123**，10454～10459

12　J. P. Sauvage. Acc. Chem. Res.，1998，**31**，611～619

13　陈慧兰. 无机化学学报，2001，**17**，1～8

14　费宝丽，孙为银，唐雯霞，化学通报（网络版），1999，79

15　C. P. McArdle，S. Van，M. C. Jennings，R. J. Puddephatt. J. Am. Chem. Soc.，2002，**124**，3959～3965

16　M. Fujita. Acc. Chem. Res.，1999，**32**，53～61

17　A. Harada. Acc. Chem. Res.，2001，**34**，456～464

18　K. Kim. Chem. Soc. Rev.，2002，**31**，96～107

19　R. Castro，I. Cuadrado，B. Alonso，C. M. Casado，M. Morán，A. E. Kaifer. J. Am. Chem. Soc.，1997，**199**，5760～5761

20　D. Whang，K. Kim. J. Am. Chem. Soc.，1997，**119**，451～452

21　R. van Heerbeek，P. C. J. Kamer，P. W. N. M. van Leeuwen，J. N. H. Reek. Chem. Rev.，2002，**102**，3717～3756

22　M. Dasgupta，M. B. Peori，A. K. Kakkar. Coord. Chem. Rev.，2002，**233～234**，223～235

23　M. T. Reetz，G. Lohmer，R. Schwickardi. Angew. Chem. Int. Ed.，1997，**36**，1526～1529

24　A. Miedaner，C. J. Curtis，R. M. Barkley，D. L. DuBois. Inorg. Chem.，1994，**33**，5482～5490

25　V. Balzani，A. Credi，F. M. Raymo，J. F. Stoddart. Angew. Chem. Int. Ed.，2000，**39**，3348～3391

26　T. R. Kelly，M. C. Bowyer，K. V. Bhaskar，D. Bebbington，A. Garcia，F. Lang，M. H. Kim，M. P. Jette. J. Am. Chem. Soc.，1994，**116**，3657～3658

27　V. Balzani，A. M. Gómez-López，J. F. Stoddart. Acc. Chem. Res.，1998，**31**，405～414

28　D. J. Cárdenas，A. Livoreil，J. P. Sauvage. J. Am. Chem. Soc.，1996，**118**，11980～11981

29　A. Livoreil，J. P. Sauvage. N. Armaroli，V. Balzani，L. Flamigni，B. Ventura，J. Am. Chem. Soc.，1997，**119**，12114～12124

30　J. P. Collin，C. Dietrich-Buchecker，P. Gavina，M. C. Jimenez-Molero，J. P. Sauvage. Acc. Chem. Res.，2001，**34**，477～487

31　M. C. Jiménez，C. Dietrich-Buchecker，J. -P. Sauvage，A. De Cian. Angew. Chem.，Int. Ed.，2000，**39**，1295～1298

32　M. C. Jiménez，C. Dietrich-Buchecker，J. -P. Sauvage. Angew. Chem.，Int. Ed.，2000，**39**，3284～3287

33　L. Zelikovich，J. Libman，A. Shanzer. Nature，1995，**374**，790～792

34　W. Y. Sun，T. Kusukawa，M. Fujita. J. Am. Chem. Soc.，2002，**124**，11570～11571

35　L. Fabbrizzi，F. Foti，M. Licchelli，P. M. Maccarini，D. Sacchi，M. Zema. Chem. Eur. J.，2002，**8**，4965～4972

36　S. Shinkai，T. Minami，Y. Kusano，O. Manabe. J. Am. Chem. Soc.，1983，**105**，1851～1856

37　S. Tsuchiya. J. Am. Chem. Soc.，1999，**121**，48～53

第6章 纳米配位化学

自 20 世纪 80 年代起，纳米科技（nanoscience and nanotechnology）受到了人们的广泛关注，并在过去的近三十年时间里得到了迅猛发展，这一方面是源于纳米材料的独特结构、形貌和性能，另一方面是得益于扫描电子显微镜（简称扫描电镜：scanning electron microscope，SEM）、透射电子显微镜（简称透射电镜：transmission electron microscope，TEM）等表征手段的快速发展。研究发现，当材料的尺寸进入纳米尺度时会呈现出与传统块体材料不同的特异性能，如表面效应（surface effect）、小尺寸效应（small size effect）、宏观量子隧道效应（macro quantum tunnelling effect）等纳米效应（nano effect）。因此，纳米材料的制备、形貌和性能研究等已成为广大科学工作者们关注的热点。纳米科技涉及物理学、化学、材料科学、生物学、电子学等多门学科，其中，纳米化学（nano-chemistry）是研究原子以上、100nm 以下的纳米世界中各种化学问题的科学，主要包括纳米体系的化学制备、化学性质及其应用等。本章将介绍与配位化学相关的纳米科学——纳米配位化学（nano-coordination chemistry），主要包括配位化合物纳米材料和以配合物为前体的纳米材料两个方面的研究工作。

6.1 配位化合物纳米材料

第 4 章配位化合物与新材料中，我们主要从分子结构的角度介绍了配合物中与材料相关的光学、磁性、分子/离子识别与交换、吸附与分离、催化等方面的研究工作。近年来，随着纳米科技的发展，从纳米的角度来研究配位化合物引起了人们的广泛关注，配合物已被用于制备不同形貌和性质的纳米材料。例如，最早出现的配位化合物普鲁士蓝（见 1.1）及其衍生物已被用于制备不同形貌的纳米材料。A. Johansson、W. Chen 等人分别利用多孔氧化铝做模板制备了普鲁士蓝纳米管（nanotube）；而 N. Gálvez 等人以负载有 Cu^{2+} 的脱铁铁蛋白（apoferritin）作为微反应器（nanoreactor），制备了普鲁士蓝衍生物，利用脱铁铁蛋白的空腔得到了形貌、大小、粒径可控的铜铁普鲁士蓝纳米粒子（图 6.1）；X. L. Wu 等报道了普鲁士蓝纳米块（nanocube）的超声化学合成；H. L. Sun 等人利用反胶束软模板方法制备了 $SmFe(CN)_6 \cdot 4H_2O$ 纳米棒（nanorod）和纳米带（nanobelt），并研究了不同形貌普鲁士蓝衍生物 $SmFe(CN)_6 \cdot 4H_2O$ 的磁性质（见 6.1.2）；M. H. Cao

等利用 $K_3[Co(CN)_6]$ 在微乳液中，通过改变水与表面活性剂的比例、$K_3[Co(CN)_6]$ 的浓度等条件，制备了不同形状的 $Co_3[Co(CN)_6]_2$ 纳米多面体。此外，M. Yamada 等利用离子型共轭聚合物 PEDOT-S 包裹普鲁士蓝纳米粒子（PB NPs）得到了水溶性 PEDOT-S/PB NPs（图 6.2），研究发现，其水溶液随 pH 值的变化而显示出不同的颜色。最近，Y. Y. Song 等人还将普鲁士蓝纳米粒子沉积到硅表面，并通过催化过氧化氢还原反应研究了纳米粒子在硅表面的沉积样式。

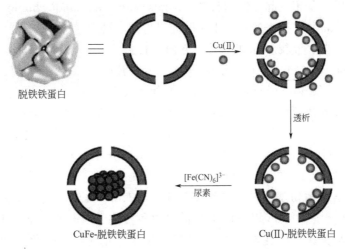

图 6.1　利用脱铁铁蛋白制备铜铁普鲁士蓝纳米粒子示意图

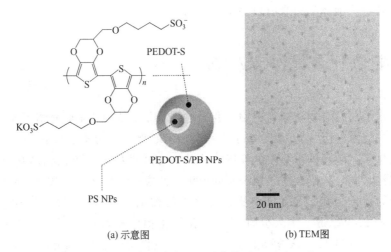

图 6.2　聚合物包裹的普鲁士蓝纳米粒子 PEDOT-S/PB NPs

6.1.1　配位化合物纳米材料的制备

纳米材料的制备包括物理、化学等多种多样的方法，并有相关专著可以参考。而配位化合物由于同时含有无机金属离子和有机配体，其特定的组成和作用力（配位作用）使得配位化合物纳米材料的制备需要在相对温和的条件下进行，以保证配位化合物的形成或制备过程中配合物结构不发生变化。尽管如此，目前，已有模板法、水热/溶剂热法、扩散法等多种方法和技术成功地用于制备配位化合物纳米材料。

模板法（template method）是制备纳米材料的常用方法之一，其原理非常简单，就是利用一个"模子"（模型或模具）来合成纳米材料。理论上讲，有了合适的"模子"，就有可能制备出与"模子"大小、形状等相匹配的材料，或者说"模子"的大小和形状决定了产物纳米材料的尺寸和形状。要制备纳米材料，就需要用纳米尺寸的"模子"来做反应器，在"模子"中或壁上成核、生长形成纳米材料。模板法具有简单、易操作、形貌可控、适用面广等特点。

已经报道的用于制备纳米材料的模板有很多种，但是归纳起来，大致可以将其分为两大类：硬模板和软模板。硬模板主要包括多孔氧化铝（porous alumina）、多孔硅（porous Si）、沸石（zeolite）、碳纳米管、金属模板等；软模板则包括由表面活性剂（surfactant）、聚合物等聚集而形成的胶束（micelle）、反胶束（reversed micelle）、囊泡（vesicle）以及蛋白、DNA 等生物分子。很显然，硬模板有固定的框架结构，提供的是静态空腔或孔道，物种只能从开口处进入其内部，相反，软模板没有固定的骨架结构，提供的是动态平衡的空腔，物种可以透过腔壁扩散进出。前面提到的普鲁士蓝及其衍生物纳米材料制备中使用的多孔氧化铝和脱铁铁蛋白（图 6.1）就分别是硬模板和软模板。

这里再介绍一个用模板法制备配位化合物纳米材料的例子。O. M. Yaghi 课题组报道对苯二甲酸（H_2BDC）与硝酸锌在三乙胺（NEt_3）存在条件下 DMF（N, N'-二甲基甲酰胺）中反应形成金属有机框架配合物 $[Zn_4O(BDC)_3]$（MOF-5），单晶结构解析结果显示该配合物是由配体 BDC^{2-} 连接 $[Zn_4O]^{6+}$ 簇单元形成的三维框架结构（图 6.3）。L. M. Huang 等人研究了不同条件下 MOF-5 纳米粒子的制备，结果表明，利用 H_2BDC、$Zn(NO_3)_2 \cdot 6H_2O$ 和 NEt_3 在 DMF 中室温、剧烈搅拌条件下直接反应即可得到直径为 70～90nm 的 MOF-5 纳米晶 [图 6.3(a)]，如在反应液中加入少量的 H_2O_2，则得到表面积更大、直径为 100～150nm 的 MOF-5 纳米材料（图 6.3b）。当利用表面活性剂十二烷基聚氧乙烯醚（polyoxyethylene (4) lauryl ether 或 polyethylene glycoldodecyl ether，简称 C12E4 或 Brij30）和 DMF（50：50）制备 MOF-5 纳米材料时，则得到直径为 30～45nm 的球形纳米晶（图 6.3c），而当用孔径为 100nm 的多孔氧化铝做模板时，形成的就是直径为约 100nm 的纳米线（图 6.3d）。由此可见，制备纳米材料的条件、模板等对产物纳米材料的形貌有决定性影响。

值得注意的是，当用表面活性剂做软模板时，在一定的条件下形成胶束、反胶束等分散液滴直径在纳米尺寸的微乳液（microemulsion），因此，也常被称为微乳液法。当表面活性剂分子在溶剂中的浓度超过临界胶束浓度（critical micelle concentration，简称 CMC）时形成胶束或反胶束。分散相为油、分散介质为水形成亲

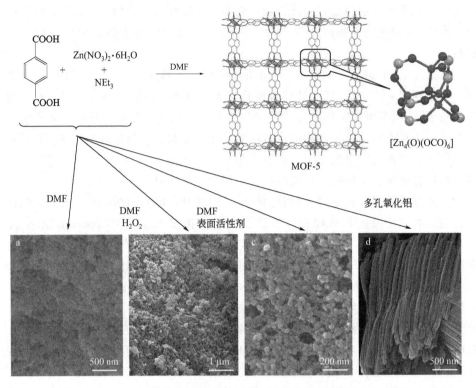

图 6.3   MOF-5 晶体结构及不同条件下得到的纳米粒子的 SEM 图

油基向内、亲水基向外，在水中稳定分散的胶束，也称正相胶束，该类体系为 O/W 型微乳状液。相反，分散相为水、分散介质为油形成的亲油基向外、亲水基向内的 W/O 型微乳状液被称为反胶束或反相胶束。用于制备纳米材料软模板的表面活性剂有阴离子表面活性剂、阳离子表面活性剂和非离子表面活性剂。当两亲性分子分散于水中形成具有封闭双层结构的分子有序体时称之为囊泡。

W. J. Rieter 等人利用十六烷基三甲基溴化铵（CTAB）阳离子表面活性剂，在 CTAB/异辛烷/1-己醇/水体系中由对苯二甲酸铵盐与 $GdCl_3$ 反应，软模板法制备了 $[Gd(BDC)_{1.5}(H_2O)_2]$ 纳米棒，通过改变水/表面活性剂的比值（w 值）得到了形貌、长度不同的纳米棒（图 6.4）。$w=5$ 时，纳米棒的直径和长度分别为 40nm 和 100~125nm；而当 $w=10$ 时得到了直径为约 100nm、长度为 1000~2000nm 的纳米棒。L. Guo 等人报道了利用聚乙烯吡咯烷酮（PVP，分子量 M_w 40000）做模板制备了镍配合物纳米管，$NiCl_2 \cdot 6H_2O$ 与 $N_2H_4 \cdot H_2O$ 在乙二醇（EG）做溶剂，PVP 存在条件下反应，首先生成配合物 $[Ni(N_2H_4)_2]Cl_2$，该配合物在水合肼的作用下进一步反应形成 $[Ni(NH_3)_6]Cl_2$ 纳米管，具体反应如下：

$$NiCl_2 \cdot 6H_2O + 2N_2H_4 \cdot H_2O \rightarrow [Ni(N_2H_4)_2]Cl_2 + 8H_2O$$

$$2[Ni(N_2H_4)_2]Cl_2 + 5N_2H_4 \cdot H_2O \rightarrow 2[Ni(NH_3)_6]Cl_2 \downarrow + 3N_2 \uparrow + 5H_2O$$

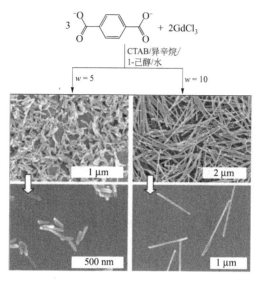

图 6.4　软模板法制备 $[Gd(BDC)_{1.5}(H_2O)_2]$
纳米棒及其 SEM 图

上面介绍的是用模板法制备配合物纳米材料，相反，最近 Q. Xu 课题组报道了利用前面提到的多孔配合物 MOF-5：$[Zn_4O(BDC)_3]$ 做模板，制备了多种多孔纳米碳材料。

水热、溶剂热反应已经广泛用于配合物的合成（2.1.4），近来，该方法也被用来制备配位化合物纳米材料。S. Y. Song 等人用稀土氯化物（$LnCl_3$）和对甲苯磺酸钠（STS）、苯基膦酸，在 pH＝2.0、100℃水热条件下反应 48h，制备了系列稀土-苯基膦酸盐配合物 $[Ln(O_3PC_6H_5)(HO_3PC_6H_5)]$（Ln＝La-Lu）纳米棒，对照实验结果显示，当反应体系中没有 STS 时，形成的是纳米颗粒，表明 STS 对配合物纳米棒的形成具有引导作用，研究了铈配合物及铈掺杂镧配合物纳米棒和体材料样品的发光性能。S. Jung 和 Oh 利用含羧基 salen 衍生物配体和醋酸锌在 DM-SO/DMF 混合溶液中、120℃溶剂热条件下反应 1h，分离得到了 salen 衍生物-Zn（Ⅱ）配合物纳米块（图 6.5）。详细研究反应过程，结果发现反应初期形成纳米线，随着反应的进行纳米线之间开始融合并逐渐形成表面光滑的纳米块（图 6.5）。

我们研究了 4-(4-咪唑基-亚甲基氨基)苯甲酸（H_2L）配体与 $ZnCl_2$ 在水热条件下的反应。将 H_2L、$ZnCl_2$ 和 NaOH 在水热条件下 80℃反应 3 天，得到配合物 $[Zn(L)]$ 晶体，结构解析结果显示该配合物具有双节点（3,6）连接的三维 rtl [金红石（rutile）型] 拓扑结构（图 6.6）。利用同样的水热方法得到了配合物 $[Zn(L)]$ 球形粒子。粉末衍射结果证实该粒子与配合物晶体具有相同骨架结构。为了研究配合物粒子形成过程中形貌的变化，用 SEM 表征了不同反应时间得到的颗粒的形貌。如图 6.6 所示反应 5h 后配合物以小块状形式存在，而且大小不均匀（a）；

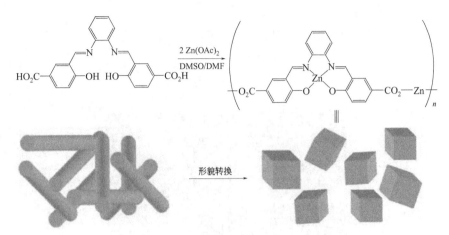

图 6.5　salen 衍生物-Zn（Ⅱ）配合物及其纳米块的制备及形貌转换示意

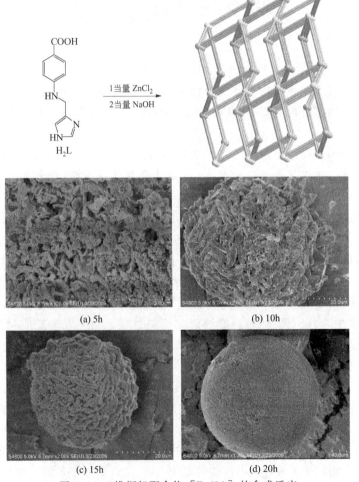

(a) 5h

(b) 10h

(c) 15h

(d) 20h

图 6.6　三维框架配合物［Zn(L)］的合成反应

及不同反应时间时产物的 SEM 图

反应 10h 后块状颗粒开始团聚，表面不整齐（b）；15h 后团聚更紧密，表面逐渐平滑（c）；反应 20h 后颗粒融合在一起形成微米尺寸的球形粒子（d）。结果表明该球形粒子是颗粒团聚、融合的两步法生长机理。

上述研究表明，水热/溶剂热反应也是合成配合物纳米材料简单、有效的方法。除此之外，Z. Ni 和 R. I. Masel 报道了微波辅助的溶剂热法制备金属-有机框架配合物纳/微米颗粒，其特点是反应时间短、速率快。

C. A. Mirkin 课题组报道了用扩散法制备配位聚合物纳/微米粒子的研究工作。例如，室温下用乙醚缓慢扩散至含有羧基功能化的希夫碱-双核锌配合物和醋酸锌（1∶1）的吡啶溶液，制备了平均直径为 $1.60 \pm 0.47 \mu m$ 的球形粒子（图 6.7），这类材料可应用于不对称催化、手性拆分等方面。研究发现，用 Cu^{2+}、Mn^{2+}、Pd^{2+} 等金属离子可以选择性地交换出与羧基配位的 Zn^{2+} 离子，从而得到组成不同、形貌相近的球形粒子（图 6.7）。

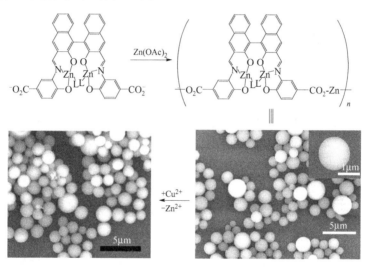

图 6.7　锌配位聚合物球形粒子的制备反应及锌配合物和铜离子
交换后的铜-锌配合物球形粒子的 SEM 图

另一种用于制备配位化合物纳米材料的方法是界面反应法，类似于 2.1.5 节介绍的配合物合成方法中的分层法。B. Liu 等人利用水-氯仿界面反应制备了金属配合物纳米块、纳米棒、纳米管等不同形貌的纳米粒子。例如，将四-(4-吡啶基) 卟啉等有机配体溶于氯仿，$CdCl_2$ 等金属盐溶解于水，再将水溶液置于氯仿溶液上方，则在水-氯仿界面发生金属离子与有机配体的反应，生成配位化合物。研究发现，利用不同金属离子，由于其配位几何构型不同，从而得到形貌不同的纳米粒子。I. Imaz 及其合作者们将天冬氨酸和氢氧化钠溶于乙醇和水（5∶1）、$Cu(NO_3)_2 \cdot 6H_2O$ 溶于水，利用界面反应制备了配位聚合物 $[Cu(Asp)(H_2O)_x]_n$，FESEM（field-emission scanning electron microscope，场发射扫描电镜）等结果显

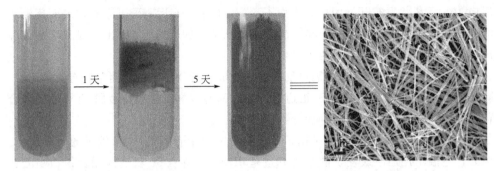

图 6.8　界面反应法制备 $[Cu(Asp)(H_2O)_x]_n$ 纳米纤维及其 FESEM 图

示形成的是直径为 100～200nm、长度达 1cm 的纳米纤维（图 6.8）。值得注意的是，这种界面反应法只能用于制备既不溶于水，也不溶于有机溶剂的配合物纳米材料。

　　总的来说，随着研究的不断深入，检测手段和技术的不断更新，配位化合物纳米材料的制备已显示出快速发展的势头，人们一方面努力发展新的方法和技术来制备配合物纳米材料，例如，C. A. Johnson 等用超临界二氧化碳作为沉淀剂制备了 $[Ni(salen)]$、$[Ru(salen)(NO)(Cl)]$ 等金属配合物纳米粒子，研究了超临界二氧化碳、配合物结构等对纳米粒子形貌的影响。另一方面，着力研究配合物纳米材料的形成过程和机理（图 6.9 是 Y. M. Jeon 等人在 *Small* 杂志上报道的一种配位聚合物粒子形成的可能机理）以及形貌调控等。

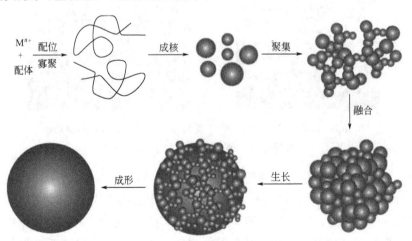

图 6.9　一种报道的配位聚合物粒子的形成机理

6.1.2　配位化合物纳米材料的性能

　　配合物由于其特定的组成和结构使其在发光、磁性、吸附与分离等方面有很好的性能（第 4 章）。而配位化合物纳米材料，如上所述，通过不同的制备方法或相同方法但不同的条件（如不同模板）可以得到形貌不同的粒子（如图 6.3 所示例子）。不同形貌的粒子可能具有不同的性能，因此，近来配位化合物纳米材料的形貌和性能调控成为人们关注和研究的热点。

前面提到的普鲁士蓝衍生物 $SmFe(CN)_6 \cdot 4H_2O$ 可以通过 $K_3[Fe(CN)_6]$ 和 $SmCl_3$ 反应得到，有趣的是通过改变反应条件可以得到形貌不同的配合物粒子。当用 $K_3[Fe(CN)_6]$ 和 $SmCl_3$ 直接在水溶液中反应时，得到的是直径为 $5{\sim}8\mu m$ 的微米棒 （microrod）；如果用非离子型表面活性剂，反胶束软模板法制备 $SmFe(CN)_6 \cdot 4H_2O$ 时，得到的是直径为 $75{\sim}150nm$ 的纳米棒；而当用阳离子表面活性剂 （CTAB），同样是反胶束软模板法，在 CTAB/正己醇/环己烷/水体系中反应时，得到的则是宽度约为 $300nm$、厚度小于 $20nm$ 的纳米带；当助表面活性剂 （cosurfactant） 由正己醇换为正癸醇时，纳米带的宽度明显减小，约为 $40nm$，形成窄纳米带 （narrow nanobelt）。研究发现，不同形貌的 $SmFe(CN)_6 \cdot 4H_2O$ 微/纳米粒子显示出不同的磁行为。如图 6.10(a) 的磁滞回线所示，矫顽场 （coercive field, H_c） 随形貌的变化而发生明显的变化。I. Imaz 等人研究了醋酸钴、3,5-二叔丁基-1,2-苯二酚和1,4-二 （1-咪唑基亚甲基） 苯 （bix） 的反应，制备了钴配合物纳米球，磁性研究结果 [图 6.10(b)] 显示，在 270 K 前后发生了高自旋-$[Co^{II}(3,5\text{-}dbsq)_2]$ 和低自旋-$[Co^{III}(3,5\text{-}dbsq)(3,5\text{-}dbcat)]$ 之间的转化，其中 $3,5\text{-}dbsq^-$ 和 $3,5\text{-}dbcat^{2-}$ 分别代表 3,5-二叔丁基-1,2-苯二酚配体的半醌自由基和1,2-苯二酚形式。该课题组还用直接沉淀法在乙腈/甲苯体系中制备了 $Mn_{12}O_{12}$ 簇合物纳米球，研究了其磁性质，比较了纳米球和晶态体材料样品的单分子磁体行为。

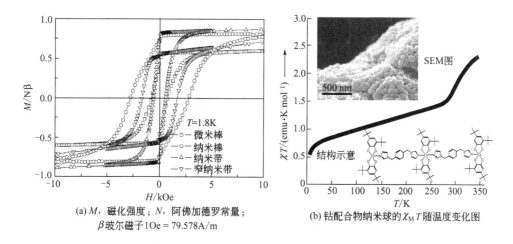

(a) M，磁化强度；N，阿佛加德罗常量；
β 玻尔磁子1Oe = 79.578A/m

(b) 钴配合物纳米球的 $\chi_M T$ 随温度变化图

图 6.10　不同形貌 $SmFe(CN)_6 \cdot 4H_2O$ 微/纳米粒子的磁滞回线图

通过配体设计、金属离子或簇合物单元的选择可以得到具有特定大小、形状孔洞或孔道的配位聚合物，其多孔性 （porosity） 与分子/离子识别、催化、小分子存储/分离等多种性能密切相关 （4.4），因此，近年来多孔配位聚合物及其微/纳米材料研究备受人们关注。T. Tsuruoka 等人利用含萘环刚性二羧酸（H_2ndc）、1,4-二氮杂二环 [2.2.2] 辛烷（dabco）和铜盐反应得到了配位聚合物 { [$Cu_2(ndc)_2$(dabco)]}$_n$，由于该配合物中含有 ndc^{2-} 和 dabco 两种有机配体，存在 Cu(II)-ndc 和 Cu(II)-dabco 配位结构单元，使其三维骨架结构具有各向异性（anisotropic framework）。研究发现，在反应体系中加入酸作为调节剂，可以控制配合物骨架的生长方向，得到特定形状的配位聚合物，例如，用 H_2ndc 和 dabco（2:1）DMF 溶液加入到醋酸铜 DMF 溶液，在一定量的醋酸存在条件下制备了配合物纳米棒（图 6.11）。晶体结构解析结果显示该配合物具有多孔性，气体吸附实验结果证实该配合物体材料和纳米棒具有可逆吸附氮气（77 K）和二氧化碳（195 K）的性质，而且纳米棒的吸附性能要好于体材料（图 6.11）。这是通过改变反应条件调控配位化合物形貌和性质的一个很好的例子。

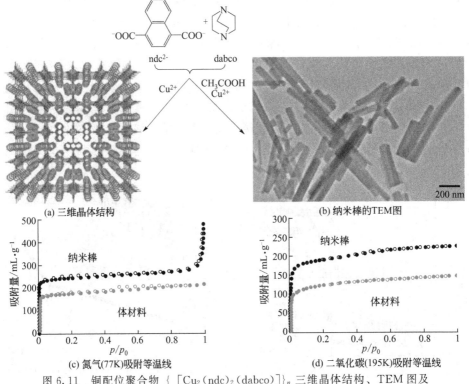

图 6.11　铜配位聚合物 { [$Cu_2(ndc)_2$(dabco)]}$_n$ 三维晶体结构、TEM 图及氮气和二氧化碳吸附等温线

O. K. Farha 及其所在课题组报道了碳硼烷二羧酸（H_2CDC）和钴盐在不同溶剂、不同温度下反应得到了形貌不同的配合物。H_2CDC 和 $Co(NO_3)_2 \cdot 6H_2O$ 在 DMF/乙醇中 90℃溶剂热条件下反应 1 天，得到配位聚合物 [$Co_4(OH)_2(CDC)_3$(DMF)$_2$]$_n$ 体材料；而配合物 [$Co(CDC)(py)_2(H_2O)$]$_n$（py＝吡啶）微米棒则通过 H_2CDC 和 $Co(OAc)_2 \cdot 4H_2O$（1:1）在正丁醇/水/吡啶中 95℃反应 2.5h 得

到；如果用乙醚扩散到 H_2CDC 和 $Co(OAc)_2 \cdot 4H_2O$ （1∶1） DMF 溶液的方法得到的则是聚结物（agglomerates)(图 6.12）。这些不同形貌的配合物用 X 射线单晶/粉末衍射、SEM 等方法和手段进行了表征。氢气吸附研究结果显示，体材料的氢气吸附性能要明显好于微米棒和聚结物，而对氮气吸附，三种不同形貌的材料表现出不同的吸附性能，尤其是聚结物几乎不能吸附氮气（图 6.12），对氮气的 BET （Brunauer-Emmett-Teller） 表面积分别是 $1080m^2 \cdot g^{-1}$ （体材料）、$351m^2 \cdot g^{-1}$ （微米棒）和 $20m^2 \cdot g^{-1}$ （聚结物）。该研究结果表明，通过改变反应条件，可以调控配位聚合物的结构、形貌以及吸附性能。

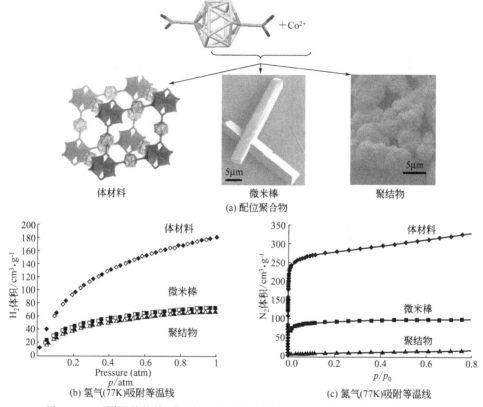

图 6.12　不同形貌的钴-碳硼烷二羧酸配位聚合物及其氢气、氮气吸附等温线

除了气体吸附性能之外，金属配合物的空腔/孔道还具有包裹、分子/离子识别等性能（见 4.4.2 和 5.1.1），同样，具有内部空腔的配合物微/纳米粒子也可能有包裹、分子识别等性能，并有望在药物输运等方面有潜在的应用。I.Imaz 等人利用前面提到的 bix 配体与 $Zn(NO_3)_2 \cdot 6H_2O$ 在水-乙醇中反应制备了 Zn-bix 纳米球，研究了纳米球对磁性纳米粒子、量子点（quantum dots，QDs）和有机染料等的包裹行为，发现若在反应体系中分别加入氧化铁粒子、荧光量子点以及荧光量子点和氧化铁粒子混合物，高分辨 TEM 等表征结果显示分别形成了 Zn-bix/氧化铁粒子纳米球、Zn-bix/QDs 纳米球以及 Zn-bix/QDs/氧化铁粒子纳米球（图 6.13）。

该研究结果表明在配合物纳米粒子形成过程中可以包裹一种或两种不同物种的粒子，为制备配位化合物复合纳米粒子、拓展配合物纳米材料的性能和应用等提供基础。最近，该课题组还报道了 Zn-bix 纳米球包裹抗肿瘤药物分子，如阿霉素（doxorubicin）、7-乙基-10-羟基喜树碱（SN-38）、喜树碱（camptothecin）、柔毛霉素（daunomycin）等，研究了被包裹药物分子的体外释放行为、抗肿瘤活性等。

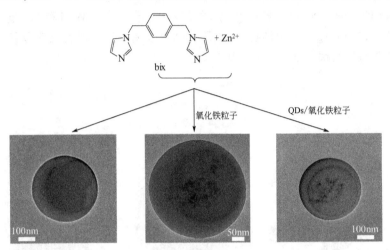

图 6.13　Zn-bix 纳米球、Zn-bix/氧化铁粒子纳米球、Zn-bix/QDs/
氧化铁粒子纳米球的高分辨 TEM 图

配位化合物纳米材料在生物体系的另一个潜在应用是成像、造影和生物标记（见 3.4.2）。W. B. Lin 课题组在这方面开展了一系列的研究工作，制备了不同形貌的 $[Mn(BDC)(H_2O)_2]$、$[Mn_3(BTC)_2(H_2O)_6]$（$H_3BTC=1,3,5$-苯三甲酸）、$[Gd(BDC)_{1.5}(H_2O)_2]$、$[Gd_2(BHC)(H_2O)_6]$（$H_6BHC=1,2,3,4,5,6$-苯六甲酸）等纳米尺度的金属有机框架配合物，研究了其在成像、造影方面的性能。例如，图 6.4 所示的不同形貌的 $[Gd(BDC)_{1.5}(H_2O)_2]$ 纳米棒表现出不同的纵向（longitudinal relaxivity，R_1）和横向弛豫率（transverse relaxivity，R_2）（图 6.14），结果表明通过改变配合物纳米材料的形貌可以调控其性能。

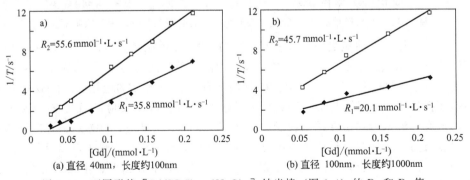

图 6.14　不同形貌 $[Gd(BDC)_{1.5}(H_2O)_2]$ 纳米棒（图 6.4）的 R_1 和 R_2 值

6.2 以配合物为前体的纳米材料

上一节介绍的配位化合物纳米材料是由配位聚合物、配合物分子按照一定方式、一定方向排列形成的具有微/纳米尺寸和一定形貌的有序体，而这里要介绍的以配合物为前体（precursor）的纳米材料是指从金属配合物出发通过化学反应、煅烧、热分解等方法和手段形成的纳米材料，其组成已不再是原有的配位聚合物或配合物分子，而是由金属配合物转化而来的金属氧化物、金属硫化物等新物种。以配合物为前体制备纳米材料的方法也有多种，常用的有溶液反应（包括水热/溶剂热）法、煅烧（calcination）/热分解（thermolysis）法等。很显然，配合物纳米材料和以配合物为前体的纳米材料的制备有相同之处，都是形成有特定结构和形貌的粒子，但是，两者之间也有很大的不同。配合物纳米材料的组成单元是配合物，其制备过程是直接形成金属配合物微/纳米粒子或者是由体相（bulk）配合物转化为微/纳米粒子的过程，而以配位化合物为前体的纳米材料的制备过程则是由配合物通过反应、分解等方式产生新物种微/纳米粒子的过程，通常是通过分解、还原等特定的化学反应（溶液反应、水热/溶剂热反应等）、加热分解（煅烧/热分解）等方法和手段来完成。最近，M. A. Malik 等人在 *Chem. Rev.* 上发表了相关研究的综述，可以参考。下面来看具体的例子。

Y. J. Xiong 等人报道了以 $[Cu_3(dmg)_2Cl_4]$（Hdmg：丁二酮肟）为前体，表面活性剂辅助（surfactant-assisted）的方法制备 Cu_2O 纳米线的研究工作（图 6.15）。利用 $[Cu_3(dmg)_2Cl_4]$、环己烷、表面活性剂十二烷基磺酸钠（SDS）、正辛醇、葡萄糖和水在反应釜中 60℃ 条件下反应 4h 得到 Cu_2O 纳米线。首先，$[Cu_3(dmg)_2Cl_4]$ 单元在胶束中通过 Cu-Cl 作用连接形成 $[Cu_3(dmg)_2Cl_2]_n^{2n+}$ 一维链，然后，再与葡萄糖通过以下反应形成 Cu_2O 纳米线：

$$8[Cu_3(dmg)_2Cl_2]_n^{2n+} + nC_6H_{12}O_6 + 18nH_2O \longrightarrow 12nCu_2O + 6nCO_2 + 16n(Hdmg) + 32nH^+ + 16nCl^-$$

进一步研究发现，反应体系中如不加入配体 Hdmg，或者不加入表面活性剂 SDS 都不能得到纳米线，表明配位化合物前体和由表面活性剂形成的棒状胶束在纳米线的形成过程中起着非常重要的作用。

Z. P. Qiao 等人以配位聚合物 $[M(BDC)(4,4'\text{-}bipy)]_n$（M＝Zn，Cd）为前体，在过量硫脲存在条件下，通过溶剂（乙醇做溶剂）热反应，在 140℃ 下反应 10h 得到了宽/长分别为 50/200nm、20/75nm 的 ZnS、CdS 纳米棒。M. Nagarathinam 等人分别以二维配位聚合物 $[Cu_3(HSser)_3(H_2O)_2] \cdot 2H_2O$ 和单核配合物 $[Cu(H_2Sser)_2] \cdot H_2O$ [$H_3Sser＝N$-(2-羟基苄基)-L-丝氨酸] 为前体，与 5 倍量

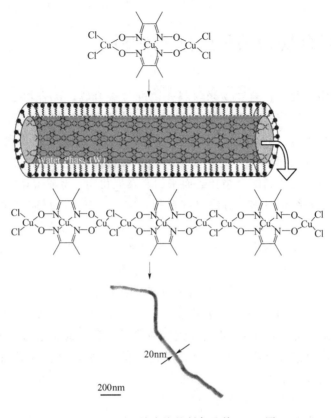

图 6.15　Cu₂O 纳米线的制备及其 TEM 图

的硫脲在水热条件下反应制备了空心球形和花形 CuS 纳米粒子（图 6.16），结果表明，前体配合物结构对形成的纳米粒子的形貌有很大影响。很显然，产物硫化物中的硫来源于硫脲，而当前体配合物中有含硫配体存在时，就无需再加入硫脲。例如，G. Xie 等人用 M(S₂CNEt₂)₃ ［M＝Bi，Sb；(S₂CNEt₂)⁻＝N,N-二乙基氨荒酸盐］作为前体配合物，水热条件下反应得到 Bi₂S₃/Sb₂S₃ 纳米棒。P. Roy 等则从Cu(II)-二硫代草酰胺配合物出发，120℃水热反应 24h 制备得到了 CuS 纳米线。同样，T. Mirkovic 等用 ［Eu(S₂CNEt₂)₃(Phen)］ 或 ［Eu(S₂CNEt₂)₃(bipy)］ 为前体，在三辛基膦（TOP）和油胺（oleylamine）中氩气氛条件下反应得到 EuS 纳米材料，研究了反应溶剂、温度、螯合辅助配体等对产物形貌的影响。结果发现，［Eu(S₂CNEt₂)₃(Phen)］ 在 TOP 和油胺中 280℃反应得到纳米块状粒子；而在同样溶剂中 300℃反应得到纳米点（nanodot）；在十八烯和油胺中 300℃反应得到截顶多面体（truncated polyhedral）形纳米粒子；［Eu(S₂CNEt₂)₃(bipy)］ 在 TOP和油胺中 200℃反应得到 EuS 纳米点。由此可见，通过含硫配体金属配合物在适当条件下通过分解反应形成金属硫化物纳米粒子。

　　值得一提的是，上述 Cu₂O 是在溶液中葡萄糖存在条件下通过还原反应形成

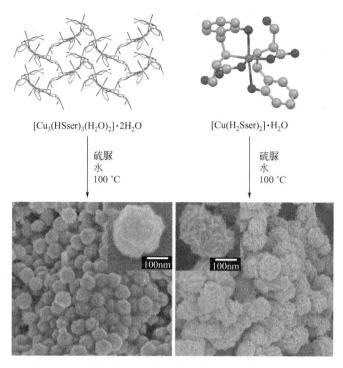

$[Cu_3(HSser)_3(H_2O)_2] \cdot 2H_2O$ $[Cu(H_2Sser)_2] \cdot H_2O$

硫脲 水 100 ℃   硫脲 水 100 ℃

100nm   100nm

图 6.16　不同形貌 CuS 纳米粒子的制备及其 FESEM 图

的，而 ZnS、CdS、CuS 等金属硫化物是在水热/溶剂热条件下通过配合物分解产生的。制备以配合物为前体纳米材料的另一个常用方法是在没有溶剂存在条件下直接加热配位化合物，通过热分解方式得到相应的纳米粒子。例如，W. L. Boncher等人系统研究了稀土配位化合物 $[Ln(S_2CNEt_2)_3(Phen)]$（Ln＝La、Ce、Pr、Nd、Sm、Eu、Gd、Tb、Dy、Ho、Er、Tm、Yb、Lu）分别在真空炉和真空封管条件下的热分解反应，结果显示由于反应条件、稀土元素亲氧性（oxophilicity）的不同，可以形成 Ln_2S_3、LnS（Ln＝Eu）、Ln_2O_2S、$Ln_2O_2SO_4$（Ln＝La）、Ln_2O_3、LnO_2（Ln＝Ce）等稀土硫属元素化合物（lanthanide chalcogenide）纳米粒子。B. A. Korgel 课题组则报道了用铜-十二烷基硫醇盐配合物作为前体，通过热分解反应制备 Cu_2S 纳米棒、纳米片（nanoplatelet）。

　　除了金属硫化物之外，近来研究报道较多的还有金属氧化物。如图 6.17 所示，由 $Zn(tda)H_2O$ $[tda^{2-} = S(CH_2COO)_2{}^{2-}]$ 在 300℃ 以上分解产生多孔 ZnO；$[Cu(Bic)_2]$[HBic＝N,N-二(羟乙基)甘氨酸] 500℃ 加热 6h 得到具有黑铜矿结构的 CuO 微米片；利用水溶性 Co(Ⅲ) 配合物加热分解可制备 Co_3O_4 纳米材料，研究发现前体配合物结构对纳米材料的形貌有很大影响，如从 $[Co(en)_2(H_2O)Cl]^{2+}$ 出发得到了一维 Co_3O_4 纳米管（图 6.17）；通过加热分解配合物 $[Cd(BDC)(H_2O)_3] \cdot 4H_2O$ 得到了形貌均一的 CdO 纳米线。

　　加热分解配合物的过程也被称之为煅烧，可在管式炉/马弗炉等加热装置中进

图 6.17　以相应配合物为前体，通过热分解反应制备的多孔 ZnO、
片状 CuO 的 SEM 图和 Co₃O₄ 纳米管、CdO 纳米线的 TEM 图

行。煅烧温度、时间、气流（真空、空气或惰性气体）等对生成物组成、结构、形貌等都有影响。我们利用图 6.6 所示的配合物〔Zn(L)〕为前体，制备了 ZnO 纳米材料，X 射线粉末衍射结果显示得到的是六方晶型的 ZnO 微晶。考察了煅烧温度和时间对纳米颗粒形貌的影响。图 6.18 显示了在空气气氛中以不同温度下煅烧不同时间得到的 ZnO 纳米材料的形貌。可以看出随着煅烧温度的升高，纳米颗粒由小球状到多面体状再到棒状，而且随着时间变长，棒状越来越均匀。表明煅烧温度和时间对 ZnO 纳米材料的形貌有很大影响。此外，研究了 ZnO 纳米颗粒光催化降解碱性染料罗丹明 B 的性能，结果发现低温煅烧得到的 ZnO 具有较高的光催化活性。

此外，H. J. Niu 等人首先利用 CdCl₂ 与巯基乙酸（TGA）水溶液在 pH＝11，回流条件下反应，制备了 Cd-TGA 一维纳米线，而且，研究发现该纳米线的直径可以通过加入聚丙烯酸钠（PAA）的量来调节。然后，以 Cd-TGA 为前体加入

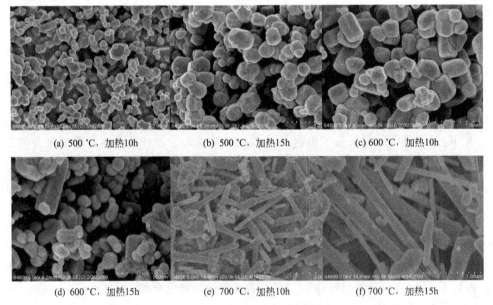

| (a) 500 ℃，加热10h | (b) 500 ℃，加热15h | (c) 600 ℃，加热10h |
| (d) 600 ℃，加热15h | (e) 700 ℃，加热10h | (f) 700 ℃，加热15h |

图 6.18　以〔Zn(L)〕（图 6.6）为前体制备的 ZnO 纳米粒子的 SEM 图

NaHTe，得到了 CdTe 纳米管。TEM 等表征结果显示 CdTe 纳米管基本上保持了 Cd-TGA 纳米线的尺寸和形状，表明 Cd-TGA 纳米线（配合物）一方面起到前体物的作用，另一方面也起到模板的作用（牺牲模板，sacrificial template）。

上述以配合物为前体制备的纳米材料都利用了配合物中的金属离子作为产物中的金属源，与配体或外源的硫、氧或碲结合形成金属硫化物、氧化物或碲化物。J. F. Bai 课题组则利用金属-有机框架配合物作前体，成功地制备了碳纳米管。而 Y. Wang 等用 Bi（NO$_3$）$_3$·5H$_2$O 与十二烷基硫醇（C$_{12}$H$_{25}$SH）反应得到配合物 Bi（SC$_{12}$H$_{25}$）$_3$，并以此配合物为前体，在氮气氛中通过热分解反应得到了金属铋六方形纳米盘（nanodisk）和纳米球，推测反应如下：

$$2Bi（SC_{12}H_{25}）_3 \rightarrow 2Bi + 3 H_{25}C_{12}SSC_{12}H_{25}$$

同样，A. Pramanik 和 G. Das 报道，氮气氛中热分解银-2,2'-联吡啶配合物得到银纳米粒子。B. Folch 等人从修饰到硅表面的异核金属配位聚合物 Ni^{2+}/[Fe(CN)$_6$]$^{3-}$ 出发经氩气氛中 700℃ 或氢气氛中 400℃ 煅烧得到了 NiFe 双金属纳米粒子。

总而言之，从金属配位化合物出发可以制备组成、结构和形貌多样的纳米材料，相关研究近年来报道也较多。但是，需要解决的问题也不少，首先，这些纳米材料的结构和形貌的可预见性和可控性，其次，其性能的可预见性和可控性，再者，结构/形貌与性能之间的关系。上面介绍的例子，主要是纳米材料的制备，利用不同的配合物，不同的方法和条件，可以得到组成、结构、形貌不同的纳米粒子，这些纳米材料的性能研究基本上还是基于配合物本身的磁、多孔吸附等性质，真正能够体现纳米材料表面效应、小尺寸效应和宏观量子隧道效应的性能研究目前还不多，有待于进一步的研究。

6.3　发展趋势

当前，无论是国际还是国内，配位化学研究都呈现出良好的发展趋势。从前面几章的介绍中也可以看出，结构新颖和性能优良的配位化合物及其相关纳米材料不断地被合成出来。配位化学研究取得了许多令人鼓舞的成果。在我国随着国家经济实力的不断增强和对科技投入力度的逐步加大以及广大科学工作者们坚持不懈的努力，相信我国的配位化学及相关研究在 21 世纪必将有更快、更好的发展。

新型配合物的设计合成、结构与性能、形成机理、组装规律等方面的研究仍是人们关注的重点。从目前的情况看，配合物的设计、合成和结构研究相对较多。人们通过有机配体、构筑单元的设计，已经合成得到了许多结构新颖、复杂的配位化合物。这一方面是来自其他交叉学科发展的需求，材料科学、生命科学及医药等相关学科的研究中需要更多的新化合物作为候选，以便从中筛选出合适的、有用的化合物；另一方面，也是配位化学自身研究和发展的需要，人们需要从大量的化合物和积累中总结、归纳出规律、原理或理论。另外，用于配合物表征、结构测定等方面的仪器和技术也不断普及、性能不断提高，这也从客观上为配合物的设计、合成和结构研究提供了便利和保证。但是，合成主要还是为了有用。因此，近几年来人们已经开始注重配合物性能以及结构与性能之间关系等方面的研究工作。生物活性配合物、功能材料配合物、分子机器和器件配合物等仍将是未来一个时期内人们研究的重点领域。在此基础上，人们已经开始注重复合功能材料的研究，将成为配位化学研究中一个新的生长点。另外，配合物纳米材料其特定的结构和形貌使其具备更多、更优的性能，通过形貌的调控可能得到性能更佳的材料，更加丰富了配位化学研究的内容和领域，扩展了配位化合物的性能和应用性。相对而言，配合物尤其是超分子化合物的形成机理、组装规律等方面的研究目前还相对较少。但是，人们已经注意到并开始重视这一研究领域。也是从事这一领域研究的科学工作者们需要和期望解决的问题。经过一定的积累，相信在不远的将来会有新的突破。

此外，配位化学还将在提供高效、清洁能源以及控制和治理环境污染等方面发挥重要作用。前面我们提到氢能是一种高效的清洁能源，配合物在氢气的贮存、运输等方面可能发挥特定的作用，相关研究有待于进一步深入和突破。另外，配合物在能量转换和提高能量利用率等方面也是大有可为。在宏观上，具有光电转换功能配合物、导电配合物等方面的研究一旦突破，将有巨大的应用价值；微观上，分子发动机将为未来的分子机器提供能源。还有，研究和开发新型、高效金属配合物催化剂不仅可以大大地节省能源，而且可以减少环境污染。例如，最简单的例子合成氨，工业上需要在高温高压下反应，不仅对反应设备要求苛刻，而且需要消耗大量的能源。但是，如果人工固氮获得成功，实现常温常压下合成氨的话，就可以节省很多昂贵的能源；而且，高选择性的催化剂还可以减少副产物的生成，从而可以减少反应后处理和对环境的污染。环境污染是人类面临的另一大难题。如何控制、减少并治理环境污染是人们急需解决的问题。一方面，金属配合物作为催化剂在环境友好材料和具有生物相容性材料的合成中可以起到作用，从而可以减少对环境的进一步污染；另一方面，在环境污染治理方面，配位化学也有许多工作可以做。如废气处理时使用的脱硫装置中就含有金属配合物催化剂。另外，金属配合物在催化降解有毒污染物方面的研究也引起了人们的注意，在国内目前就有几个单位在从事这方面的研究工作。

以上研究不仅具有重要的理论意义，而且具有重要的应用价值，将直接造福于人类。总之，还有许多问题需要我们去探索、研究和解决，配位化学研究依然任重而道远。

参 考 文 献

1 中国科学技术协会主编，中国化学会编著．化学学科发展报告（2008-2009）．北京：中国科学技术出版社，2009
2 W. B. Lin, W. J. Rieter, K. M. L. Taylor, Angew. Chem. Int. Ed. , 2009，**48**，650～658

3　A. M. Spokoyny, D. Kim, A. Sumrein, C. A. Mirkin, Chem. Soc. Rev., 2009, **38**, 1218～1227

4　A. Johansson, E. Widenkvist, J. Lu, M. Boman, U. Jansson, Nano Lett., 2005, **5**, 1603～1606

5　W. Chen, X. H. Xia, ChemPhysChem, 2007, **8**, 1009～1012

6　N. Gálvez, P. Sánchez, J. M. Domínguez-Vera, Dalton Trans., 2005, 2492～2494

7　X. L. Wu, M. H. Cao, C. W. Hu, X. Y. He, Cryst. Growth Des., 2006, **6**, 26～28

8　H. L. Sun, H. T. Shi, F. Zhao, L. M. Qi, S. Gao, Chem. Commun., 2005, 4339～4341

9　M. H. Cao, X. L. Wu, X. Y. He, C. W. Hu, Chem. Commun., 2005, 2241～2243

10　J. H. Yang, H. S. Wang, L. H. Lu, W. D. Shi, H. J. Zhang, Cryst. Growth Des., 2006, **6**, 2438～2440

11　X. Roy, L. K. Thompson, N. Coombs, M. J. MacLachlan, Angew. Chem. Int. Ed., 2008, **47**, 511～514

12　M. Yamada, N. Ohnishi, M. Watanabe, Y. Hino, Chem. Commun., 2009, 7203～7205

13　Y. Y. Song, W. Z. Jia, Y. Li, X. H. Xia, Q. J. Wang, J. W. Zhao, Adv. Funct. Mater., 2007, **17**, 2808～2814

14　倪星元, 姚兰芳, 沈军, 周斌编著. 纳米材料制备技术. 北京: 化学工业出版社, 2008

15　王秀丽, 曾永飞, 卜显和. 化学通报, 2005, 723～730

16　H. L. Li, M. Eddaoudi, M. O'Keeffe, O. M. Yaghi, Nature, 1999, **402**, 276～279

17　D. J. Tranchemontagne, J. R. Hunt, O. M. Yaghi, Tetrahedron, 2008, **64**, 8553～8557

18　L. M. Huang, H. T. Wang, J. X. Chen, Z. B. Wang, J. Y. Sun, D. Y. Zhao, Y. S. Yan, Micropor. Mesopor. Mater., 2003, **58**, 105～114

19　W. J. Rieter, K. M. L. Taylor, H. Y. An, W. L. Lin, W. B. Lin, J. Am. Chem. Soc., 2006, **128**, 9024～9025

20　W. J. Rieter, K. M. L. Taylor, W. B. Lin, J. Am. Chem. Soc., 2007, **129**, 9852～9853

21　L. Guo, C. M. Liu, R. M. Wang, H. B. Xu, Z. Y. Wu, S. H. Yang, J. Am. Chem. Soc., 2004, **126**, 4530～4531

22　B. Liu, H. Shioyama, T. Akita, Q. Xu, J. Am. Chem. Soc., 2008, **130**, 5390～5391

23　B. Liu, H. Shioyama, H. L. Jiang, X. B. Zhang, Q. Xu, Carbon, 2010, **48**, 456～463

24　S. Y. Song, J. F. Ma, J. Yang, M. H. Cao, H. J. Zhang, H. S. Wang, K. Y. Yang, Inorg. Chem., 2006, **45**, 1201～1207

25　S. Jung, M. Oh, Angew. Chem. Int. Ed., 2008, **47**, 2049～2051

26　J. Xu, Q. Liu, W. Y. Sun, Solid State Sci., 2010, **12**, 1575～1579

27　Z. Ni, R. I. Masel, J. Am. Chem. Soc., 2006, **128**, 12394～12395

28　M. Oh, C. A. Mirkin, Nature, 2005, **438**, 651～654

29　M. Oh, C. A. Mirkin, Angew. Chem. Int. Ed., 2006, **45**, 5492～5494

30　Y. M. Jeon, G. S. Armatas, J. Heo, M. G. Kanatzidis, C. A. Mirkin, Adv. Mater., 2008, **20**, 2105～2110

31　Y. M. Jeon, G. S. Armatas, D. Kim, M. G. Kanatzidis, C. A. Mirkin, Small, 2009, **5**, 46～50

32　B. Liu, D. J. Qian, H. X. Huang, T. Wakayama, S. Hara, W. Huang, C. Nakamura, J. Miyake, Langmuir, 2005, **21**, 5079～5084

33　B. Liu, D. J. Qian, M. Chen, T. Wakayama, C. Nakamura, J. Miyake, Chem. Commun., 2006, 3175～3177

34　I. Imaz, M. Rubio-Martinez, W. J. Saletra, D. B. Amabilino, D. Maspoch, J. Am. Chem. Soc., 2009, **131**, 18222～18223

35　C. A. Johnson, S. Sharma, B. Subramaniam, A. S. Borovik, J. Am. Chem. Soc., 2005, **127**, 9698～9699

36　K. M. L. Taylor, W. J. Rieter, W. B. Lin, J. Am. Chem. Soc., 2008, **130**, 14358～14359

37　K. M. L. Taylor, A. Jin, W. B. Lin, Angew. Chem. Int. Ed., 2008, **47**, 7722～7725

38　I. Imaz, F. Luis, C. Carbonera, D. Ruiz-Molina, D. Maspoch, Chem. Commun., 2008, 1202～1204

39　I. Imaz, D. Maspoch, C. Rodriguez-Blanco, J. M. Perez-Falcon, J. Campo, D. Ruiz-Molina, Angew. Chem. Int. Ed., 2008, **47**, 1857～1860

40　I. Imaz, J. Hernando, D. Ruiz-Molina, D. Maspoch, Angew. Chem. Int. Ed., 2009, **48**, 2325～2329

41　W. J. Rieter, K. M. Pott, K. M. L. Taylor, W. B. Lin, J. Am. Chem. Soc., 2008, **130**, 11584～11585

42　I. Imaz, M. Rubio-Martinez, L. Garcia-Fernandez, F. Garcia, D. Ruiz-Molina, J. Hernando, V. Puntes, D. Maspoch, Chem. Commun., 2010, 4737～4739

43　T. Tsuruoka, S. Furukawa, Y. Takashima, K. Yoshida, S. Isoda, S. Kitagawa, Angew. Chem. Int. Ed., 2009, **48**, 4739～4743

44　O. K. Farha, A. M. Spokoyny, K. L. Mulfort, S. Galli, J. T. Hupp, C. A. Mirkin, Small, 2009, **5**, 1727～1731

45　M. A. Malik，M. Afzaal，P. O' Brien，Chem. Rev，2010，**110**，4417~4446

46　Y. J. Xiong，A. Q. Li，R. Zhang，Y. Xie，J. Yang，C. Z. Wu，J. Phys. Chem. B，2003，**107**，3697~3702

47　Z. P. Qiao，G. Xie，J. Tao，Z. Y. Nie，Y. Z. Lin，X. M. Chen，J. Solid State Chem. ，2002，**166**，49~52

48　M. Nagarathinam，K. Saravanan，W. L. Leong，P. Balaya，J. J. Vittal，Cryst. Growth Des. ，2009，**9**，4461~4470

49　G. Xie，Z. P. Qiao，M. H. Zeng，X. M. Chen，S. L. Gao，Cryst. Growth Des. ，2004，**4**，513~516

50　P. Roy，S. K. Srivastva，Cryst. Growth Des. ，2006，**6**，1921~1926

51　T. Mirkovic，M. A . Hines，S. Nair，G. D. Scholes，Chem. Mater. ，2005，**17**，3451~3456

52　W. L. Boncher，M. D. Regulacio，S. L. Stoll，J. Solid State Chem. ，2010，**183**，52~56

53　T. H. Larsen，M. B. Sigman，A. Ghezelbash，R. C. Doty，B. A. Korgel，J. Am. Chem. Soc. ，2003，**125**，5638~5639

54　M. B. Sigman，A. Ghezelbash，T. Hanrath，A. E. Saunders，F. Lee，B. A. Korgel，J. Am. Chem. Soc. ，2003，**125**，16050~16057

55　H. Thakuria，G. Das，Polyhedron，2007，**26**，149~153

56　M. C. Wu，C. S. Lee，Inorg. Chem. ，2006，45，9634~9636

57　X. Y. Shi，S. B. Han，R. J. Sanedrin，C. Galvez，D. G. Ho，B. Hernandez，F. M. Zhou，M. Selke，Nano Lett. ，2002，**2**，289~293

58　F. Zhang，F. L. Bei，J. M. Cao，X. Wang，J. Solid State Chem. ，2008，**181**，143~149

59　H. J. Niu，M. Y. Gao，Angew. Chem. Int. Ed. ，2006，**45**，6462~6466

60　L. Y. Chen，J. F. Bai，C. Z. Wang，Y. Pan，M. Scheer，X. Z. You，Chem. Commun. ，2008，1581~1583

61　Y. M. Shen，J. F. Bai，Chem. Commun. ，2010，1308~1310

62　Y. Wang，J. Chen，L. Chen，Y. B. Chen，L. M. Wu，Cryst. Growth Des. ，2010，**10**，1578~1584

63　A. Pramanik，G. Das，CrystEngComm，2010，**12**，401~405

64　B. Folch，J. Larionova，Y. Guari，L. Datas，C. Guérin，J. Mater. Chem. ，2006，**16**，4435~4442